Quantifier Eliminationの計算アルゴリズムとその応用
数式処理による最適化

Algorithms of Quantifier Elimination and their Applications
Optimization by Symbolic and Algebraic Methods

穴井宏和　著
横山和弘

東京大学出版会

Algorithms of Quantifier Elimination and their Applications:
Optimization by Symbolic and Algebraic Methods
Hirokazu ANAI and Kazuhiro YOKOYAMA
University of Tokyo Press, 2011
ISBN978-4-13-061406-1

はじめに

　本書は，理学・工学系の学部学生や大学院生だけでなく，産業界で設計などに携わっているエンジニア，また高校や予備校の数学教師の方々も対象とした，QE の理論と計算の入門書である．

　QE は Quantifier Elimination の略であり，「すべての値に対して」とか「ある値に対して」対象となる不等式や等式の条件が実数を動く変数に対して成り立つ場合に，その変数が現れない等価な別の条件式を導出する操作を意味している．この「すべて」や「ある」は限量記号 (quantifier) と呼ばれ，QE を日本語で言えば，限量記号消去となる．多くの数学問題や工学での問題は，このような限量記号をもつ変数で表される不等式や等式により表されるので，QE のもつ能力は非常に大きい．実際の問題では，従来は個々の論理を用いて人間が頭の中や手書きで条件式を変形する形で行われてきたが，これを自動的に行う方法，すなわちアルゴリズムとしての QE の計算は計算理論の進歩と計算機の性能の向上により，現在，多くの問題に対して実際の計算機を用いて実行可能になってきている．

　このような自動化された QE の計算は，数理論理学において 1930 年代にアルフレッド・タルスキーにより実数体上で一階述語論理式の QE を実行するアルゴリズムの存在が証明されたのがその始まりといえる．時を経て，計算機が自由に使えるようになる 1960 年代にジョージ・コリンズにより代数学の理論に基づいて一階述語論理式の QE を実行する計算法（CAD 法）が提案され，その後，実際の計算機上で効率的に動くようにさまざまな視点から改良が加えられ現在にいたっている．ここで，一階述語論理式とは多項式で記述される不等式や等式を条件式とし，先ほど述べた限量記号（「すべて」と「ある」）が変数にかかっているもので，QE はその論理式と等価な限量記

号が現れない式を計算する.

　QE の計算理論は，可換環論，実代数幾何といった現代数学と大きく関係しており，数学計算の観点から非常に興味深いものであるが，このような高度な数学的な内容とは別に，不等式制約で定義される問題の解法などを通じて，実際の工学問題（制御，シミュレーション，最適化計算など）に幅広く応用でき，工学的な計算の観点からも非常に重要であるものと考えられる．また，計算技術の面から見れば，QE とその応用（とくに本書では最適化をとりあげる）は，いわゆる記号・代数計算の範疇であり，正確かつパラメータをもったまま（式のまま）で計算を行うことができるという特性をもつ．そこで，この技術を最適化に適用すれば，従来の数値最適化とはまったく異なる計算結果と効果をもたらすことになり，その特性を活かすことで理工学や産業界に大きく貢献できることが期待される．

　しかし，現状では QE の計算にはある程度の専門知識を必要としているため，まだ応用面で十分に活用されているとはいいがたい．また，QE は理論的に「万能である」ため，その計算には多くの計算資源を費やしてしまう．そこで，QE のもっている能力を最大限に活かし，実際の計算機で計算を可能に，さらに効率的にするには，その計算法の内面を理解し，適用する問題の記述などの細かい配慮を駆使することが必要であると考える．

　そのためには，QE の理論や応用法を初心者でも理解できるようなていねいな解説書が必要であると考え，本書を出版するにいたった．本書は，日本評論社『数学セミナー』で平成 20 年 11 月号より 5 回の連載で掲載された「計算実代数幾何入門」([2]) をベースに，論理の入門やその後の応用の成果などを加筆し，新しい構成で書き直したものである．実際，QE に関する解説は日本語では著者らによる上記の連載以外にはなく，専門書にいたっては，日本語のものは皆無である．英文で書かれたものもわずかであり，しかもそれらは数学と計算理論の両者に対して高度な知識を要求している状況である．

　本書は，教養レベルの数学知識（線形代数と微分積分）を読者に要求するが，できるだけ平易に QE の基礎となる数学とアルゴリズムを説明するように心がけた．また，QE 計算には，元となる実際の工学などの問題を一階述

語論理式に変換することから始まるため，論理に関する基本的な説明も加えた．さらに，実際のQE計算の理解を深めるために，なるべく多くの具体的な問題を例としてとりあげて，QEを使って，元の問題がどのような論理式で表現され，どのような等価な式に変形されるのかを一目で見られるようにした．

　ここで，本書の構成について簡単に説明しておこう．本書は3部よりなっている（図0.1）．

　第I部では，QEの概略を説明する．まずは第1章で，大学入試問題と簡単な例をいくつかとりあげて，その計算の概要を具体例を通して説明する．また必要と思われる論理式について初歩的な解説も与える．第2章では，QE計算における重要な概念やその計算法の基本的なアイディアを説明し，そのおおまかな計算手順を示す．

　第II部では，QEとその重要な代数計算法であるCAD法について詳細を説明する．第3章では，QEとCAD法を理解するために必要となる多項式に関する理論とその計算法を説明し，第4章では，CAD法とQEの詳細な説明を与える．

　第III部では，QE計算の利用を促進するために，技術的な詳細や参考となる応用事例を紹介する．まず，第5章では，QE計算を効率的に計算するために重要と思われる技法や計算における戦略を解説し，問題のもつ性質を巧みに利用する方法を特殊なケースとして説明する．さらに，第6章では，読者が実際にQEを利用する際の参考となるような，より具体的かつ高度な応用事例を紹介する．

　図0.1にいくつかの読み進めるルートを示した．QEとは何かを理解し実際に使うことに主眼をおいている読者は，第I部から第III部へと読み進め，必要に応じて第II部を参照していただくのがお勧めである．とにかく使ってみようという場合には，第1章から第III部へ進むのもよい．QEやCAD法のアルゴリズムに興味をもっている読者は，第II部を中心に読んでいただきたい．

　十分に平易に説明するために，本書で使われる数学理論は最小限に抑えた

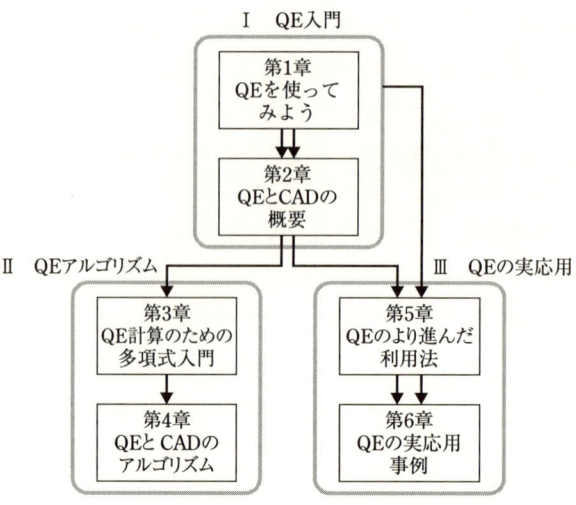

図 0.1 本書の構成

つもりであるが, QE 計算を正確に理解するには, 関連する数学分野（代数, 解析, 位相空間）やグレブナー基底などの代数的計算理論の知識を必要とせざるを得ない. さらに, より進んだ利用を考えると, 計算効率などの計算資源の説明やデータ構造などのプログラム実装上の事項や, より高度な数学知識にもとづいた改良法についての理解も必要であろう. これらのために, 重要な文献を末尾にあげたので参考にしてほしい.

本書では, 計算例を示すために, 著者らが開発, 配布しているシステムである SyNRAC が用いられている. 以下の東京大学出版会の Web ページからダウンロードできるようになっている.

http://www.utp.or.jp/bd/978-4-13-061406-1.html

本書は QE 計算の理解のための最初のステップであり, さらなる勉強の土台となることを望んでいる.

本書の執筆にあたりとても多くの方々にお世話になった. 東京大学の原辰次先生には, QE の応用について長年にわたりご指導いただいた. 原先生のご

指導とご支援がなければこのような本が世に出ることもなかったといえる．篤く感謝の意を表したい．随所で用いた計算例の作成に協力いただき内容についてもていねいに有益なコメントをくださった（株）富士通研究所の岩根秀直氏，屋並仁史氏，佐々木智丈氏，金児純司氏，例題を提供いただいた京都大学の木下武彦氏，そして，原稿を細部にわたってチェックいただいた新潟大学の管野政明先生，神戸大学の野呂正行先生，明治大学の市原裕之先生，九州大学の吉良知文氏に深く感謝の意を表したい．

最後に，本書の執筆，出版にあたって大変お世話になった東京大学出版会の丹内利香氏に深く感謝したい．

2011年5月　著者しるす

目次

はじめに .... *iii*

I QE入門　　1

第1章　QEを使ってみよう *3*

- 1.1　QEとは *3*
- 1.2　QEのための論理式入門 *9*
  - 1.2.1　命題論理：論理の初歩をマスターしよう *10*
  - 1.2.2　述語論理：「すべて」と「存在」をマスターしよう *16*
  - 1.2.3　論理式の扱い方 *22*
- 1.3　入試問題をQEツールで解く *29*
  - 1.3.1　制約条件を満たす解を求めよう *29*
  - 1.3.2　最適な値を求めよう *37*
  - 1.3.3　その他の問題 *44*
- 1.4　最適化問題をQEで解く *48*
  - 1.4.1　最適化におけるQEの効能 *49*
  - 1.4.2　制約解消 *52*
  - 1.4.3　最適化 *54*
  - 1.4.4　パラメトリック最適化 *56*
  - 1.4.5　多目的最適化 *59*

第2章　QEとCADの概要 *64*

- 2.1　簡単な例で計算の基本を学ぶ *64*
- 2.2　連立不等式と半代数的集合 *69*

2.3	細胞分割	72
2.4	CAD の概略	75
2.5	限量記号付きの不等式制約と QE	85
2.6	QE の歴史的背景と計算量	89

II　QE アルゴリズム　91

第3章　QE 計算のための多項式入門　93

3.1	GCD とユークリッドの互除法	93
3.2	GCD と部分終結式	105
3.3	無平方成分	113
3.4	多項式の実根の数え上げと分離	115
	3.4.1　スツルムの定理と実根の数え上げ	117
	3.4.2　部分終結式とスツルム–ハビッチ列	127
3.5	符号による実根の分離	137
3.6	符号判定と代数拡大の表現	142
	3.6.1　定義式による零判定	143
	3.6.2　代数拡大体の表現	147
	3.6.3　代数的手法による正・負の符号判定	149
3.7	根の解析的性質	150

第4章　QE と CAD のアルゴリズム　154

4.1	射影段階：描画可能と射影因子の構成	155
	4.1.1　描画可能とは	155
	4.1.2　PSC による射影因子の構成	168
4.2	多項式の実根の数え上げと分離	171
	4.2.1　持ち上げ段階と実根の数え上げ	172
4.3	持ち上げ段階	174
	4.3.1　持ち上げの基本と補助多項式	174
	4.3.2　半代数的集合の定義式	178

4.4　CADを用いたQE *184*

III　QEの実応用　　　193

第5章　QEのより進んだ利用法 *195*

5.1　QE計算のヒント *195*
　　5.1.1　定式化のコツ *196*
　　5.1.2　変数順序 *196*
　　5.1.3　問題の簡単化 *199*
　　5.1.4　論理式の簡略化 *203*
　　5.1.5　生成的な解 *205*

5.2　特殊なケース *206*
　　5.2.1　次数が小さい問題 *207*
　　5.2.2　正定多項式条件 *208*
　　5.2.3　超越関数を含む問題 *211*

第6章　QEの実応用事例 *214*

6.1　ポートフォリオ最適化（非凸最適化・パラメトリック最適化）　*214*
6.2　原油精製プロセス制御（マルチパラメトリック最適化）...... *218*
6.3　温度最適制御（パラメトリック最適化・動的計画法）........ *221*
6.4　形状最適設計（Min-Max最適化・多目的最適化）............ *227*
6.5　制御器設計（パラメータ空間法）................................ *231*

参考文献 *239*

索　引 *245*

I
QE入門

第1章 QEを使ってみよう

1.1 QEとは

　理工学のいろいろな分野では，対象とするものが満たすさまざまな条件を**制約条件**と呼び，それらを数式として表現して問題を数学的に解析している．なかでも制御理論や最適化問題ではこれらの制約条件が不等式を使って表されることが多く見られる．これらは，変数が実数を動くものであって，たとえば，**最適化問題**では，不等式で与えられた制約条件のもとで，目的関数を最適化（つまり，最大または最小に）することを考える．以下の問題で説明しよう．

$$
\begin{aligned}
&\text{minimize} \quad x_1 + x_2 \\
&\text{subject to} \quad x_2 \geqq 0,\ x_1 + 1 \geqq 0, \\
&\qquad\qquad\quad x_2 - x_1^2 \geqq 0
\end{aligned}
\qquad (1.1)
$$

問題 (1.1) では，subeject to 以下の不等式を**制約条件**，minimize（最小化）する関数 $x_1 + x_2$ を**目的関数**と呼ぶ．ここでは，2変数 x_1, x_2 が制約条件を満たしながら実数を動くとき，目的関数 $x_1 + x_2$ の最小値とそれを与える x_1, x_2 の値を求めることが問題である．とくに制約条件と目的関数に現れるすべての式が1次式であれば，**線形計画問題**と呼ばれる問題になり，長い研究の歴史をもっている．数学・工学さらには産業上のさまざまな分野で最適化問題が現れ，それらに対する研究（数理計画法，数値最適化など）が活発に行われている．

　一方，問題 (1.1) をよく見ると，目的関数は多項式であり，不等式もすべ

て多項式の符号に関するものになっている．このように，不等式や多項式の**符号**（正，負または0）で与えられるような制約条件の性質を調べたり，その制約条件下で多項式もしくは有理関数を最大（もしくは最小）にする問題は，多項式を利用して表現されるため，**実代数幾何問題**と呼ばれ，**計算機代数**的なアプローチを利用して解くことができる．

実際に数学や工学において現れる制約問題にはさまざまなものがある．その中で，多項式で表現される等式を**代数的等式**と呼び，それらによる制約を**代数的等式制約**と呼ぶことにする．代数的等式制約を解くとは，連立代数方程式を解くことになる．連立代数方程式は，しばしば数値計算にもとづく近似解法（ニュートン法やホモトピー法など）を用いて解かれているが，連立代数方程式の解を正確に求めたり，その解のもつ性質を調べる方法の中に**計算機代数**によるものがある（[13] に簡単な解説がある）．計算機代数はその名のとおり，計算機上で代数演算を実現するもので，すべての計算が正確に行われるのが特長である．代数的等式制約では，連立代数方程式より定義される**多項式イデアル**の性質を調べることになる．たとえば，**グレブナー基底**により，イデアルの次元が0次元であれば零点の個数や重複度が正確に求まり，さらには，多項式の因数分解と組み合わせることで，準素分解も計算が可能となる．これらにより，解のもつ性質を精密に調べることができる．

一方，代数的等式制約でも実数解のみを考えたい場合や，多項式で表現される不等式により定義された制約条件を考えたい場合には，状況が異なってくる（それぞれを**代数的不等式**，**代数的不等式制約**と呼ぶことにする）．なぜならば，計算機上で誤差なしで実数を正確に扱うことは非常に難しいからである．「実である」ことは代数的な性質ではないため，イデアル計算によるアプローチには限界があり，別の計算理論が必要となる．たとえば，代数的等式制約において，イデアルが0次元であれば，その零点の個数は重複度を含めると，イデアル剰余類環の線形次元に等しいため，グレブナー基底により計算可能である．しかし，この中で，実零点の個数を知るためには，追加の計算が必要となる．代数的不等式制約では，さらに困難になる．この場合には，制約条件を満たす変数の値のとりうる範囲（つまり集合）を計算することにな

る（このような集合を**半代数的集合**と呼ぶ）．より正確に言うと，代数的不等式制約を解くとは，対応する半代数的集合の**計算機上**での**表現**を求めることになる．ここに使われるのがジョージ・コリンズ (George E. Collins) により 1975 年に発表された Cylindrical Algebraic Decomposition（略して CAD. 日本語訳については注意 2.5 参照）と呼ばれる方法であり，さらには CAD を利用して**限量記号**，∀（すべて）や ∃（存在），が付いた論理式から，限量記号を消去する**限量記号消去法**（**Quantifier Elimination**，略して QE）である．CAD と QE は，代数的不等式制約問題に対して，誤差のない正確な答えを出すことができる非常に有効な計算理論である．

最適化問題は，この CAD や QE を適用することで，どのような場合にも，大域解を正確に求めることができる．たとえば，数値計算では困難であった非線形や非凸な場合でも，原理的には正確な答えを計算することができるのである．さらに，計算代数の得意とする「式のまま計算できること」を活かして，不等式制約にパラメータがある場合でも，最適値を**パラメータの関数**として求めることもできる．このような性質は，パラメータを使う分野，たとえばシステム・制御理論やものづくり設計などでは非常に有用である．

以下では，CAD と QE についてごく簡単に具体例を使って説明しよう．ま

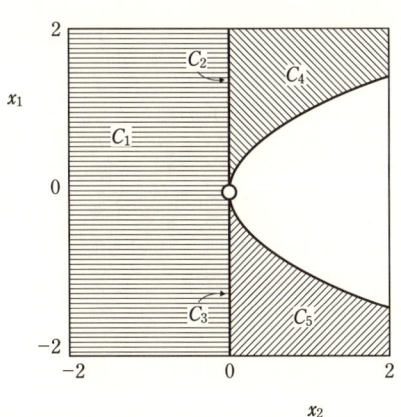

図 **1.1** $f(x_1, x_2) = x_2 - x_1^2 < 0$

1.1 QE とは

ず CAD から始める．ここで **R** は実数全体の集合（実数体）を表し，**R**^{2} はその直積，つまり 2 次元実平面を表す．

簡単な例として，$f(x_1, x_2) = x_2 - x_1^2$ を考える（問題 (1.1) の制約条件に現れる多項式である）．**R**^{2} 内で，$f(x_1, x_2) < 0$ である領域は以下の 5 個の集合の和集合として表現される（図 1.1）．

$$\mathcal{C}_1 = \{(\alpha_1, \alpha_2) \in \mathbf{R}^2 \mid \alpha_2 < 0\},$$
$$\mathcal{C}_2 = \{(\alpha_1, 0) \in \mathbf{R}^2 \mid \alpha_1 > 0\},$$
$$\mathcal{C}_3 = \{(\alpha_1, 0) \in \mathbf{R}^2 \mid \alpha_1 < 0\},$$
$$\mathcal{C}_4 = \{(\alpha_1, \alpha_2) \in \mathbf{R}^2 \mid \alpha_2 > 0, \alpha_1 > \beta_1, \text{ここで } \beta_1$$
$$\text{は } f(x, \alpha_2) = 0 \text{ の最大の実根}\},$$
$$\mathcal{C}_5 = \{(\alpha_1, \alpha_2) \in \mathbf{R}^2 \mid \alpha_2 > 0, \alpha_1 < \beta_2, \text{ここで } \beta_2$$
$$\text{は } f(x, \alpha_2) = 0 \text{ の最小の実根}\}$$

ここで注意することは，β_1, β_2 の表現である．$\alpha_2 > 0$ のとき，$f(x, \alpha_2) = 0$ はちょうど 2 個の実根 β_1, β_2 をもち，それらは α_2 を変数と見れば α_2 の関数となっている．関数としての β_1, β_2 は $\alpha_2 > 0$ の範囲ではけっして交わることなく，$\beta_1 > \beta_2$ という関係を維持する．これではあまり解いたという感じがしないかもしれないが，正確に実根の数え上げを行っており，実際の関数の形が正確かどうかは別として，上の情報だけでおおまかな図を描くことができる．このように，変数空間 **R**^{2} をいくつかの部分集合に分割し，各々の部分集合上で $f(x_1, x_2)$ の符号が一定になるようにしたのが CAD である．

次に QE を説明する．不等式制約（等式制約も含むとする）では，**限量記号** ∀（**全称記号**）と ∃（**存在記号**）を扱うこともできる（1.2.2 項参照）．たとえば，

$$\exists x (x^2 + ax + b < 0) \tag{1.2}$$

のように表現することができる（このような制約式を（**一階述語**）**論理式**と呼ぶ）．x は限量記号 ∃ がかかった変数（**束縛変数**）であり，a, b は限量記号

がかからない変数（**自由変数**）である．式の意味は，「$x^2 + ax + b$ が負になるような x の実数値が存在する」である．論理学の用語については次節で説明する．

限量記号付きの制約を解く，つまり限量記号を消去するための計算理論がQEである．限量記号を消去するということは，その不等式制約において，もとの問題と同値な「限量記号がない論理式」を計算することである．式 (1.2) で説明しよう．不等式を満たすような x の値が存在するための必要十分条件は，2次関数 $x^2 + ax + b$ のグラフを考えれば，「その判別式が正」となる．つまり，限量記号を含まない同値な式は，

$$a^2 - 4b > 0 \tag{1.3}$$

となることがわかる．

このような消去を計算機上で実現するのがQEである．さらに，QEの計算機上での実現に中心的な役割を果たすのが半代数的集合を表現（計算）するCADである．最初の例で扱った $f(x_1, x_2) = x_2 - x_1^2$ に対して限量記号を付けた問題を考えてみる．

$$\forall x_1 (f(x_1, x_2) < 0) \tag{1.4}$$

限量記号を消去するために，$f(x_1, x_2) < 0$ が成り立つ $\mathbf{R}^2$ の部分集合を求めると，$\mathcal{C}_1 \cup \mathcal{C}_2 \cup \mathcal{C}_3 \cup \mathcal{C}_4 \cup \mathcal{C}_5$ となる．この部分集合上で x_2 の条件を求めれば，すべての x_1 で $f(x_1, x_2) < 0$ となっている部分は $\mathcal{C}_1$ となり，これらの部分を表す x_2 の条件である「$x_2 < 0$」が限量記号のない等価な式となる．

最後にQEを使って最適化問題を解いてみよう．a, b を実数値をとるパラメータとして，多項式 $f(x) = x^2 + ax + b$ の最小値を求める問題を考える（もちろん，この問題は高校までの知識で放物線の図を描いたり，式を平方完成することにより解くことができる）．そこで，$f(x)$ の値を表す変数 y を導入して，以下のように論理式を構成する．

$$\exists x (y - (x^2 + ax + b) = 0)$$

上の論理式から限量記号 $\exists$ を除去することで等価な y, a, b のみの式が計算される．この場合の等価な式は

$$y - \frac{4b - a^2}{4} \geqq 0$$

であり，$f(x)$ の最小値は $\frac{4b-a^2}{4}$ であることがわかる．また，最小値を与える x の値は QE 計算の中で使われる標本点（2.1 節参照）から求めることができ，この場合には $x = -\frac{a}{2}$ である．

冒頭の問題 (1.1) では，上の場合と同様に目的関数の値を表す変数 y を導入し，$y - (x_1 + x_2) = 0$ という等式を加えて次のように論理式を構成する．

$$\exists x_1 \exists x_2 ((y - (x_1 + x_2) = 0) \wedge (x_2 \geqq 0) \wedge (x_1 + 1 \geqq 0) \wedge (x_2 - x_1^2 \geqq 0))$$

この論理式と等価な「y だけの式」を QE で計算すると $y \geqq -\frac{1}{4}$ となり $x_1 + x_2$ の最小値が $-\frac{1}{4}$ として求められる．

CAD と QE は強力な計算理論ではあるが，効率（計算量）に大きな問題がある．したがって，現在の計算機の能力では「万能」とはいえないが，これらを有効に活用できる問題は多数ある．CAD と QE は，最適化の手法として，これまであまり知られていないこともあり，実応用で活用された事例はそう多くはない．そこで，このような潜在能力をもった計算理論を知ってもらうことが本書の目的である．

本書では，CAD とそれを利用した QE の理論，さらに QE の応用について，いろいろな例を示しながら説明する．本書を読むことで，読者が実際に計算機上で QE のツールを用いて QE 計算ができるようになると考えている．そのためには，制約問題を論理式で書くことがまず第一歩である．問題を数学的に論理式で記述できれば，あとは数式処理システム上の QE ツールの論理記述の文法にしたがって問題を入力すればよい．よって，次の節では QE を用いるために必要な論理式について基本となる用語や性質を学び，理解を促進する例題として大学入試問題をとりあげる．

1.2 QEのための論理式入門

通常の数理最適化では，制約条件と目的関数の2つで問題が規定される．QEやCADは，元来「論理式」を扱う計算理論であるところが既存の最適化法と大きく異なる点である．そのため，QEを使うには考えている問題を論理式で表現することが必須となる．本節では，論理学について簡単に説明する．論理学にくわしい読者は読み飛ばしてかまわない．

いままで何気なしに使っていた「当たり前の議論」は「本当に正しいのであろうか？」．この疑問に答えるのが**論理学**である．実際，無意識に正しいとしていた「議論」や「論法」の正当性や無矛盾性が，論理学により「きちんと保証」されているので，数学では安心して定理を証明したり，計算の正しさを確信することができる．

論理学の影響は，数学はもちろん，コンピュータを含む情報処理分野にとどまらず他のさまざまな学問分野に浸透している．その奥行きは深く，それ自体非常に面白い学問であるが，ここでは以下の2つ，

- QEの入力式を作成する，すなわち，最適化問題を論理式で表すこと
- QEの出力結果として現れた論理式の意味を理解すること

を身につけることを目的として，そのために最低限必要な論理学の知識について説明していく．詳細については，たとえば文献[12]などを参照されたい．

その後に，実際にQEツールではどのように論理式を記述するのか，論理式や論理記号記述の仕方について説明する．もちろん，数式処理システムによって文法などの記法が異なるが，ここでは商用の数式処理システムMaple上で動くSyNRACともう1つ別の数式処理システムMathematicaという2つのシステムをとりあげて紹介する．

また，QEで扱う論理式は，多項式で表される制約（等式，不等式）からなる論理式であり，多項式の変数の動く範囲は，とくに断らない限りすべて実数$\mathbb{R}$上であることに注意しておく．

1.2.1 命題論理：論理の初歩をマスターしよう

ここで学ぶのは，論理学のもっとも初歩である命題論理についての内容である．まず，**命題**を定義し，命題を基として構築される論理である**命題論理**を説明する．

命題：意味が明確であり，客観的に見て「正しい」か「誤り」であるかが定まっている文を**命題 (proposition)** と呼ぶ（正しくても誤っていてもかまわない．また，そのどちらかがすぐには判断できないものもある）．

命題の内容（主張）が正しいとき，命題は**真 (true)** であるといい，誤っているとき，命題は**偽 (false)** であるという．この真であるか偽であるかを命題の**真理値**ともいう．以下では，頭文字をとって，T, F で表す．

【例 1.1】「おはよう」とか「もし x が正ならば」という文は主張ではないので命題とは呼ばない．「私は足が長い」は主張ではあるが，「長い」という言葉には客観性がないので，これも命題とはならない．「x は整数である」のように変数 x の内容（値）に依存して真偽が定まるものは命題とは呼ばない．しかし，ひとたび x に特定の値を代入すれば，その真理値は定まるので，このような主張を**述語 (predicate)** と呼ぶ（**開かれた命題**とも呼ぶ）．変数が x だけの述語は $P(x)$ などと書く．

注意 1.1 通常の数学（論理学以外）では「命題」とは「証明された事実」を指す言葉で，命題の中で重要なものは定理と呼ばれる．

定義 1.1 命題を構成する「言葉」はすべて意味が明確である必要がある．ある言葉に対して定められた明確な意味をその言葉の**定義 (definition)** といい，定義を与えることを**定義する**という．

命題の組合せ：いくつかの命題を組合せて新しい命題を構成することができる．重要な構成法として，かつ（連言：**conjunction**），または（選言：**disjunction**），でない（否定：**negation**），ならば（含意：**implication**）がある．これらの構成法を幾重にも適用することでより複雑な命題を構成することができる．各構成法は，**論理結合子**と呼ばれる（論理演算子や論理記号とも呼ばれる）．それぞれ記号 $\land, \lor, \lnot, \rightarrow$ を用いて表される．

構成された命題は**命題論理式 (propositional formula)** と呼ばれることもある．論理結合子をいくつか用いて構成された命題を**複合命題**，その基となる基本的な命題を**要素命題**と呼ぶこともある．

以下，各論理結合子について説明する．

- **かつ（連言）**：2つの命題 P, Q に対して，P も Q も両方とも真のときにのみ真となる命題を P と Q との**連言**といい，$P \wedge Q$ で表す．日本語では「かつ」という言葉を使い，「P かつ Q（である）」と読む．

  $P, Q, P \wedge Q$ の真偽値のすべての可能性を表にすると以下になる．このような表を**真理値表（真理表）**と呼ぶ．

P	Q	$P \wedge Q$
T	T	T
T	F	F
F	T	F
F	F	F

  例：
  （5 は素数である）かつ（7 は奇数である）⇒ 真．
  （5 は素数である）かつ（7 は偶数である）⇒ 偽．

- **または（選言）**：2つの命題 P, Q に対して，P または Q のどちらかが真となるときに真となる命題を P と Q との**選言**といい，$P \vee Q$ で表す（P, Q の両方とも真であるときも真である）．日本語では「または」という言葉を使い，「P または Q（である）」と読む．

  $P, Q, P \vee Q$ の真偽値表は以下になる．

P	Q	$P \vee Q$
T	T	T
T	F	T
F	T	T
F	F	F

  例：
  （5 は素数である）または（27 は素数である）⇒ 真．
  （5 は偶数である）または（27 は素数である）⇒ 偽．

- **でない（否定）**：命題 P に対して「P でない」という命題を P の**否定**といい，$\neg P$ で表す．つまり，P の否定 $\neg P$ は P が真のとき偽となり，P が偽のときに真になる命題である．

  $P, \neg P$ の真偽値表は以下になる．

P	$\neg P$
T	F
F	T

例：
(5 は素数である) の否定は (5 は素数ではない).
(5 は素数である) が真であるので，その否定は偽である.

- **ならば（含意）**：2 つの命題 P, Q に対して，「P ならば Q（となる）」という命題を**含意**といい，$P \to Q$ で表す．P が真のとき Q も真となるという意味の命題である．このような含意を用いた制約表現は，QE ならではの記述能力であり，より柔軟に広範な問題を記述できる．

実際の理工学の問題に QE を応用する際に $\to$ を使うような場面では，たいてい P が真のもとで Q も真という状況を考えて用いる．しかし，以下に示す真偽値表のように，含意では P が偽のとき少し注意が必要である．Q の真偽値がなんであろうと $P \to Q$ は真になる．

P	Q	$P \to Q$
T	T	T
T	F	F
F	T	T
F	F	T

例：
(2 は正である) ならば (2 は偶数である) ⇒ 真．
(2 は正である) ならば (2 は奇数である) ⇒ 偽．

注意 1.2 P が偽のとき，Q の真偽値がなんであろうと $P \to Q$ が真になることは「技術的に」定義されているが，以下の例でその意味を簡単に説明してみよう：Y 先生が学生の A 君に次のように言ったとする．「試験で 60 点以上をとれば単位をあげよう．」これは，命題 P を「A 君は試験で 60 点以上をとる」とし，命題 Q を「A 君は単位がもらえる」とすれば，Y 先生が言ったことは $P \to Q$ という命題になる．試験で A 君が 60 点以上をとって単位がもらえた場合には，Y 先生は正しいことを言ったので，$P \to Q$ は真である．A 君が 60 点以上とったのに単位がもらえなかった場合は，Y 先生は嘘を言ったことになり，$P \to Q$ は偽となる．A 君が 60 点以上をとれなかった場合には，単位がもらえてももらえなくても Y 先生は嘘を言ったわけではないので，$P \to Q$ は偽にはならない．つまり $P \to Q$ は真と考えることができる．

注意 1.3 述語にも論理結合子（連言・選言・否定・含意）を用いて，より複雑な述語を構成することができる．たとえば，含意により構成した主張は命題となりうる．述語 $P(x) : x = 2$ (x は 2 である) と述語 $Q(x) : 2x + 1 = 5$ ($2x + 1$ は 5 である) を考える．このとき，$P(x) \to Q(x)$ ($x = 2$ ならば $2x + 1 = 5$ である) という命題が構成できる．

命題変数と同値：論理結合子を用いて構成される命題論理式に現れる命題（P,Q など）たちを真または偽の値をとる変数と考えた場合に，各変数の値で命題論理式の真偽値が定まる．このような状況では，変数たちを**命題変数**と呼ぶ．また真か偽の値が 1 つに固定された命題変数を**命題定数**と呼ぶ（命題変数をもつ命題論理式の各命題変数に真偽値を割り当てることを**解釈**とも呼ぶ．命題論理式を関数と見れば，解釈とは各変数への代入にあたる）．

命題変数をもつ 2 つの命題論理式の真偽値がすべての解釈（すべての各命題変数の値）において一致するとき，2 つの命題論理式を**論理的に同値**であるという．2 つの命題論理式を f, g とするとき，f, g が同値であることを $f \Leftrightarrow g$ で表す．同値を理解するために，いくつかの例をあげる．もっとも重要な例は論理結合子に関するものである．以下に論理結合子のいくつかの性質を説明しよう．ここで紹介する性質は，QE の入出力の論理式を解釈したり取り扱うときにとても重要なものばかりであるのでしっかり理解しておいてほしい（各命題に対して，それが真となる集合を対応させてみることで視覚的に理解できるであろう）．

以下 P, Q, R を命題とする．

- **べき等律**：$P \wedge P \Leftrightarrow P, \quad P \vee P \Leftrightarrow P$

P	$P \wedge P$	$P \vee P$
T	T	T
F	F	F

- **交換律**：$P \wedge Q \Leftrightarrow Q \wedge P, \quad P \vee Q \Leftrightarrow Q \vee P$

P	Q	$P \wedge Q$	$Q \wedge P$	P	Q	$P \vee Q$	$Q \vee P$
T	T	T	T	T	T	T	T
T	F	F	F	T	F	T	T
F	T	F	F	F	T	T	T
F	F	F	F	F	F	F	F

- **結合律**：$(P \wedge Q) \wedge R \Leftrightarrow P \wedge (Q \wedge R), \quad (P \vee Q) \vee R \Leftrightarrow P \vee (Q \vee R)$

P	Q	R	$P \wedge Q$	$(P \wedge Q) \wedge R$	$Q \wedge R$	$P \wedge (Q \wedge R)$
T	T	T	T	T	T	T
T	T	F	T	F	F	F
T	F	T	F	F	F	F
T	F	F	F	F	F	F
F	T	T	F	F	T	F
F	T	F	F	F	F	F
F	F	T	F	F	F	F
F	F	F	F	F	F	F

P	Q	R	$P \vee Q$	$(P \vee Q) \vee R$	$Q \vee R$	$P \vee (Q \vee R)$
T	T	T	T	T	T	T
T	T	F	T	T	T	T
T	F	T	T	T	T	T
T	F	F	T	T	F	T
F	T	T	T	T	T	T
F	T	F	T	T	T	T
F	F	T	F	T	T	T
F	F	F	F	F	F	F

- 分配律：$(P \wedge Q) \vee R \Leftrightarrow (P \vee R) \wedge (Q \vee R)$,　$(P \vee Q) \wedge R \Leftrightarrow (P \wedge R) \vee (Q \wedge R)$

P	Q	R	$P \wedge Q$	$(P \wedge Q) \vee R$	$P \vee R$	$Q \vee R$	$(P \vee R) \wedge (Q \vee R)$
T	T	T	T	T	T	T	T
T	T	F	T	T	T	T	T
T	F	T	F	T	T	T	T
T	F	F	F	F	T	F	F
F	T	T	F	T	T	T	T
F	T	F	F	F	F	T	F
F	F	T	F	T	T	T	T
F	F	F	F	F	F	F	F

注意 1.4 結合律により, n 個の命題 $P_1, \ldots, P_n$ に対して, $P_1 \wedge P_2 \wedge \cdots \wedge P_n$ や $P_1 \vee P_2 \vee \cdots \vee P_n$ のような括弧を外した書き表し方が可能になる.

次に否定に関する性質を見よう.

- 二重否定の法則：$\neg(\neg P) \Leftrightarrow P$

P	$\neg P$	$\neg(\neg P)$
T	F	T
F	T	F

簡単のため $\neg(\neg P)$ を $\neg\neg P$ とも書く.

- ド・モルガン (de Morgan) の法則：
  法則 (1)：$\neg P \wedge \neg Q \Leftrightarrow \neg(P \vee Q)$，　法則 (2)：$\neg P \vee \neg Q \Leftrightarrow \neg(P \wedge Q)$

P	Q	$\neg P$	$\neg Q$	$P \wedge Q$	$P \vee Q$	$\neg P \wedge \neg Q$	$\neg(P \vee Q)$	$\neg P \vee \neg Q$	$\neg(P \wedge Q)$
T	T	F	F	T	T	F	F	F	F
T	F	F	T	F	T	F	F	T	T
F	T	T	F	F	T	F	F	T	T
F	F	T	T	F	F	T	T	T	T

  法則 (2)：$\neg P \vee \neg Q \Leftrightarrow \neg(P \wedge Q)$ は法則 (1) $\neg P \wedge \neg Q \Leftrightarrow \neg(P \vee Q)$ と二重否定の法則を利用して以下のように示すことができる．

  $$\neg(P \vee Q) \Leftrightarrow \neg(\neg\neg P \vee \neg\neg Q) \quad (P, Q \text{ を } \neg\neg P, \neg\neg Q \text{ へ置き換える})$$
  $$\Leftrightarrow \neg(\neg(\neg P) \vee \neg(\neg Q))$$
  $$\Leftrightarrow \neg\neg(\neg P \wedge \neg Q) \quad (法則 (1))$$
  $$\Leftrightarrow \neg P \wedge \neg Q \quad (二重否定の法則)$$

- 含意の表現：$P \to Q \Leftrightarrow \neg P \vee Q$ となる．

P	Q	$P \to Q$	$\neg P$	$\neg P \vee Q$
T	T	T	F	T
T	F	F	F	F
F	T	T	T	T
F	F	T	T	T

  したがって，「ならば」は「または」と否定を使っても表現できる．

対偶・裏・逆：命題 $P \to Q$ に対して，**対偶 (contraposition)**，**逆 (converse)**，**裏 (inverse)** が以下のように定義される．

- **対偶**：$\neg Q \to \neg P$ を対偶という．このとき，$P \to Q \Leftrightarrow \neg Q \to \neg P$ が成り立つ．

P	Q	$\neg P$	$\neg Q$	$P \to Q$	$\neg Q \to \neg P$
T	T	F	F	T	T
T	F	F	T	F	F
F	T	T	F	T	T
F	F	T	T	T	T

- 逆と裏：$Q \to P$ を逆，$\neg P \to \neg Q$ を裏という．このとき，$Q \to P \Leftrightarrow \neg P \to \neg Q$ が成り立つ．

P	Q	$\neg P$	$\neg Q$	$Q \to P$	$\neg P \to \neg Q$
T	T	F	F	T	T
T	F	F	T	T	T
F	T	T	F	F	F
F	F	T	T	T	T

1.2.2　述語論理：「すべて」と「存在」をマスターしよう

ここでは命題論理を拡張した**述語論理**について説明する．述語論理は現在の数学における「論理」であり，数学の正しさを保証するものと言える．まず，述語を復習し，述語を基として構築される論理である**述語論理**を説明する．

「x は整数である」のように x の内容（値）に依存して真偽が定まる主張を**述語 (predicate)** と呼び，x を**変数 (variable)** と呼ぶ（述語は**開かれた命題**，変数は**論理変数**とも呼ぶ）．変数は複数現れてもかまわない．

【例 1.2】　x, y を実数値をもつ変数とする．$P(x)$ を「$x^2 - 1 \geqq 0$」とし，$Q(x,y)$ を「$x > y$」とするとき，$P(x), Q(x,y)$ は述語である．

述語は変数に具体的な値を代入して命題となるが，具体的な値を代入しなくても**限量記号**もしくは**限定記号 (quantifier)** と呼ばれる記号を用いて命題とすることができる．限量記号には**全称記号 (universal quantifier)** と**存在記号 (existential quantifier)** という 2 種類がある．またこれらの限量記号は，それぞれ $\forall$（全称記号），$\exists$（存在記号）と表す．

変数についてのみ限量記号を許す述語論理を**一階述語論理**と呼び，それに加えて述語や関数にも限量記号を許す述語論理を**二階述語論理**と呼ぶ．それにさらなる一般化を加えた述語論理もあり，それらを**高階述語論理**と呼ぶ．QE では一階述語論理を扱うので，本書では一階述語論理のみを説明する．また，変数はすべて実数値をとるものとする．

- **全称記号と全称命題**：$\forall$ を全称記号と呼ぶ．$\forall x$ は「すべての x について」とか「任意の x について」という意味になる．変数を x とする述語 $P(x)$ に対して，「すべての x（の値）において命題 $P(x)$ が成り立

つ」という命題を構成することができる．このような命題を **全称命題** (universal proposition) と呼び，記号では $\forall x P(x)$ と書く．$\forall$ は全称命題に変化させるという意味で，**全称作用素** とも呼ばれる．

【例 1.3】 「x が実数ならば $x^2 \geqq 0$ である」という主張には，「すべての実数」という意味が含まれている．つまり，この主張は「すべての実数 x に対して $x^2 \geqq 0$ である」と言い換えることができる．つまり，$x^2 \geqq 0$ という述語から全称作用素により命題化されたものである．記号では以下のように書ける．

$$\forall x \in \mathbf{R}(x^2 \geqq 0)$$

この命題は，「任意の実数 x に対して $x^2 \geqq 0$ となる」ともいうことができる．任意とは「どのような値をもってきても」という意味で，これは「すべての値に対して」という意味と同じになる．変数がすべての実数値の範囲を動くときは $\in \mathbf{R}$ は省略して，

$$\forall x(x^2 \geqq 0)$$

とも書ける．

注意 1.5 $\forall x \in \mathbf{R} P(x)$ のように，「変数 x をどこからもってくるか」を明示することができる．これは，$\forall x((x \in \mathbf{R}) \to P(x))$ と同じ意味である．含意（ならば）は仮定（ここでは $x \in \mathbf{R}$）が成り立たない場合はいつでも真になるので，$x \in \mathbf{R}$ の場合のみ $P(x)$ が成り立つかどうかを判断することになる．

- **存在記号と存在命題**：$\exists$ を存在記号と呼ぶ．$\exists x$ は「ある x について」という意味になる．変数を x とする述語 $P(x)$ に対して，「ある特殊な x（の値）において命題 $P(x)$ が成り立つ」という命題を構成することができる．このような命題を **存在命題** (existential proposition) と呼び，記号では $\exists x P(x)$ と書く．全称作用素と同様に，$\exists$ は存在命題

に変化させるという意味で，**存在作用素**とも呼ばれる．

【例 1.4】 「$x^2 = 3$ となる実数 x が存在する」という主張を述語論理にしたがって言い直すと，「ある実数 x に対して $x^2 = 3$ となる」もしくは「ある実数 x が存在して $x^2 = 3$ となる」になる．これは，「$x^2 = 3$」という述語が存在作用素により命題化されたものである．記号では以下のように書ける．

$$\exists x \in \mathbf{R}(x^2 = 3)$$

あるいは，$\exists x(x^2 = 3)$ でもよい．

- **束縛変数と自由変数**：述語は複数の変数をもつことができる．限量記号が作用している変数を**束縛変数**と呼び，限量記号が作用していない変数を**自由変数**と呼ぶ．

【例 1.5】 「a, b を実数とするとき，$x^2 + ax + b = 0$ となる実数 x が存在する」という述語は変数として x, a, b をもつ．限量記号を用いて表現すると，

$$x \in \mathbf{R}((x^2 + ax + b = 0) \land (a \in \mathbf{R}) \land (b \in \mathbf{R}))$$

と書ける．このとき x は束縛変数であり，a, b は自由変数である．ここでも，「$\in \mathbf{R}$」は省略可能であり $\exists x(x^2 + ax + b)$ とも書ける．

述語の組合せ：命題の場合と同様に，いくつかの述語を組合せて新しい述語（**論理式**）を構成することができる．さらに，全称命題や存在命題も組合せることができる．重要な構成法は命題の場合とまったく同様で**論理結合子**（かつ，または，でない，ならば）を使うことができる．とくに，複数の命題に対する「かつ ($\land$)」を**論理積 (logical conjunction)** といい，「または ($\lor$)」を**論理和 (logical disjunction)** という．

【例 1.6】 $\forall x \in \mathbf{R}(\exists y \in \mathbf{R}((x < y) \land (x^2 > y)))$ のように，存在記号や全称記号を別々の変数に付けて並べることができる．この意味は「すべての実

数 x に対して，ある実数 y が存在して $x<y$ かつ $x^2>y$ とできる」である．別の表現をすれば，「すべての実数 x に対して，$x<y$ かつ $x^2>y$ となるある実数 y が存在する」とも言える．

注意 1.6 組合せが多くなると括弧だらけになってしまう．限量記号の部分に限り括弧を用いないことが許されるが，必ず左から解釈する規則にしたがう．前の例では，$\forall x \in \mathbf{R} \exists y \in \mathbf{R}((x<y) \wedge (x^2>y))$ と書いてもよい．論理演算記号の結合の強さについては次節で説明するが，これによって括弧を減らすこともできる．

同値： 命題論理と同様に命題の間で（論理）同値が定義される．別の定義としては，以下も使える．

定義 1.2 述語論理における命題 P,Q が同値であるとは，複合命題 $(P \to Q) \wedge (Q \to P)$ が恒真（すべての解釈に対して真）であることである．

述語（開いた命題）やそれから構成される論理式に関しても，同値が以下で定義される．

定義 1.3 すべての自由変数に値を代入してできる命題が同値であるとき論理的に同値であるという．

2つの命題・述語・論理式を P,Q とするとき，P,Q が同値であることを $f \Leftrightarrow g$ で表す．具体的に P,Q を $x_1,\ldots,x_n$ を自由変数とする論理式とするとき，

$$\forall x_1 \cdots \forall x_n((P \to Q) \wedge (Q \to P))$$

が恒真であるとき，P,Q を同値という．

Q は $x_1,\ldots,x_n$ を変数とする論理式とし，次の一階述語論理式を考える．

$$\mathcal{Q}_1 x_1 \cdots \mathcal{Q}_k x_k\ Q(x_1,\ldots,x_n) \tag{1.5}$$

ここで，$\mathcal{Q}_i$ は限量記号を表し，$k=1,\ldots,n$ とする．このとき，以下の条件を満足する論理式 $P(x_{k+1},\ldots,x_n)$ は，論理式 (1.5) から限量記号が消去された (1.5) に等価な論理式である．

$$P(x_{k+1},\ldots,x_n) \Leftrightarrow \mathcal{Q}_1 x_1 \cdots \mathcal{Q}_k x_k\ Q(x_1,\ldots,x_n) \tag{1.6}$$

一階述語論理式 Q に対して，このような P が存在するかどうかを判定し，存在する場合には P を求めるのが限量記号消去 QE である．

【例 1.7】「a, b を実数とするとき，$x^2 + ax + b = 0$ となる実数 x が存在する」という述語に対して，それと同値な束縛変数 x が現れない述語を求めることができる．実際，判別式を考えれば以下が同値になることが示される：$a^2 - 4b \geqq 0$．

論理結合子の性質：命題論理に対する論理結合子のいくつかの性質は，述語論理でもそのまま成り立つ．ここでは，全称記号や存在記号との組合せにおける性質を説明する．

注意 1.7 これらは定理のように「ある基本的な条件から導かれる」ものではなく規則（定義）である．

- **分配律**：$P(x), Q(x)$ を x を変数とする述語とする．

$$\forall x (P(x) \land Q(x)) \Leftrightarrow \forall x P(x) \land \forall x Q(x),$$
$$\exists x (P(x) \lor Q(x)) \Leftrightarrow \exists x P(x) \lor \exists x Q(x)$$

意味を考えれば，その「正当性」がわかるであろう．

「すべての x に対して $P(x)$ と $Q(x)$ がともに成り立つ」のであれば，当然「すべての x に対して $P(x)$ は成り立ち」かつ「すべての x に対して $Q(x)$ も成り立つ」．逆も同様である．

- **否定**：$P(x)$ を x を変数とする述語とする．

$$\neg(\forall x P(x)) \Leftrightarrow \exists x (\neg P(x)),$$
$$\neg(\exists x P(x)) \Leftrightarrow \forall x (\neg P(x))$$

分配律と同様に意味を考えれば，その「正当性」がわかるであろう．

たとえば，「すべての x に対して $P(x)$ が成り立つ」の否定を考える．「すべての x に対して $P(x)$ が成り立つ」わけではないので，反例がある．つまり，「ある x が存在して $P(x)$ が成り立たない」ことになる．

- **全称記号と存在記号の交換**：限量記号の順番は大事である．順番を変えるとまったく違う意味になるので注意が必要である．しかし，一部の「推論」が許される場合がある．

注意 1.8 ここで，「推論」について少し説明を加えておく．構成された命題の真偽を確かめたいときには，

1. 命題を構成する基本的な命題の真偽値を調べて，真偽値表を作成する
2. 論理結合子の性質を利用して，同値な「わかりやすい命題」へと論理式を変形する

方法がある．それに加えて，同値性をゆるめて議論する方法がある．これらを**推論** (inference) と呼ぶ．命題（論理式）P, Q に対して「P が真であれば，つねに Q が真である」場合に，P から Q が**推論される**という．これを $P \Rightarrow Q$ と書く（標準的な数学でのイメージで言えば，P という条件から別の Q という条件を導出する操作を推論という言葉で表している）．

注意 1.9 推論 $P \Rightarrow Q$ と命題 $P \to Q$ は紛らわしい．推論は「論理を展開」することで，命題はそれ自身が真偽のいずれかをもつ主張である．推論では P が正しいという「仮定」のもとで，Q が真になることを主張するので，P が偽のときは考えない．しかし，含意（ならば）では，P が偽であれば必ず命題 $P \to Q$ は真になるため，正しい推論を命題と置き換えて考えた場合にはいつでも真になる命題になることがわかる．

$P(x, y)$ を x, y を変数とする述語とする．このとき以下が成り立つ．

$$\exists x \forall y P(x, y) \Rightarrow \forall y \exists x P(x, y)$$

左辺は，「ある x が存在して，すべての y に対して $P(x, y)$ が成り立つ」であり，右辺は，「すべての y に対して，ある x が存在して $P(x, y)$ が成り立つ」である．左辺では「最初」にある特定の x を決めてしまえば，どのような y に対しても $P(x, y)$ が成り立つようにできると言っている．そこで左辺が成立している場合に，右辺が成り立つかどうかを考えると，すべての y に対して，左辺で設定した特別の x をもってくれば $P(x, y)$ は成り立つので，右辺が成り立つことが示される．

一方，逆である，

$$\forall y \exists x P(x, y) \Rightarrow \exists x \forall y P(x, y)$$

は一般には成り立たない．例として述語 $P(x,y)$ を「$x > y$」としよう．このとき，「いかなる実数 y よりも大きい実数 x は存在しない」ことから，命題 $\exists x \in \mathbf{R} \forall y \in \mathbf{R} P(x,y)$ は偽となる．しかし，順番を変えた命題 $\forall y \in \mathbf{R} \exists x \in \mathbf{R} P(x,y)$ は真となる．この理由は，実数 y に対して，「ひとたび y の値が与えられたとき，x としてその値に 1 を加えたものをとれば $x > y$ が成立する」からである．したがって，左辺が偽かつ右辺が真の場合があるので，

$$\forall y \exists x P(x,y) \Rightarrow \exists x \forall y P(x,y)$$

は成り立たないことが証明された．

1.2.3　論理式の扱い方

ここから，QE ツールに論理式を入力することを念頭に，論理式の記述の仕方について解説していく．あわせて実際の QE ツールについても紹介する．

論理演算記号の強さ：前項で論理式の記述の仕方に関して，限量記号の部分については，解釈する順序を決めることで括弧を用いないで書くことができることを述べた．括弧の省略についてもう 1 つの留意点がある．それは論理演算記号の結合の強さである．通常の四則演算では，$+,-$ は $\times, \div$ よりも結合が弱いと決めることで，数式の表示から括弧を減らした記述が可能になっている．論理記号でも同様に結合度の強弱を入れて，括弧が減らされた表現が可能である．通常，論理記号について強い順に並べると以下のとおりである．

1) $\neg$,
2) $\wedge$,
3) $\vee$,
4) $\rightarrow$,
5) $\forall, \exists$

QE ツールを利用する際に，論理式の表現が曖昧・紛らわしい場合には括

弧を使って明確に記述するほうが安全である．

【例 1.8】 たとえば次の論理式を考える．

$$\forall x \in A \; P \land \neg Q \to \exists y \in B \; P \lor Q \tag{1.7}$$

この意味するところは，括弧を明示して書くと

$$\forall x \in A((P \land (\neg Q)) \to (\exists y \in B(P \lor Q))) \tag{1.8}$$

となる．括弧の入れ方を変えて

$$(\forall x \in A \; P) \land ((\neg Q \to \exists y \in B \; P) \lor Q)) \tag{1.9}$$

とすると，まったく意味の異なる論理式となる．

QE ツール：QE の計算アルゴリズムは，いくつかの数式処理システムに実装されている．以下，代表的なものを簡単に紹介する．文献 [15] では，ここで紹介するツールの開発者自身によるツールの解説記事が掲載されている．興味のある方は参照されたい．

- **QEPCAD**：もっとも歴史のあるツールは，フン・ホン (Hoon Hong)，クリストファー・ブラウン (Christopher Brown) らによって開発されているQEPCAD である．QEPCAD は，SACLIB という数式処理システム上にCAD アルゴリズムを用いた QE アルゴリズムを実装したものである．図 1.2は，QEPCAD の実行画面で，一階述語論理式，

$$\exists x \exists y (4x \geqq a^2 \land x - xy + 5 \geqq b \land 1 \leqq x \land x \leqq 4 \land 1 \leqq y \land x \leqq 2) \tag{1.10}$$

で記述される QE 問題を QEPCAD に入力し，その結果として等価な限量記号の消去された式

$$a^2 - 8 \leqq 0 \land b - 5 \leqq 0$$

が得られた様子を示したものである．QEPCAD では，∃ は E，∀ は A で表し，∧, ∨ はそれぞれスラッシュとバックスラッシュを用いて /\, \/ と表現

```
prompt% qepcad
==========================================================
              Quantifier Elimination
                       in
          Elementary Algebra and Geometry
                       by
       Partial Cylindrical Algebraic Decomposition

               Version B 1.1, 02 Aug 2002

                       by
                    Hoon Hong
                (hhong@math.ncsu.edu)

With contributions by: Christopher W. Brown, George E.
Collins, Mark J. Encarnacion, Jeremy R. Johnson
Werner Krandick, Richard Liska, Scott McCallum,
Nicolas Robiduex, and Stanly Steinberg
==========================================================
Enter an informal description  between '[' and ']':
[This is a simple example 1. ]
Enter a variable list:
(a,b,x,y)
Enter the number of free variables:
2
Enter a prenex formula:
(E x)(E y) [4 x >=  a^2 /\ x - x y + 5 >= b /\ 1 <= x
/\ x <= 4 /\ 1 <= y /\ x <= 2].
==========================================================
Before Normalization >
finish
An equivalent quantifier-free formula:
a^2 - 8 <= 0 /\ b - 5 <= 0
==========================================================
prompt%
```

図 1.2　QEPCAD のセッション例

しているのが特徴的である．QEPCAD は，フリーでダウンロードして利用できるようになっている[1]．

- **REDLOG**：物理の分野で古くから利用されている数式処理システム REDUCE は，現在ではフリーソフトになっている[2]．REDUCE には，トーマス・スツルム (Thomas Sturm)，アンドレアス・ドルツマン (Andreas Dolzmann) による REDLOG という QE ツールが付属している[3]．REDLOG は，CAD による QE アルゴリズムも含まれているが，**仮想置換法 (virtual substitution)** という QE アルゴリズムが強いツールである．仮想置換法は，論理式中に現れる多項式の限量記号が付いた変数についての次数が小さい（2 次までの）問題に対して有効な QE アルゴリズムである．論理式の次数制限があるが，応用の場面で適用範囲はわりと広く，実用の際に有効な方法となっている．仮想置換法については，5.2.1 項を参照されたい．

注意 1.10　CAD アルゴリズムは，任意の一階述語論理式に対するアルゴリズムである．その意味で，汎用アルゴリズム (general algorithm) という．一方，仮想置換法は低次の多項式からなる論理式のみに適用可能で，その代わり入力式の構造を利用して効率化を実現している．このように，あるクラスの入力式にのみ適用可能な効率的アルゴリズムは，専用アルゴリズム (special algorithm) という．応用問題には，ある特定のクラスの問題に帰着されることも多く，QE アルゴリズムの計算量を考慮すると，専用アルゴリズムを考えることは重要かつ実践的である．5.2 節で専用アルゴリズムをとりあげている．

- **Mathematica**：商用の数式処理システム Mathematica には内蔵された関数として QE が備わっている．Mathematica の QE は，QE 単体での利用だけでなく，代数制約式の簡略化などのコマンドにおいても内部でうまく活用されている．計算結果の可視化（変数やパラメータのとりうる領域の描画）の機能との連携もスムーズである．このあたりのツールとしての作りは商用システムならではの強みといえる（図 1.3）．

---

1) http://www.cs.usna.edu/~qepcad/B/QEPCAD.html
2) http://www.reduce-algebra.com/
3) http://redlog.dolzmann.de/

図 1.3　Mathematica のセッション例

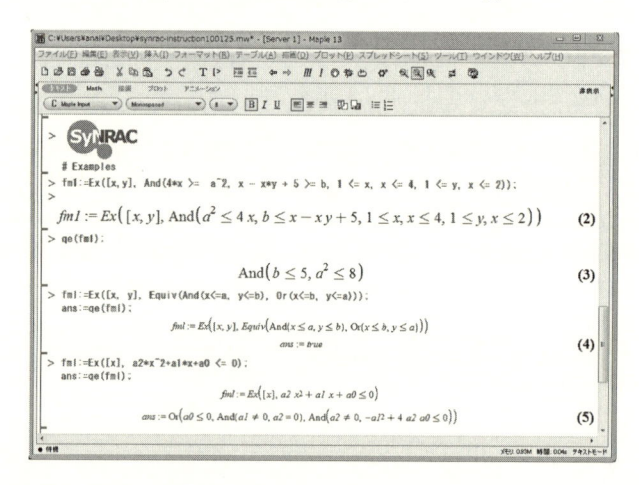

図 1.4　SyNRAC のセッション例

- **SyNRAC**：商用の数式処理システム Maple 上の QE ツールとして，著者らの研究グループで開発中の SyNRAC がある（図 1.4）．SyNRAC では，CAD アルゴリズム，仮想置換法の他に**正定多項式条件 (positive polynomial condition)** に対する QE アルゴリズムも利用できる．システム制御，回路解析でのいろいろな問題が多項式の正定条件に帰着されることが知られてきており，実際の応用の上で有用なアルゴリズムである ([23])．正定多項式条

件に対する QE アルゴリズムについては 5.2.2 項を参照のこと.

注意 1.11 ここでは, 1 変数多項式 $f(x)$ に対し, 条件 $f(x) > 0$ や変数 x に範囲の区間制約が付いた $f(x) > 0, \forall x \in I (I \equiv [a,b], a, b \in \mathbf{R})$ の形の条件を多項式の正定条件と呼ぶ. この問題は, 数理計画の分野で**多項式最適化 (polynomial optimization)** と呼ばれるクラスの問題に属する. 多項式最適化に対する数値的手法としては, **多項式 2 乗和 (Sum-Of-Squares: SOS)** による緩和手法[4]が知られている. 得られた緩和問題は**半正定値計画 (Semi-Definite Programming: SDP)** によって解くことができる. 詳細に興味がある読者は, 文献 [23, 33] を参照されたい. 多項式最適化に対する SDP による方法と QE による方法の違いについて触れておこう. まず, SDP による方法は, 緩和問題を解いているため近似解が得られるが, QE では正確な解が求まる. また, QE では正定多項式の係数は数値でなくパラメータを含んだ場合も扱うことができる点が最大のメリットであり, 6.5 節で制御系設計に活用されている.

QE ツールの論理式表現: 次に, 数式処理システム上の QE ツールでどのように論理式を記述するか簡単に紹介する. どのツールもだいたい同じような感じではあるが, ツールによって微妙に異なっている. ここでは, SyNRAC と Mathematica について記述の仕方を説明する. この 2 つについて, 基本的な論理記号の表現を表 1.1 にあげている. ここで, 表 1.1 においてf[1] ,..., f[n], f, g は多項式ではなく, 多項式からなる不等式や等式あるいはそのブール組合せした論理式であることに注意する.

表 1.1 SyNRAC と Mathematica の論理の文法

Textbook	SyNRAC	Mathematica
$f_1 \lor \ldots \lor f_n$	Or(f[1],...,f[n])	f[1] || ... || f[n]
$f_1 \land \ldots \land f_n$	And(f[1],...,f[n])	f[1] && ... && f[n]
$\neg f$	Not(f)	! f
$f \to g$	Impl(f,g)	Implies[f,g]
$f \Leftrightarrow g$	Equiv(f,g)	Equivalent[f,g]
$\exists x(f)$	Ex(x, f)	Exists[x, f]
$\forall x(f)$	All(x, f)	ForAll[x, f]

---

4) 「緩和」とは, 与えられた最適化問題に対して, 制約条件の一部を緩めるなどして, 実際に解くことができる解きやすい最適化問題に変換することをいう. 緩和した問題を解くことによって, 与えられた問題の最適値に近い値を得る手法を緩和手法と呼ぶ.

これらを使って，SyNRAC と Mathematica でどう書くかをいくつかの例で見てみる．ここに示した以外の入力の仕方もありうるので実際に使う際にはその点にも留意されたい．

【例 1.9】 一階述語論理式 (1.10) を考える．QEPCAD では，

```
(E x)(E y) [4 x >=  a^2 /\ x - x y + 5 >= b /\ 1 <= x /\
x <= 4 /\ 1 <= y /\ x <= 2].
```

と書いた．SyNRAC では，

```
Ex([x,y], And(4*x >=  a^2, x - x*y + 5 >= b, 1 <= x,
x <= 4, 1 <= y, x <= 2))
```

と書く．このように，存在記号が連続する場合は変数のリストを用いることができる．Mathematica では，

```
Exists[{x,y}, 4*x >= a^2 && x - x*y + 5 >= b && 1 <= x &&
x <= 4 && 1 <= y && x <= 2]
```

となる．

【例 1.10】 次の論理式 $\phi(x,y,a)$ を SyNRAC と Mathematica 表現に書き変えてみる．

$$\phi(x,y,a) \equiv \forall x \exists y ((y < 0 \lor x - 2y = 0) \land (x < (y-a)^2 \rightarrow x \leqq y)) \quad (1.11)$$

SyNRAC では，

```
phi := All(x, Ex(y, And(Or( y < 0, x - 2*y = 0),
     Impl( x < (y-a)^2, x <= y ))))
```

と書く．Mathematica では，

```
phi = ForAll[x, Exists[y, (y < 0 || x - 2*y == 0) &&
     Implies[ x < (y-a)^2, x <= y ]]]
```

となる．

一階述語論理式をそれぞれの QE ツールに対する入力表現に翻訳できたら，その入力式に対して QE を実行する．例 1.10 の $\phi(x, y, a)$ に対して QE を実行するのは，SyNRAC では qe(phi) である．Mathematica では，変数のとりうる領域 (domain) が実数であることを指定する形で Reduce[phi, Reals] である．

1.3 入試問題を QE ツールで解く

ここでは，大学入試の数学問題に注目してみよう．大学入試の数学問題の多くを QE の問題として解くことができる．たとえば，幾何の問題では，条件を代数的制約式として定式化して問題を一階述語論理式にて記述できる場合も多く，その場合に QE を用いて解く，あるいは証明することができる[5]．しかし，ここでは，制約問題・最適化問題に関する入試問題について QE を使って解くことを紹介する．

読者のみなさんには，紹介する入試問題がどのように一階述語論理式として定式化されていくのかを注意して読んでいただきたい．それにより，論理式による問題の記述についての理解が深まることを期待している．さらに，本書の目的からは少し逸れるかもしれないが，各問題について QE による解法を示した後で，「注意」にて QE を使わず受験生のように手で解く場合の解法の方針についても簡単に触れている．実際に手で解くことにも思いを巡らせながら入試問題を味わいつつ，QE の効果・面白さを感じていただきたい．

1.3.1 制約条件を満たす解を求めよう

大学入試問題では，ある条件下で実数変数のとりうる範囲を求める問題が出題される．この種の問題は，**制約解消問題**（1.4.2 項）となっていてそのまま一階述語論理式に変換できる．以下，いくつか問題を見ていこう．

---

[5] 実際にこのようなアプローチで，QE やグレブナー基底などの計算機代数のアルゴリズムを用い，幾何の証明問題を自動で処理する研究も行われている．

---練習問題---

【問題 1.1】 実数 x, y に対して $3x^2 - 4xy + 6y^2 - 8x - 4y + 3 = 0$ が成り立つとき，x, y のとりうる範囲を求めよ．

【解】 まず，「与えられた等式を満たす実数解 x, y が存在する」ということを論理式で書くと以下となる．

$$\exists x \exists y (3x^2 - 4xy + 6y^2 - 8x - 4y + 3 = 0) \tag{1.12}$$

この論理式では，現れるすべての変数に存在記号がかかっている．そのため，この場合は QE を適用すると真偽値（真あるいは偽）が得られる．QE の結果が真であれば与えられた式は実数解をもつことがわかる，すなわち，QE によって条件を満たす実数解が存在するかどうか判定できる．このような問題を，**決定問題 (decision problem)** という．

論理式 (1.12) は，Maple の QE ツール SyNRAC では以下のように入力する．

`Ex([x,y], 3*x^2-4*x*y+6*y^2-8*x-4*y+3 = 0)`

この式に対して QE を実行したのが以下である．> はプロンプトである．

```
> qe(Ex([x,y], 3*x^2-4*x*y+6*y^2-8*x-4*y+3 = 0));
  true
```

(1.12) のような一階述語論理式をコマンド `qe()` にわたせば QE が実行される．この場合結果として真 (true) が得られた．すなわち，与えられた等式を満たす実数解 x, y が存在することが示された．論理記号の表現の仕方はツールによって少しずつ異なり Mathematica では以下のようになる．

`Exists[{x,y}, 3*x^2-4*x*y+6*y^2-8*x-4*y+3 == 0]`

同様に QE の計算を実行するのは Mathematica の場合は以下のようになる．

```
> Reduce[Exists[{x,y}, 3*x^2-4*x*y+6*y^2-8*x-4*y+3 == 0],
    Reals]
```

次に，x について範囲を求めるには「与えられた等式を満たす実数 y が存在する」という論理式

$$\exists y(3x^2 - 4xy + 6y^2 - 8x - 4y + 3 = 0) \tag{1.13}$$

を考える．この式に QE を適用すると限量記号がかかっている y が消去された元の式と等価な式が得られる．この場合に得られる式は，限量記号がかかっていない自由変数 x についての式であり，x のとりうる範囲を示している．実際に (1.13) を SyNRAC で解いてみる．

```
> qe(Ex([y], 3*x^2-4*x*y+6*y^2-8*x-4*y+3 = 0));
  x^2-4x+1 <= 0
```

これより x の可能領域は $x^2 - 4x + 1 \leqq 0$ を満足する実数ということがわかる．すなわち，

$$2 - \sqrt{3} \leqq x \leqq 2 + \sqrt{3} \tag{1.14}$$

を得る（Mathematica の QE の場合は (1.14) の形で結果が出力される．2 次式の条件までは分解してこのような形で示すようになっている）．同様に

$$\exists x(3x^2 - 4xy + 6y^2 - 8x - 4y + 3 = 0) \tag{1.15}$$

に QE を適用して y の範囲

$$\frac{1}{2}\left(2 - \sqrt{6}\right) \leqq y \leqq \frac{1}{2}\left(2 + \sqrt{6}\right)$$

が得られる．

図 1.5 は与えられた等式のグラフを表している．(1.13) のような存在 QE 問題 (existential QE problem) は，幾何的には可能領域を限量記号のかかっていない変数の軸の方向へ射影したものである．

注意 1.12 入試の解答としては，与えられた式が各変数 x, y について 2 次式であることに着目して，「判別式」を使って実数解が存在する範囲を求めるという手は

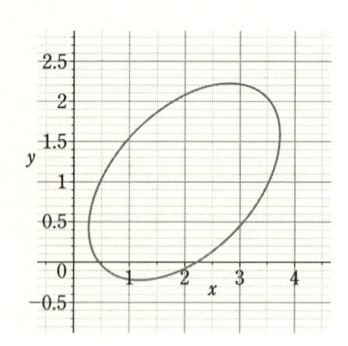

図 1.5　$3x^2 - 4xy + 6y^2 - 8x - 4y + 3 = 0$

ずである．後で QE アルゴリズムの説明で触れるが，判別式は QE のアルゴリズムにおいて重要となってくる．

―― 練習問題 ――

【問題 1.2】　実数 x, y, z が等式 $x + y + z = 3, xy + yz + zx = -9$ を満たすとき x のとりうる値の範囲を求めよ．

【解】　この問題は，複数の条件式のもとで，ある（実数）変数のとりうる範囲を求める問題である．問題 1.1 と同様にして解くことができる．ここでは x の範囲を知りたいので y, z に存在記号 ∃ がかかった存在 QE 問題となる．複数の条件式を同時に満たすことを求められているが，これには論理積 (∧) を用いて条件をつなげて，以下の問題を解けばよい．

$$\exists y \exists z (x + y + z = 3 \land xy + yz + zx = -9) \tag{1.16}$$

SyNRAC で解いてみよう．

```
> problem2 := Ex([y,z], And( x+y+z = 3, x*y+y*z+z*x = -9)):
> qe(problem2);
  And( -3 <= x , x <= 5 )
```

このように x の範囲,
$$-3 \leqq x \leqq 5$$
を得る.

注意 1.13 この問題は，2 つの式から z を消去して得られる y, x についての式が，y の 2 次式になっていることに着目する．y の 2 次式が実数解をもつ条件を判別式を使って求めれば，x のとりうる範囲を求めることができる．

───── 東北大学 理系（2010 年度）─────

【問題 1.3】 $f(x) = x^3 + 3x^2 - 9x$ とする．$y < x < a$ を満たすすべての x, y に対して

$$f(x) > \frac{(x-y)f(a) + (a-x)f(y)}{a-y} \tag{1.17}$$

が成り立つような a の範囲を求めよ．

【解】 この問題も変数のとりうる範囲を求める問題だが，だいぶ複雑な条件になっている．

この問題を論理式表現するために，まず簡単な例から説明を始める．たとえば，1 変数多項式 $f(x)$ が与えられたときの「すべての実数変数 x に対して $f(x) > 0$ を満たす」という条件は全称記号 ($\forall$) を用いて，

$$\forall x (f(x) > 0)$$

と書くことができる．変数 x に条件が付く場合，たとえば，「すべての正の変数 x に対して $f(x) > 0$ を満たす」というのは → （ならば：含意）を用いて，

$$\forall x (x > 0 \to f(x) > 0) \tag{1.18}$$

と書き，(1.18) は「すべての x に対して $x > 0$ ならば $f(x) > 0$」と読む．

さて，問題 1.3 に戻ると記号 → を用いて以下のように記述できる．

$$\forall x \forall y \left((y < x < a) \to f(x) > \frac{(x-y)f(a) + (a-x)f(y)}{a-y} \right) \quad (1.19)$$

この式を実際の $f(x) = x^3 + 3x^2 - 9x$ を使って表現して SyNRAC で解くと以下となる．

```
> qe(All([x,y], Impl( And(y < x, x < a), x^3+3*x^2-9*x >
    ((x-y)*(a^3+3*a^2-9*a)+(a-x)*(y^3+3*y^2-9*y))/(a-y))));
  a <= -1
```

こうして簡単に a の範囲として $a \leqq -1$ を得る．

注意 1.14 この問題は，与えられた不等式 (1.17) を「巧く」変形していって，より簡単な不等式条件 $x + y + a + 3 < 0$ に帰着できることがポイントである．そうすれば後は $y < x < a$ の条件から a の範囲が見積もれる．

以下では，不等式の変形を素直に行った場合を示す．条件 $y < x < a$ を考慮して不等式 (1.17) をすべて左辺に移項すると，

$$h(x, y, a) > 0 \quad (1.20)$$

となる．ここで，

$$\begin{aligned} h(x, y, a) &= (-y + a)x^3 + (-3y + 3a)x^2 \\ &\quad + (y^3 + 3y^2 - a^3 - 3a^2)x - ay^3 - 3ay^2 + (a^3 + 3a^2)y \end{aligned} \quad (1.21)$$

である．$h(x, y, a)$ を因数分解すると，

$$h(x, y, a) = (y - a)(x - a)(x - y)(x + y + a + 3) \quad (1.22)$$

となる．この因数分解は数式処理システムを使えば一瞬であるが，手で解く場合には容易ではない．そこで，元々の不等式の構造を巧く利用するような変形手順を考えた方がよいであろう．たとえば，$y < x < a$ より，式 (1.17) は，

$$\frac{f(a) - f(y)}{a - y} > \frac{f(a) - f(x)}{a - x} \quad (1.23)$$

と変形できることを利用して，以下の不等式に簡略化できる．

$$x + y + a + 3 < 0 \quad (1.24)$$

よって，与えられた不等式はこの不等式と等価となる．こうなれば条件 $y < x < a$ のもとで (1.24) の左辺のとりうる範囲は，

$$x + y + a + 3 < a + a + a + 3 = 3a + 3 \tag{1.25}$$

である．よって，条件 $y < x < a$ のもとで (1.24) が成り立つ a の値の範囲は $a \leqq -1$ となる．

東北大学 文系（2009 年度）

【問題 1.4】 t を $t \geq 0$ を満たす実数とする．座標平面において不等式 $x^2 + y^2 + 2y - 1 \leqq 0$ が表す領域を A，不等式 $x^2 + y^2 - 2(t+1)x - 2t^2 y + t^4 + t^2 + 2t - 1 \leqq 0$ が表す領域を B，不等式 $x^2 + y^2 + 2(t+1)x - 2t^2 y + t^4 + t^2 + 2t - 1 \leqq 0$ が表す領域を C とする．このとき，以下の問に答えよ．

(1) $t = 0$ のとき，A, B, C の共通部分 $A \cap B \cap C$ は空集合ではないことを示せ．

(2) B と C の共通部分が 1 点からなるとき，t の値を求めよ．

(3) t が (2) で求めた値のとき，B と C の共通部分は A に含まれることを示せ．

(4) $A \cap B \cap C$ が空集合でないための t の範囲を求めよ．

【解】 この問題は，A, B, C がそれぞれ，

$$\begin{aligned} A: & \quad x^2 + (y+1)^2 \leqq 2, \\ B: & \quad \{x - (t+1)\}^2 + (y - t^2)^2 \leqq 2, \\ C: & \quad \{x + (t+1)\}^2 + (y - t^2)^2 \leqq 2, \end{aligned} \tag{1.26}$$

と変形できることに気づくと，各設問の流れに導かれて (4) が解けるという問題である．ここでは，(1), (4) を直接 QE 問題として解いてみる．

(1) は決定問題として定式化すれば QE で解ける．A, B, C を表す式を

ψ_a, ψ_b, ψ_c とする．次の決定問題を考えればよい．

$$\exists x \exists y (\psi_a \wedge \psi_b \wedge \psi_c \wedge t = 0) \tag{1.27}$$

これを SyNRAC で解く．

```
> psi_a  := x^2+y^2+2*y-1 <= 0;
> psi_b  := x^2+y^2-2*(t+1)*x-2*t^2*y+t^4+t^2+2t-1 <= 0;
> psi_c  := x^2+y^2+2*(t+1)*x-2*t^2*y+t^4+t^2+2t-1 <= 0;
> qe(Ex([x,y], And(psi_a, psi_b, psi_c, t = 0)));
  true
```

QE を適用すると結果は true となる．すなわち $t = 0$ のとき $A \cap B \cap C$ の共通部分が存在することが示された．決定問題の場合，QE によって実行可能解（**標本解**とも呼ぶ．標本解については 1.4.2 項を参照）も得られる．この場合は $x = y = t = 0$ である．

(4) については，「ψ_a, ψ_b, ψ_c を満足するある x, y が存在する」という論理式を考えて，あとは t の条件があるのでそれを追加すればよい．

$$\exists x \exists y (\psi_a \wedge \psi_b \wedge \psi_c \wedge t \geqq 0) \tag{1.28}$$

SyNRAC で解くと，

```
> qe(Ex([x,y], And(psi_a, psi_b, psi_c, t >= 0)));
  And(t^2+2*t-1 <= 0, -t <= 0)
```

この結果から t の範囲，

$$0 \leqq t \leqq -1 + \sqrt{2} \tag{1.29}$$

が求められる．

注意 1.15 (1) は，$t = 0$ のとき ψ_a, ψ_b, ψ_c を満たす実行可能解 $x = y = 0$ に気づけばよい．(2) は，(1.26) より B, C がそれぞれ点 $(t+1, t^2)$, $(-(t+1), t^2)$ を中心とする半径 $\sqrt{2}$ の円の内部であることがわかるので，2 つの円が外接する条件

$(t+1) - \{-(t+1)\} = 2\sqrt{2}$ から $t = \sqrt{2} - 1$ を得る．(3) は，B, C の共通部分は点 $(0, 3 - 2\sqrt{2})$ である．この点を ψ_a に代入して成り立つことを示せばよい．(4) は，(2) で求めた B, C が外接する t の値を使って場合分けして $B \cap C$ が A に含まれることを確認していく．

1.3.2 最適な値を求めよう

大学入試問題では，**最適化**の問題も出題されている．最適化問題は，与えられた制約条件の下である関数の最適値（最大値あるいは最小値）を求める問題である．この章の冒頭で述べたように，最適値を求める対象の関数は目的関数と呼ばれる．

次の問題は，典型的な最適化の問題である．

―― 京都大学 文系（2010 年度）――

【**問題 1.5**】 座標平面上の点 $P(x, y)$ が $4x + y \leqq 9$, $x + 2y \geqq 4$, $2x - 3y \geqq -6$ の範囲を動くとき，$2x + y$, $x^2 + y^2$ のそれぞれの最大値と最小値を求めよ．

【**解**】 このような最適化問題を QE を用いて解くには，まず目的関数それぞれに新しい変数 k_1, k_2 を割り当てる．

$$k_1 = 2x + y, \quad k_2 = x^2 + y^2 \tag{1.30}$$

まず，k_1 の場合から始める．この目的関数の式と制約式をすべてあわせて以下の一階述語論理式を考える．

$$\exists x \exists y (k_1 = 2x + y \land 4x + y \leqq 9 \land x + 2y \geqq 4 \land 2x - 3y \geqq -6) \tag{1.31}$$

QE を適用すると，x, y が消去されて k_1 についての論理式が得られる．この論理式が k_1 のとりうる範囲，すなわち $2x + y$ の実現可能な領域（これを**実行可能領域**という．1.4 節参照）を表している．このように，QE による最適化では目的関数のすべての実行可能領域を（正確に）求めることができる．SyNRAC で解くと，

```
> qe(Ex([x,y,z], And(k1=2*x+y, 4*x+y <= 9, x+2*y >= 4,
    2*x-3*y >= -6)));
  And( k1 >= 2, k1 <= 6)
```

となる．これより k_1 の実行可能領域が $2 \leq k_1 \leq 6$ であることがわかる．よって，目的関数 $2x+y$ の最小値は 2，最大値は 6 である．

k_2 についても同様である．

$$\exists x \exists y (k_2 = x^2 + y^2 \wedge 4x+y \leq 9 \wedge x+2y \geq 4 \wedge 2x-3y \geq -6) \quad (1.32)$$

この式を QE で解くと，変数 x, y が消去され k_2 の可能範囲を示す式を得る．SyNRAC で解くと，

```
> qe(Ex([x,y,z], And(k2=x^2+y^2, 4*x+y <= 9, x+2*y >= 4,
    2*x-3*y >= -6)));
  And(5*k2-16 >= 0, 4*k2-45 <=0)
```

となる．これより k_2 の実行可能領域は $\frac{16}{5} \leq k_2 \leq \frac{45}{4}$ となり目的関数 x^2+y^2 の最小値は $\frac{16}{5}$，最大値は $\frac{45}{4}$ である．

注意 1.16 同じ問題を Maple の数値最適化のコマンド Minimize, Maximize を用いて解いてみる（ここでは出力の桁数は 15 桁に設定されている）．目的関数 k_1 の最小値・最大値はそれぞれ 1.99999999955746, 6.00000000014751 で，目的関数 k_2 の場合は，3.20000000000000, 11.2500000015489 が得られる．記号・代数計算による QE では，実行可能領域としてすべての実行可能解が求められ，その最小値・最大値として正確な値が得られていることがわかる．

注意 1.17 P の存在範囲は，図 1.6 のグレーの部分である．この問題を解く際には，この領域 D を描いた上で考える．まず，$k_1 = 2x+y$ を考えると $y = -2x+k_1$ であり，傾き -2 で y 切片が k_1 の直線なので，この直線が D と共有点をもちながら並行移動するときの y 切片の動きを考えればよいことになる．この場合，k_1 が最大になるのは $(x,y) = (\frac{3}{2}, 3)$ を通るときで，最小になるのは $(x,y) = (0, 2)$ を通るときである．また，$k_2 = x^2+y^2$ より k_2 は原点 $(0,0)$ と $P(x,y)$ との距離の 2 乗である．よって，原点と D 内の点との距離が最大・最小になるところを考えればよい．この場合，原点との距離が最大になるのは $(x,y) = (\frac{3}{2}, 3)$ である．また，

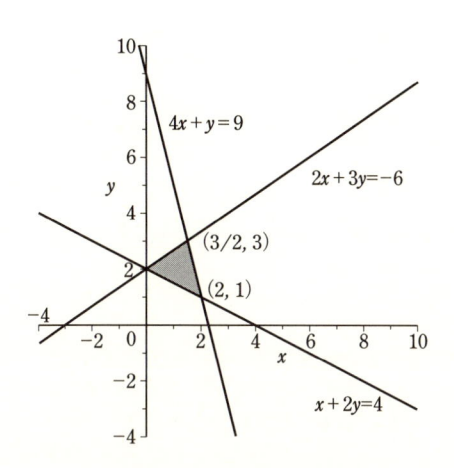

図 1.6 P(x,y) の存在範囲

原点との距離が最小になるのは，原点から $x+2y=4$ に向かって降ろした垂線が $x+2y=4$ と交わる点 $(x,y)=(\frac{4}{5},\frac{8}{5})$ の場合である．

───── 筑波大学 理系（2010 年度，前期日程）─────

【問題 1.6】　$f(x)=\frac{1}{3}x^3-\frac{1}{2}ax^2$ とおく．ただし $a>0$ とする．

(1) $f(-1) \leqq f(3)$ となる a の範囲を求めよ．

(2) $f(x)$ の極小値が $f(-1)$ 以下となる a の範囲を求めよ．

(3) $-1 \leqq x \leqq 3$ における $f(x)$ の最小値を a を用いて表せ．

【解】　この問題も (1), (2) を解いた結果を利用すると，(3) が解けるようになっている．ここでは，(1), (2) を経由せずに (3) を直接 QE で解く．パラメータを残したまま最適化問題を解くという入試問題の例である．これは，**パラメトリック最適化問題**と呼ばれる問題である（パラメトリック最適化については，1.4.4 項を参照されたい）．

(3) は，前問と同様に，$f(x)$ に新しい変数 k を割り当て，すべての制約

を併せた以下の一階述語論理式を解けばよい．

$$\exists x \left(k = \frac{1}{3}x^3 - \frac{1}{2}ax^2 \wedge -1 \leqq x \leqq 3 \wedge a > 0 \right) \tag{1.33}$$

この式にQEを適用すると，k と a についての式が得られ，それは k と a の可能な範囲を表している．実際にQE計算をしてみると以下の式を得る．

$$\left(0 < a \leqq 2 \wedge \frac{1}{6}(-2 - 3a) \leqq k \leqq \frac{1}{2}(18 - 9a) \right) \vee$$
$$\left(2 < a \leqq 3 \wedge -\frac{a^3}{6} \leqq k \leqq 0 \right) \vee$$
$$\left(a > 3 \wedge \frac{1}{2}(18 - 9a) \leqq k \leqq 0 \right)$$

この論理式は，∨ で仕切られた3つの論理式の論理和となっている．それぞれの式をよく見てみると，

$$((a \text{ の領域}) \wedge (k \text{ の実行可能領域}))$$

の形になっている．すなわち，a の場合分けとそれぞれの a の場合分けされた範囲における k，すなわち $f(x)$ の実行可能領域を示していることがわかる．ここで，k の可能範囲が a というパラメータを含んだ形で与えられており，最大値・最小値がパラメータの関数として求まっていることに注目されたい．このように，QEはパラメータを含んだまま最適化を解くことができ，手計算で解く際にかなり煩雑になる場合分けの操作も自動的に行うことができる．

このQEの結果から，$-1 \leqq x \leqq 3$ における $f(x)$ の最小値は以下で与えられる．

$$\begin{cases} 0 < a \leqq 2 \text{ のとき} & \frac{1}{6}(-2 - 3a), \\ 2 < a \leqq 3 \text{ のとき} & -\frac{a^3}{6}, \\ a > 3 \text{ のとき} & \frac{1}{2}(18 - 9a) \end{cases}$$

注意 1.18 (1) は単純に不等式を計算していけばよい．(2) は極小値を a の式として計算すると，$f(a) = -\frac{1}{6}a^3$ となる．$f(a) \leqq f(-1)$ を整理していけば a の範囲 $a \geqq 2$ が求まる．(3) は (2) の結果を利用して，適切に a の場合分けをしてそれぞ

れの場合での最小値を求めていく.

─────── 北海道大学 理系（2010 年度）───────

【問題 1.7】　次の連立不等式の表す領域を D とする.

$$\begin{cases} x^2 + y^2 \leqq 25 \\ (y - 2x - 10)(y + x + 5) \leqq 0 \end{cases}$$

(1) 領域 D を図示せよ.

(2) 点 (x, y) がこの領域 D を動くとき, $x + 2y$ の最大値 M と最小値 m を求めよ. また, M, m を与える D の点を求めよ.

(3) a を実数とする. 点 (x, y) が領域 D を動くとき, $ax + y$ が点 $(-3, 4)$ で最大値をとるような a の範囲を求めよ.

【解】　(1) 領域 D の図は, 数式処理システムを用いて簡単に描ける.

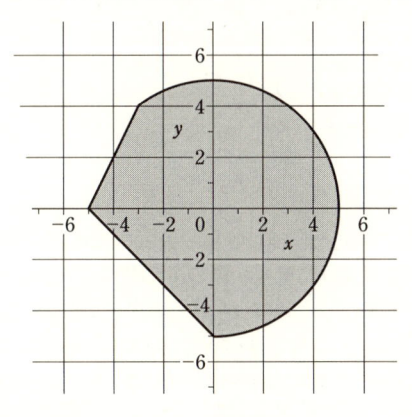

(2) この設問は最適化問題である. 目的関数 $x + 2y$ に割り当てる新しい変数を k として以下の一階述語論理式を解けばよい.

$$\exists x \exists y (k = x + 2y \land x^2 + y^2 \leqq 25 \land (y - 2x - 10)(y + x + 5) \leqq 0) \quad (1.34)$$

1.3　入試問題を QE ツールで解く

SyNRAC で解くと，

```
> qe(Ex([x,y], And(k=x+2y, x^2+y^2<= 25,
    (y-2*x-10)*(y+x+5)<=0)));
  And(k^2-125 <= 0, -k-10 <= 0)
```

この結果より $-10 \leqq k \leqq 5\sqrt{5}$ を得る．したがって，

$$\begin{cases} m = -10 & (x,y) = (0,-5), \\ M = 5\sqrt{5} & (x,y) = (\sqrt{5}, 2\sqrt{5}) \end{cases}$$

となる．m, M を与える D の点は，QE 計算において標本点として得られる．

(3) これは少し定式化に工夫が必要である．「領域 D のすべての点で，$ax+y$ の値が $-3a+4$ より小さい」という論理式で記述できる．すなわち，

$$\forall x \forall y ((x^2+y^2 \leqq 25 \land (y-2x-10)(y+x+5) \leqq 0) \to -3a+4 \geqq ax+y) \tag{1.35}$$

である．これを SyNRAC で解く．

```
> qe(All([x,y], Impl(And(x^2+y^2 <= 25,
    (y-2*x-10)*(y+x+5) <= 0),
    (-3*a+4 >= a*x+y))));
  And(-2 <= a, 4*a <= -3)
```

この結果より $-2 \leqq a \leqq -\frac{3}{4}$ を得る．

注意1.19 (2) は，前の問題と同様に $z = x+2y$ とおいて，直線 $\ell_1 : y = -\frac{1}{2}x + \frac{z}{2}$ が領域 D と共有点をもつように動いた際の y 切片 $\frac{z}{2}$ の最大，最小を考えるとよい．z が最大となるのは，直線 ℓ_1 と領域 D が $(x,y) = (\sqrt{5}, 3\sqrt{5})$ で交わるときで，z が最小となるのは，直線 ℓ_1 と領域 D が $(x,y) = (0,-5)$ で交わるときである．

(3) $ax+y = h$ とおく．前と同様に直線 $\ell_2 : y = -ax+h$ が領域 D と共有点をもつような y 切片 h の最大値を考える．$(x,y) = (-3,4)$ で最大値をとるためには，$(x,y) = (-3,4)$ が直線 ℓ_2 と領域 D のただ 1 つの共有点であることが必要である．そのために，直線 ℓ_2 の傾き a がどの範囲であればよいか考えていけばよい．このとき重要な a の点は，$(x,y) = (-3,4)$ で直線 ℓ_2 が円 $x^2+y^2 = 25$ と接するときの a の値 $a = -\frac{3}{4}$ と，直線 ℓ_2 の傾きが直線 $y = 2x+10$ と同じ傾きになる

ときの a の値 $a = -2$ である．

――― 神戸大学 文系 (2010 年度) ―――

【問題 1.8】 実数 a, b に対して，$f(x) = a(x-b)^2$ とおく．ただし，a は正とする．放物線 $y = f(x)$ が直線 $y = -4x + 4$ に接している．このとき，以下の問いに答えよ．

(1) b を a を用いて表せ．

(2) $0 \leqq x \leqq 2$ において，$f(x)$ の最大値 $M(a)$ と，最小値 $m(a)$ を求めよ．

(3) a が正の実数を動くとき，$M(a)$ の最小値を求めよ．

【解】 (1) $y = f(x)$ が $y = -4x + 4$ に接しているので $a(x-b)^2 - (-4x+4)$ の判別式が 0 となり，$b = 1 + \frac{1}{a}$ となる．

(2) 以後，$b = 1 + \frac{1}{a}$ を代入して b は消去しておく．$f(x)$ に z を割り当て以下の一階述語論理式に QE を適用する．

$$\exists x \left(z = a \left(x - \left(1 + \frac{1}{a} \right) \right)^2 \wedge a > 0 \wedge 0 \leqq x \leqq 2 \right) \quad (1.36)$$

これはパラメトリック最適化問題で，SyNRAC で解くと

```
> qe(Ex(x, And(z = a(x-(1+ 1/a))^2, a > 0, 0 <= x, x <= 2)));
  And(a*z+(-a^2-2*a-1) <= 0, -z <= 0, -a < 0,
      Or((-a)*z+(a^2-2*a+1) <= 0, -a+1 <= 0))
```

となる．得られた論理式を整理すると a と z の実行可能領域を表す以下の式を得る．

$$\left(0 < a \leqq 1 \wedge \frac{1-2a+a^2}{a} \leqq z \leqq \frac{1+2a+a^2}{a}\right)$$
$$\vee \left(a > 1 \wedge 0 \leqq z \leqq \frac{1+2a+a^2}{a}\right) \tag{1.37}$$

これは，a の場合分けとそれぞれの a の領域での z，すなわち $f(x)$ の範囲を表している．したがって，$M(a)$ と最小値 $m(a)$ は以下となる．

$$\begin{cases} 0 < a \leqq 1 \text{ のとき} & m(a) = \frac{1-2a+a^2}{a}, \quad M(a) = \frac{1+2a+a^2}{a}, \\ a > 1 \text{ のとき} & m(a) = 0, \quad M(a) = \frac{1+2a+a^2}{a} \end{cases}$$

(3) 新しい変数 k を $M(a)$ に割り当て，$a > 0$ を忘れずに追加して以下の一階述語論理式を考える．

$$\exists a \left(k = \frac{1+2a+a^2}{a} \wedge a > 0\right) \tag{1.38}$$

これに QE を適用して，

```
> qe(Ex(a, And(k = (1+2*a+a^2)/a, a > 0)));
  k >= 4
```

となる．すなわち $M(a)$ の最小値は 4 である．

注意 1.20 (1) は，【解】に書いたとおり．(2) は，(1) の結果より $f(x) = a\{x-(1+\frac{1}{a})\}^2$ である．放物線 $y = f(x)$ の中心軸は $x = 1 + \frac{1}{a}$ であるので，$0 \leqq x \leqq 2$ において軸がどこにあるか考慮して a の場合分けをして，$f(x)$ の最大値 $M(a)$ と最小値 $m(a)$ を探っていけばよい．(3) は，(2) で $M(a) = a + \frac{1}{a} + 2$ が求まっており，相加平均と相乗平均の大小関係より $a + \frac{1}{a} \geqq 2$ なので $M(a) \geqq 4$ がわかる．

1.3.3 その他の問題

ここまで制約問題や最適化問題に関する入試問題をとりあげて QE による解法を紹介してきた．最後に，それ以外の問題でも少し考えると QE の問題として解ける例をいくつか紹介する．

---------- 名古屋大学 理系（2011 年度） ----------

【問題 1.9】 xy 平面上に 3 点 $O(0,0), A(1,0), B(0,1)$ がある．

(1) $a > 0$ とする．$OP : AP = 1 : a$ を満たす点 P の軌跡を求めよ．

(2) $a > 0, b > 0$ とする．$OP : AP : BP = 1 : a : b$ を満たす点 P が存在するための a, b に対する条件を求め，ab 平面上に図示せよ．

【解】 (1) $P(x,y)$ とする．$OP : AP = 1 : a$ より $AP^2 = a^2 \, OP^2$ なので，

$$(x-1)^2 + y^2 = a^2(x^2 + y^2) \tag{1.39}$$

これより，

$$(a^2 - 1)x^2 + (a^2 - 1)y^2 + 2x = 1 \tag{1.40}$$

したがって，点 P の軌跡は，

- $a = 1$ のとき，直線：$x = \dfrac{1}{2}$，

- $a \neq 1$ のとき，円：$\left(x + \dfrac{1}{a^2 - 1}\right)^2 + y^2 = \left(\dfrac{a}{a^2 - 1}\right)^2$

となる．

(2) $OP : BP = 1 : b$ より $BP^2 = b^2 \, OP^2$ なので，

$$x^2 + (y-1)^2 = b^2(x^2 + y^2) \tag{1.41}$$

題意より，(1.39) と (1.41) が共通点をもつような a, b の条件を求めればよい．したがって，一階述語論理式，

$$\exists x \exists y ((x-1)^2 + y^2 = a^2(x^2+y^2) \land x^2 + (y-1)^2 = b^2(x^2+y^2) \land a > 0 \land b > 0) \tag{1.42}$$

を解けばよい．これを SyNRAC で解くと，

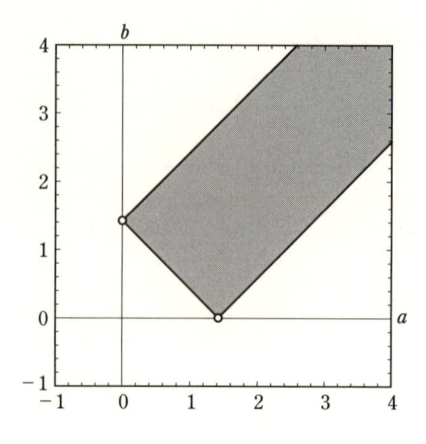

図 1.7　a, b に対する条件

```
> qe(Ex([x,y], And( (x-1)^2+y^2 = a^2 * (x^2+y^2),
                    x^2 + (y-1)^2 = b^2 * (x^2+y^2),
                    a > 0 , b > 0)));
  And(-b^2+(-2*a)*b+(-a^2+2) <= 0 ,
      b^2+(-2*a)*b+(a^2-2) <= 0,
      b > 0, a > 0)
```

となる．得られた a, b に対する条件を描画したものが，図 1.7 である．得られた式からこの図を描くのは，数式処理システムを利用すると容易である．ただし x 軸と y 軸と領域の交点 $(\sqrt{2}, 0), (0, \sqrt{2})$ は含まないことに注意する．

注意 1.21　この問題は，比の条件を (1.39) と (1.41) の 2 つの条件式で表現すれば，同時に満足する a, b を探していけばよい．その際に，a, b が 1 であるかないかによって，ていねいに場合分けをし，それぞれに (1.39) と (1.41) が共通点をもつ条件を出していく．そうして，手計算で求めると，

$$-\sqrt{2} \leqq a - b \leqq \sqrt{2} \wedge a + b \geqq \sqrt{2} \wedge a > 0 \wedge b > 0$$

となり，数式処理システムを用いなくても容易に図 1.7 を描くことができる．$(\sqrt{2}, 0)$, $(0, \sqrt{2})$ は含まないことを明示することを忘れずに．

―――――― 金沢大学 理系（2011 年度）――――――

【問題 1.10】 座標平面上に点 A$(2\cos\theta, 2\sin\theta)$, B$(\frac{4}{3}, 0)$, C$(\cos\theta, -\sin\theta)$ がある．ただし，$0 < \theta < \pi$ とする．次の問いに答えよ．

(1) 直線 AC と x 軸の交点を P とする．P の座標を θ で表せ．

(2) △ABC の面積 $S(\theta)$ を求めよ．

(3) 面積 $S(\theta)$ の最大値とそのときの θ を求めよ．

【解】 各点の典型的な配置を示したのが図 1.8 である．
(1) 直線 AC の式を求めて，$\sin\theta \neq 0$ に注意して，P の座標 $(\frac{4}{3}\cos\theta, 0)$ を得る．
(2) BP $= \frac{4}{3} - \frac{4}{3}\cos\theta$ なので，

$$S(\theta) = \frac{1}{2}\left(\frac{4}{3} - \frac{4}{3}\cos\theta\right)\{2\sin\theta - (-\sin\theta)\} \quad (1.43)$$
$$= 2(1 - \cos\theta)\sin\theta$$

を得る．(1.43) の最大値を QE を用いて求めてみよう．一般には，QE は，

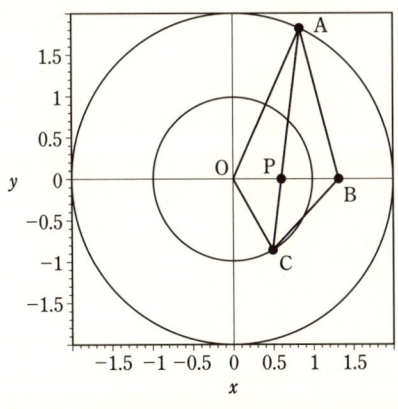

図 1.8　点 A, B, C, P

$\sin, \cos$ などの三角関数を扱うことはできないが,この問題の場合には以下のように置き換えることによって解くことができる.三角関数や指数関数などを含む場合の取り扱いについては,5.2 節を参照されたい.

ここで,$u = \cos\theta, v = \sin\theta$ とすると $S(\theta) = 2(1-u)v$ と書ける.$0 < \theta < \pi$ なので $-1 < u < 1, 0 < v \leqq 1$ となる.また,u, v は条件 $u^2 + v^2 = 1$ を満たさなくてはいけない.$2(1-u)v$ に変数 s を割り当て,以下の一階述語論理式を解くことで,s のとりうる範囲が求まり最大値がわかる.

$$\exists u \exists v (2(1-u)v = s \wedge u^2 + v^2 = 1 \wedge -1 < u < 1 \wedge 0 < v \leqq 1) \quad (1.44)$$

SyNRAC を用いて QE を適用すると,

```
> qe(Ex([u,v], And(2*(1-u)*v = s, u^2+v^2 = 1, -1 < u,
               u < 1, 0 < v, v <= 1)));
  And(4*s^2-27 <= 0, s > 0)
```

となる.すなわち,

$$0 < s \leqq \frac{3\sqrt{3}}{2}$$

がわかる.最大値 $\frac{3\sqrt{3}}{2}$ を与える u, v は標本解として求められ $u = -\frac{1}{2}, v = \frac{\sqrt{3}}{2}$ である.したがって,面積 $S(\theta)$ の最大値は $\frac{3\sqrt{3}}{2}$ で,そのとき $\theta = \frac{2}{3}\pi$ である.

注意 1.22 (1.43) を微分して,極値になる点を求めると,$0 < \theta < \pi$ なので $\theta = \frac{2}{3}\pi$ であることがわかる.後は,増減表を書いて $\theta = \frac{2}{3}\pi$ が最大値を与えることがわかる.$S(\theta)$ の最大値は $\theta = \frac{2}{3}\pi$ を代入して $\frac{3\sqrt{3}}{2}$ と求められる.

1.4 最適化問題を QE で解く

これまで見てきたように,不等式制約に対して QE を用いることで所望の変数(またはパラメータ)についての**実行可能領域**[6](feasible region) を

---

6) 最適化や制御理論においては,制約を満足するタルスキー集合のことを,実行可能領域と呼ぶ.タルスキー集合については 2.5 節を参照されたい.

半代数的集合として正確に求めることができる.したがって QE は不等式制約問題や最適化問題を解く代数的な手法といえ,このような代数的手法にもとづく最適化は**記号的最適化 (symbolic optimization)** とも呼ばれている.

ここでは,入試問題の QE による解法を通して説明した部分と重なる点もあるが,QE を利用して制約解消問題・最適化問題がどのように解かれるか,そのメリットは何かについて整理しておく.

1.4.1 最適化における QE の効能

QE にもとづく最適化には以下のような性質がある.

1. 制約問題に対して,所望の変数(またはパラメータ)の実行可能解を変数(またはパラメータ)空間内の領域として正確に求めることができる.

2. 最適化問題において最適値をパラメータの多項式,有理関数もしくは**代数関数 (algebraic function)**[7]として求めることができる.

3. 非凸 (nonconvex) な最適化問題の大域的最適解も正確に求めることができる.

4. 実行可能でない場合を正確に判定できる.

ここでは,1. 2. の性質をさして,**パラメトリック最適化 (parametric optimization)** と呼ぶことにする(通常では,2. のパラメータ付きの最適値を求めることをさしてパラメトリック最適化ということが多い).

3. の性質に関連して,**凸性 (convexity)** について簡単に説明しておこう.まず,集合内の任意の 2 点を結ぶ直線がすべてその集合に含まれるような集合を**凸集合 (convex set)** という.また,定義域内の任意の 2 点を x,y で表

---

[7] $A_0(z), A_1(z), \ldots, A_n(z)$ を z の多項式とするとき,w についての方程式 $A_1(z)w^{n-1} + \cdots + A_{n-1}(z)w + A_n(z) = 0$ の解として定まる z の関数 w のことを代数関数と呼ぶ.代数関数については 2.4 節を参照されたい.

すとしたとき,任意の実数 a $(0 \leqq a \leqq 1)$ に対して,

$$f(ax + (1-a)y) \leqq af(x) + (1-a)f(y)$$

を満たす関数 f を凸関数 (convex function) と呼ぶ.ここで,最適化問題,

$$\begin{aligned} &\text{minimize} \quad F(\boldsymbol{x}) \\ &\text{subject to} \quad \boldsymbol{x} = (x_1, \ldots, x_n) \in D(\subset \mathbf{R}^n) \end{aligned} \quad (1.45)$$

を考えよう.目的関数 F が凸関数であり,解の候補となる実行可能領域 D が凸集合であるような最適化問題を凸最適化問題 (convex optimizaiton problem) という.また,目的関数 F か実行可能領域 D の一方,または両方が凸ではない問題を非凸最適化問題 (nonconvex optimizaiton problem) という.(1.45) において点 $\boldsymbol{x}^* \in D$ とその適当な近傍 $N(\boldsymbol{x}^*)$ に対して,

$$F(\boldsymbol{x}^*) \leqq F(\boldsymbol{x}), \quad \forall \boldsymbol{x} \in D \cap N(\boldsymbol{x}^*)$$

が成立するとき,$\boldsymbol{x}^*$ を局所的最適解 (local optimal solution) という.また,

$$F(\boldsymbol{x}^*) \leqq F(\boldsymbol{x}), \quad \forall \boldsymbol{x} \in D$$

を満足するとき,$\boldsymbol{x}^*$ を大域的最適解 (global optimal solution) という.凸最適化問題の場合は,局所的な最適化によって大域的最適解を求めることができるが,非凸最適化問題においては,一般に多くの局所的最適解が存在し,大域的最適解を見出すのは困難なことが多い.

簡潔に言うと,QE による最適化とは,非凸な問題も解決可能なパラメトリック最適化の手法で,計算結果が正確なものであるといえる.これらはいずれも数値計算に基づく最適化の手法が苦手とする部分を補う性質で,QE の特長といえる.最適化においては,問題が凸性をもっているかどうかが計算の難しさに大きく影響する.数値計算による最適化手法では,一般に大域的最適解を正確に求めることは容易ではない.しかし,QE による最適化では非凸な最適化の場合にも大域的最適解を正確に求めることができる.また,不等式制約が規定する非凸な半代数的集合も問題なく正確に求めることがで

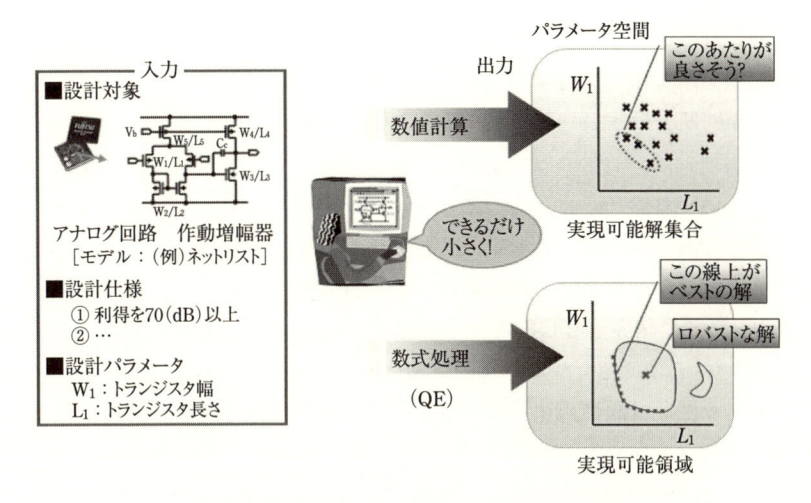

図 1.9　数式処理による最適化と数値最適化の比較

きる．

　さまざまな分野に現れる最適化問題では，より現実的な問題を考えていくとしばしば非凸最適化問題になる．たとえば，ものづくりにおける設計で求められる実用的な要求仕様を代数的等式制約や不等式制約として定式化すると，非凸最適化問題になることが多い．そういった場合にも正確に（大域的）最適解を求めることや最適解のロバスト性[8]を保証・評価できる計算法が強く求められている．これは，解の最適性・ロバスト性が，設計の性能に直結してくるからである．このような要求に応える計算法が QE である．図 1.9 では，大雑把に数値計算による最適化と数式処理による最適化の結果の相違点を示している．すべての実行可能解を領域として正確にとらえることの有効性を想像していただきたい．

　本節では，いわゆる数理計画の分野で制約解消・最適化の問題として扱われている問題を，どのように一階述語論理式として記述して QE を用いて解

---

[8] ロバスト性とは，一般には不確定な変動に対して特性が現状を維持できる能力のことをいう．ここでは，求めた最適解が，外的な変動を受けて可能領域が変動した状況下でも制約を充足できる頑強さのことをロバスト性といっている．

くかということとそのメリットについて述べるが，1.3 節で QE を用いて大学入試問題を解く中で，通常の最適化が対象とする問題のクラスには収まらないような問題も扱っていることに気付いたであろう．QE が対象としている一階述語論理式は，数学のほぼ全領域を形式化するのに十分な表現力をもっているともいわれる．いろいろな条件を，数学の命題として書けるのであれば一階述語論理の論理式によって記述することができるのである．つまり，QE によって解ける問題というのは非常に広範囲に及ぶといえる．

また，ここで紹介する QE による最適化のテクニックを組合せることで，たとえば，1.4.5 項で紹介する多目的最適化をパラメータを含んだ形で解く（パラメトリック多目的最適化）など，さらに多様な最適化問題を QE で扱うことができるようになる．

さらには，制約問題を論理式に記述したときに，限量記号を付けるパラメータや変数については制限はなくどれに付けてもよい．QE 計算から見るとパラメータも変数も区別がない．これにより，ユーザの知りたいいろいろな変数やパラメータ間の関係などを浮かび上がらせることができる．これまで陽には見られなかった関係などを導きだすことになり，応用上大きなメリットとなる場合がある．

このように QE は，多くの問題を柔軟に扱える強力な計算手法であるので，ぜひ，読者のみなさんが自分の問題を解く際に，QE ツールの活用を意識していただき QE 適用の多様性をさらに広げていただけるよう期待している．

1.4.2 制約解消

制約解消 (constraint solving) 問題とは，連立代数的不等式，

$$f_1(x_1,\ldots,x_n)\rho_1 0,\ldots,f_k(x_1,\ldots,x_n)\rho_k 0 \tag{1.46}$$

について実行可能 (feasible) であるかを判定し，実行可能な場合には実行可能解を（少なくとも 1 つ）求めることである．各 ρ_i $(i=1,\ldots,k)$ は $=, \neq, <, >, \leqq, \geqq$ のいずれかである．これは，一階述語論理式，

$$\exists x_1 \cdots \exists x_n(\varphi(x_1,\ldots,x_n))$$

に QE を適用することで解くことができる．ここで，$\varphi(x_1,\ldots,x_n)$ は制約条件 (1.46) のすべての式の論理積をとったものである．

$$\varphi(x_1,\ldots,x_n) \equiv \bigwedge_i (f_i(x_1,\ldots,x_n)\rho_i 0)$$

QE による方法では，まず実行可能かどうかを正確に判定できる（決定問題）．さらに，実行可能な場合には QE のベースとなる CAD において標本点 (2.4 節参照) として計算される半代数的集合の元がそのまま解（の 1 つ）となる．この点をここでは **標本解** と呼ぶ．f_i の係数にパラメータが含まれる場合にも同様の方法で，パラメータの実行可能領域を半代数的集合として求め，標本解も同時に求めることができる．

【例 1.11】 連立代数的不等式 $\{x_1^2 + x_2^2 \leq a,\ x_1^2 > b\}$ が実行可能である必要十分条件は，
$$\exists x_1 \exists x_2 (x_1^2 + x_2^2 \leq a \wedge x_1^2 > b)$$
である．この論理式に QE を適用すると，$a - b > 0 \wedge a \geq 0$ と求まり，標本解として $(x_1, x_2) = (\sqrt{a}, 0)$ を得る．ここで，たとえば $a = 9, b = 5$ の場合を考えると，
$$\exists x_1 \exists x_2 (x_1^2 + x_2^2 \leq 9 \wedge x_1^2 > 5)$$
となる．この論理式に QE を適用すると，真 (true) と求まり，実行可能であることがわかる．この場合，標本解は $(x_1, x_2) = (3, 0)$ である．

【例 1.12】 次の一階述語論理式を満たす a, b を求めてみる．
$$\forall x_1 \exists x_2\ (x_1^2 + x_1 x_2 + b > 0 \wedge x_1 + a x_2^2 + b \leq 0) \tag{1.47}$$
QE を (1.47) に適用して，(1.47) を満足するパラメータ a, b の実行可能領域を半代数的集合として求めることができる．結果は $a < 0 \wedge b > 0$ となる．

【例 1.13】 次の f, g, x, s, c の 5 変数の一階述語論理式が与えられたとする．
$$\exists x \exists s \exists c (-c + x - f + 1 = 0 \wedge -s + x - g + 1 = 0 \wedge$$
$$c^2 + s^2 - 1 = 0 \wedge c \geq 0 \wedge s \geq 0 \wedge x \geq 0 \wedge x - 1 \leq 0) \tag{1.48}$$

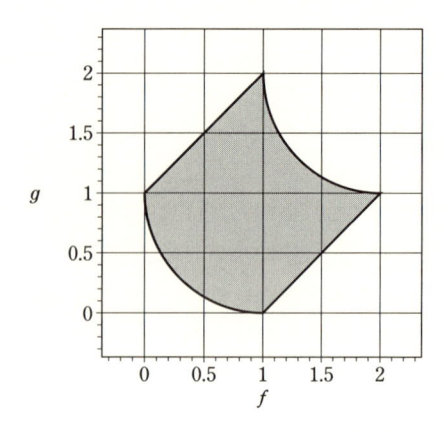

図 1.10　式 (1.49) で与えられる実行可能領域

QE を適用すると，f と g の実行可能領域が以下の半代数的集合（図 1.10）として求められる．

$$-g^2 + 4g - f^2 + 4f - 7 \leqq 0 \land g^2 - 2g + f^2 - 2f + 1 \leqq 0$$
$$\land -g + f - 1 \leqq 0 \land g - f - 1 \leqq 0 \quad (1.49)$$

注意 1.23　ものづくりなどにおいて，設計のための制約・仕様は通常複数あり，それらを同時に満足する設計を実現することが要求される．これを，**多目的設計 (multi-objective design)** という．ここで紹介したように，QE によって各制約に対して制約を満たすパラメータの実行可能領域がすべて正確に求まれば，パラメータ空間において各仕様に対応する実行可能領域を重ね合わせることで多目的設計を容易に実現することが可能となる．第 6 章に多目的設計の具体例を紹介する．

1.4.3　最適化

最適化 (optimization) 問題は，代数的不等式制約 (1.46) の下で多項式あるいは有理式で与えられる目的関数 $F(x_1, \ldots, x_n)$ を最小化（または最大化）する問題である．

最適化問題を QE 問題として解くには，新たな変数（ここでは y）を導入して，$y - F(x_1, \ldots, x_n) = 0$ という式を $\varphi(x_1, \ldots, x_n)$ に加える．この式により，y の最小値（または最大値）は F の最小値（または最大値）と一致

する．こうして得られた一階述語論理式，
$$\exists x_1 \cdots \exists x_n (y - F(x_1, \ldots, x_n) = 0 \land \varphi(x_1, \ldots, x_n))$$
に QE を適用すると，y の満たす式が得られる．この式を満たすような y の値の中での最小値を求めるとそれが目的関数 F の最小値になる．

また，得られる結果が示すのは目的関数のすべての正確な実行可能領域である．よって，上限値や下限値があるかどうかが不明な問題の場合にも有効である．

【例 1.14】 以下の例を考える．

$$\begin{aligned}&\text{minimize} \quad x_1 x_2 \\ &\text{subject to} \quad x_1^2 + x_2^2 \leqq x_3^2, \\ &\qquad\qquad\quad x_3^2 \leqq 8\end{aligned}$$

この問題は最適解が 4 つ不連続な形で存在し，数値最適化手法にとって悪条件問題となっている．数値的な手法ではこのような問題の場合に正確な最適値を求めることは容易ではなく，最適解も通常 1 つしか求められない．QE の問題としては，以下となる．

$$\exists x_1 \exists x_2 \exists x_3 (y - x_1 x_2 = 0 \land x_1^2 + x_2^2 \leqq x_3^2 \land x_3^2 \leqq 8)$$

QE を適用して解くと，
$$-4 \leqq y \leqq 4$$
を得る．これより正確な最小値 -4 を得ることができる．また，以下の 4 つすべての最適解を正確に求めることもできる．

$$(x_1, x_2, x_3) = (2, -2, 2\sqrt{2}), (2, -2, -2\sqrt{2}),$$
$$(-2, 2, 2\sqrt{2}), (-2, 2, -2\sqrt{2})$$

これらの解は QE のベースとなっている CAD のアルゴリズムの中で標本点として計算されたものである．

次に，目的関数が有理関数，すなわち，

$$F(x_1,\ldots,x_n) = \frac{f(x_1,\ldots,x_n)}{g(x_1,\ldots,x_n)}$$

で与えられる場合に，制約 (1.46) の下で F を最小化する問題を考える．この場合も目的関数 F を指す変数 y を導入して，次の式，

$$\exists x_1 \cdots \exists x_n (yg - f = 0 \land g \neq 0 \land \varphi(x_1,\ldots,x_n))$$

に対して QE を適用することで y の満たす式が得られ，それより y の最小値，すなわち，目的関数 F の最小値が求まる．このような目的関数が有理関数で与えられる最適化問題も，数値最適化では正確に解くのは難しい問題であるが，QE を用いて解くことで正確に大域的最適解を求めることが可能となる．

【例 1.15】 目的関数が有理関数で与えられる以下の問題を考える．

$$\begin{aligned}&\text{minimize} \quad F = -\frac{x_1 + 3x_2 + 2}{2x_1 + x_2 + 1}\\&\text{subject to} \quad x_1 + x_2 \leqq 2,\ 0 \leqq x_1 \leqq 1,\ x_2 \geqq 0\end{aligned}$$

上記の QE を用いた最適化手法で計算すると，$-\frac{8}{3} \leqq y \leqq -1$ が求まる．すなわち，F の最小値は $-\frac{8}{3}$ であることがわかる．

1.4.4 パラメトリック最適化

ここまでの例では，目的関数の大域的最適解を正確に求める方法を紹介した．

1.4.1 項で紹介したように，QE を用いた最適化ではパラメータを含んだままの形で最適化計算が可能である．すなわち，目的関数の最適解をパラメータの関数として求めることができる．これを**パラメトリック最適化**と呼ぶが，複数のパラメータを含んでいる場合は，とくに**マルチパラメトリック最適化**と呼ばれる．パラメータが問題に含まれていても，目的関数に割り当てる変数とパラメータに相当する変数には限量記号が付いていない形で，前項で紹介した最適化の QE 問題への定式化を同じように行えばよい．QE を適用すれば，目的関数と所望のパラメータの実行可能領域を示す式が得られる．実行可能領域の最

小あるいは最大の境界を表す式が求めるパラメトリックな最適値表現になる.

マルチパラメトリック最適化問題を解く方法は,数値計算による手法が提案されており,化学プラントの制御などにも応用されている ([35, 36]). ここでは,いくつかマルチパラメトリック最適化の例に対して,QE によって正確に解けることを紹介する.

【例 1.16】 次の最適化問題を考える.

$$\begin{aligned}&\text{minimize} \quad f(x_1, x_2) = x_1 - x_1 x_2 + 5 \\ &\text{subject to} \quad 4x_1 - \theta^2 = 0 \\ &\qquad\qquad 1 \leqq x_1 \leqq 4,\ 1 \leqq x_2 \leqq 2, \theta > 0\end{aligned} \quad (1.50)$$

目的関数に z を割り当て,一階述語論理式,

$$\exists x_1 \exists x_2 (z = x_1 - x_1 x_2 + 5 \land 4x_1 - \theta^2 = 0 \land 1 \leqq x_1 \leqq 4 \land 1 \leqq x_2 \leqq 2 \land \theta > 0) \quad (1.51)$$

を解けばよい. その結果,

$$2 \leqq \theta \leqq 4 \land z \leqq 5 \land 4z + \theta^2 - 20 \geqq 0 \quad (1.52)$$

を得る. これは目的関数 $z = f(x_1, x_2; \theta)$ とパラメータ θ の実行可能領域を

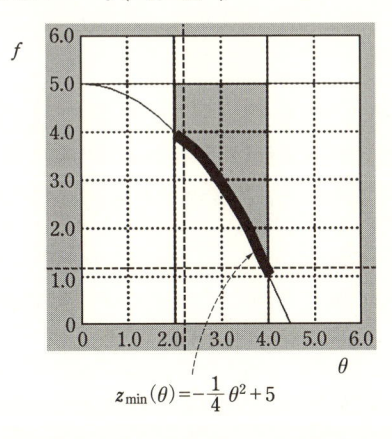

図 1.11 実行可能領域 (1.52) と最小値

1.4 最適化問題を QE で解く　57

示している (図 1.11). これより, θ についてのパラメトリックな最小値 $z_{\min}(\theta)$ は

$$z_{\min}(\theta) = -\frac{1}{4}\theta^2 + 5 \quad (2 \leqq \theta \leqq 4)$$

となることがわかる.

【例 1.17】 ここでも制約の中にパラメータ θ が含まれている最適化問題を考える ([35]). θ によって変わってくる $f(x_1, x_2)$ の最小値を, θ の式として求める.

$$\begin{aligned}
&\text{minimize} \quad && f(x_1, x_2) = x_1 + x_2 \\
&\text{subject to} \quad && 2x_1 + x_2 \geqq \theta, \\
& && x_1 + 3x_2 \geqq \tfrac{1}{2}\theta, \\
& && 4x_1 + x_2 + x_1 x_2 \leqq \tfrac{1}{4}\theta, \\
& && -1 \leqq x_1 \leqq 1, \\
& && -1 \leqq x_2 \leqq 1, \\
& && 0 \leqq \theta \leqq 1
\end{aligned} \quad (1.53)$$

この問題を QE の問題として扱う. 目的関数 $f(x_1, x_2)$ に y を割り当て以下の一階述語論理式を考える.

$$\exists x_1 \exists x_2 \phi(\theta, y, x_1, x_2) \quad (1.54)$$

ここで,

$$\begin{aligned}
\phi(\theta, y, x_1, x_2) \equiv\, & (y - (x_1 + x_2) = 0 \wedge 2x_1 + x_2 \geqq \theta \wedge x_1 + 3x_2 \geqq \tfrac{1}{2}\theta \\
& \wedge 4x_1 + x_2 + x_1 x_2 \leqq \tfrac{1}{4}\theta \wedge -1 \leqq x_1 \leqq 1 \\
& \wedge -1 \leqq x_2 \leqq 1 \wedge 0 \leqq \theta \leqq 1)
\end{aligned}$$

QE を (1.54) に適用して, 以下のような限量記号のない等価な式 $\psi(y, \theta)$ を得る. これは, y すなわち目的関数 f と θ の実行可能領域を示している (図 1.12 のグレーの部分).

$$\psi(y, \theta) \equiv (v_1 \wedge v_2 \wedge v_3 \wedge v_4 \wedge v_5) \quad (1.55)$$

ここで,

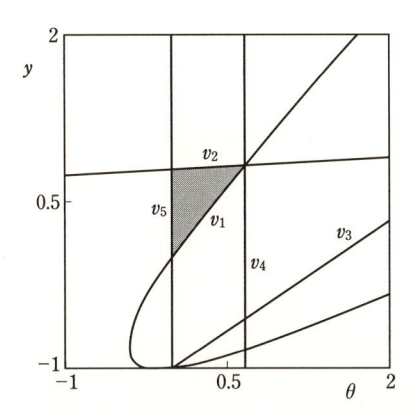

図 1.12 パラメトリックに対する目的関数の実行可能領域

$$
\begin{aligned}
&v_1 \equiv 8y^2 - 12\theta y + 8y + 4\theta^2 - 11\theta \geqq 0, \\
&v_2 \equiv 20y - \theta - 16 \leqq 0, \\
&v_3 \equiv 3y - 2\theta + 3 > 0, \\
&v_4 \equiv 3\theta - 2 \leqq 0, \\
&v_5 \equiv \theta \geqq 0
\end{aligned} \tag{1.56}
$$

$\psi(y, \theta)$ の境界を表す多項式は v_1, v_2, v_5 で，v_1 が最小値を与えていることがわかる．これらより，θ の範囲 $0 \leqq \theta \leqq \frac{2}{3}$ において目的関数の最小値が存在し，θ についてのパラメトリック最小値 $y_{\min}(\theta)$ は以下で与えられる．

$$
y_{\min}(\theta) \equiv \frac{3\theta - 2 + \sqrt{\theta^2 + 10\theta + 4}}{4} \tag{1.57}
$$

注意 1.24 上記のパラメトリック最適化の例では，制約条件にパラメータが含まれている．目的関数に陽にパラメータが含まれている場合もここで紹介した方法で同様に解くことができる．

1.4.5 多目的最適化

代数的不等式制約 (1.46) の下で，複数個の目的関数，

$$
\boldsymbol{F} \equiv (F_1(x_1, \ldots, x_n), \ldots, F_m(x_1, \ldots, x_n)) \tag{1.58}
$$

パラメータ空間　　　　　　　　目的空間

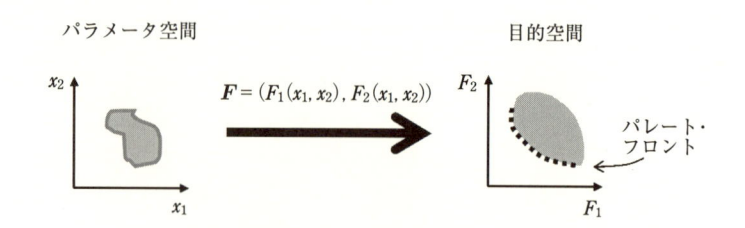

$F = (F_1(x_1, x_2), F_2(x_1, x_2))$

図 1.13　多目的最適化の概念図

を同時に最小化（または最大化）する問題は実応用でしばしば遭遇する問題である．このような最適化問題を，**多目的最適化 (multi-objective optimization) 問題**という．

多目的最適化では何を解として求めるのであろうか．たとえば，いま，F を最小化することを考えているとする．理想的には，すべての目的関数 F を同時に最小化できればよいと思われるかもしれない．しかし，それではそもそも多目的最適化として解く必要はなかったということである．なぜならば，1 つの目的関数を最小化すれば他の目的関数も同時に最小になっているということだからである．

したがって，通常多目的最適化で取り扱うべき問題は，ある目的関数を小さくしようとすると他の目的関数が大きくなってしまうというように，目的関数 F の間に**トレードオフ (trade-off)** の関係がある場合である．図 1.13 は多目的最適化の概念図で，2 変数・2 つの目的関数 $(n = 2, m = 2)$ の場合の多目的最適化を例に表現したものである．変数 x_1, x_2 の空間を**パラメータ空間 (parameter space)** と呼ぶ．パラメータ空間中に制約式 φ で規定される x_1, x_2 の実行可能領域がグレーの部分とする．目的関数 F_1, F_2 の空間を**目的空間 (objective space)** という．目的空間の中の F_1, F_2 のとりうる実行可能領域がグレーで表示された部分とする．このとき，目的関数 F_1, F_2 の実行可能領域の中で，少なくともどちらかの目的関数が小さくなる方向に向かっていけるまで進んで実行可能領域の境界に達するところが点線で示されている．この線のことを**パレート・フロント (Pareto front)** という（一般の場合には，m-次元空間の超平面になる）．多目的最適化では，このパレー

ト・フロントを求めることが目的である．

ここで，多目的最適化における「最小」の定義を説明する．まず，簡単のため以後 $x = (x_1, \ldots, x_n)$, $y = (y_1, \ldots, y_m)$ と書くことにする．また，制約 $\varphi(x)$ で定義される領域を $\mathcal{D}$ とする．r を正整数とする．このとき，$\mathbf{R}^r$ における点 $a = (a_1, \ldots, a_r)$, $b = (b_1, \ldots, b_r)$ に対して，$a_i \leqq b_i$ $(i = 1, \ldots, r)$ が成り立つとき a が b を**支配する** (dominate) といい，$a \preceq b$ と書く（$\preceq$ について，$\mathbf{R}^r$ は部分順序集合になっている）．

$x_0 \in \mathcal{D}$ が，任意の $x \in \mathcal{D}$ に対して $F(x) = F(x_0)$ あるいは $F(x) \npreceq F(x_0)$ が成り立つとき，x_0 は**パレート解** (Pareto solution) という．数値的な最適化手法にもとづく多目的最適化では，パレート解を計算していき，最終的にはそれらの集合である**パレート解集合** (Pareto solution set) を求める．

さて，多目的最適化問題を QE 問題として解こう．基本的には通常の目的関数が 1 つの場合（**単目的最適化** (single-objective optimization) という）と同様に論理式をつくることで対応できる．すべての目的関数に対して新たな変数 $y_1, \ldots, y_m$ を導入してできる $y_i - F_i(x_1, \ldots, x_n) = 0$ $(i = 1, \ldots, m)$ という式を $\varphi(x_1, \ldots, x_n)$ に加える．すなわち，一階述語論理式，

$$\exists x (y_1 - F_1 = 0 \land \cdots \land y_m - F_m = 0 \land \varphi(x)) \tag{1.59}$$

を考える．(1.59) に QE を適用すると y の実行可能領域を表す論理式が得られる．これを $\tau(y)$ とすると $\tau(y)$ が図 1.13 の目的空間のグレーの部分に相当する実行可能領域を与える．これより目的空間の実行可能領域が得られ，F が小さくなる方向の境界を表す式がパレート・フロントを与える式となる．

注意 1.25 ここでは，目的関数の実行可能領域を計算することで，その結果の境界の一部としてパレート・フロントが求まることを示した．実際には，最小値が存在するとき，QE を用いてパレート・フロントだけを計算することも可能である．それには以下の QE 問題を解けばよい．

$$\exists x \forall u (y = F(x) \land \varphi(x) \land (\varphi(u) \to (F(u) = F(x) \lor F(u) \npreceq F(x)))) \tag{1.60}$$

ただし，この QE 計算のほうが計算量が大きい．さらには，目的関数の実行可能領

域がすべて得られることは，応用上も非常に有益なため，実行可能領域を求めるほうが現実的と言える．

【例 1.18】 次の多目的最適化問題を考えよう ([22, p.79]).

$$\begin{aligned} \text{minimize} \quad & \boldsymbol{F} = (f(x_1, x_2), g(x_1, x_2)), \\ & f = x_1^2 + x_2^2, \\ & g = 5 + x_2^2 - x_1 \\ \text{subject to} \quad & -5 \leqq x_1 \leqq 5, -5 \leqq x_2 \leqq 5 \end{aligned}$$

目的空間における f, g の実行可能領域を求めるには以下の一階述語論理式を解けばよい．

$$\exists x_1 \exists x_2 (f = x_1^2 + x_2^2 \wedge g = 5 + x_2^2 - x_1 \wedge -5 \leqq x_1 \leqq 5 \wedge -5 \leqq x_2 \leqq 5) \quad (1.61)$$

QE を適用すると以下の論理式として f–g 空間の実行可能領域を求めることができる．

$$\begin{aligned} & (g - f + 25 \geqq 0 \ \wedge \ g^2 - 60g - f + 925 \geqq 0 \ \wedge \ g \leqq 30 \ \wedge \ f \geqq 25) \vee \\ & (4g - 4f - 21 \leqq 0 \ \wedge \ g \geqq 30 \ \wedge \ 4f \leqq 101) \vee \\ & (g - f + 15 \geqq 0 \ \wedge \ g^2 - 60g - f + 925 \leqq 0) \vee \\ & (g - f + 25 \geqq 0 \ \wedge \ g^2 - 10g - f + 25 \leqq 0) \vee \\ & (4g - 4f - 21 \leqq 0 \ \wedge \ g \geqq 5 \ \wedge \ f \leqq 25 \ \wedge \ 4f \geqq 1) \end{aligned}$$

この実行可能領域は，図 1.14 のグレーの部分である．これにより正確なパレート・フロント（多項式として得られている）が求められている．

図 1.15 は，同じ問題を数値的な最適化手法である**遺伝的アルゴリズム (Genetic Algorithm: GA)** にもとづく多目的最適化を用いて解いた結果である[9]．この結果から実行可能解を見れば，パレート・フロントを推測できる．この種の手法では，くり返し計算が進むにつれてパレート付近の実行

---

[9] ここで，GA による多目的最適化のツールとしてクマラ・サストリィ(Kumara Sastry)が開発している "Single and Multiobjective Genetic Algorithm Toolbox in C++" を使用した．

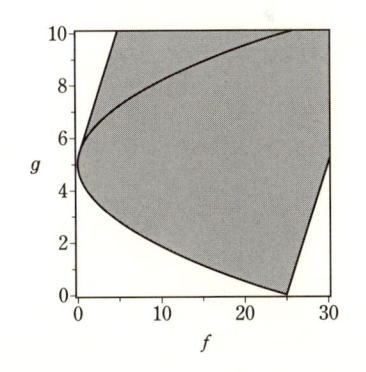

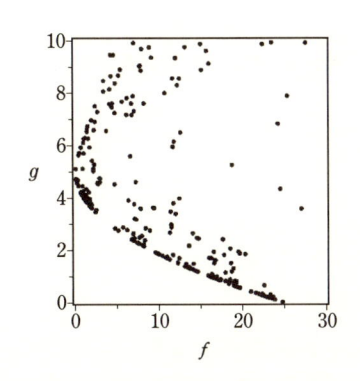

図 **1.14** QE で得られた実行可能領域   図 **1.15** GA で得られた実行可能解

可能解が増えていく方法なので実行可能領域全体を推測するのは難しいことがわかる．

第2章 QEとCADの概要

QEとその基礎となるCADの計算法の概要を簡単に説明しよう．用語は，主に[8]にならうことにする．具体的なアルゴリズムやその改良などについては，後の章でくわしく解説する．ここでは，記号として以下を使うことにする．実数全体の集合を$\mathbf{R}$で表し，自然数nに対して，n個の$\mathbf{R}$の直積を$\mathbf{R}^n$で表す．つまり，$\mathbf{R}^n$はn個の実数の組全体からなる集合であり，$\mathbf{R}^n = \{(a_1, \ldots, a_n) \mid a_i \in \mathbf{R}\,(i=1,\ldots,n)\}$である．

2.1 簡単な例で計算の基本を学ぶ

QEとその基礎となるCAD法を一般の形で説明する前に，簡単な例でそれらの計算の基本（こころ）を見てみよう．そこで第1章の冒頭で紹介した論理式 (1.2) を考える．

$$\exists x (x^2 + ax + b < 0) \tag{2.1}$$

ここで，xは束縛変数でありa,bは自由変数である．断りのない限りx,a,bは実数値を動く．くり返して述べるが，論理式の意味は「$x^2+ax+b<0$となる実数xが存在する」である．

では，論理式 (2.1) を解いてみよう．a,bが定数，たとえば$a=-4, b=1$とするとき，論理式 (2.1) は，「真」か「偽」のいずれかであるかが明確になるので命題であり，「式を解く」とは真か偽かを明らかにすることになる．

一方，a,bが変数であれば，論理式が真になるようなa,bの値もあれば，偽になるような値もあるだろう．そこで，論理式 (2.1) から変数xを除いた

「同値」な a,b に関する条件（論理式）を計算することが「式を解く」ことになる．

高校までの数学では，$y = x^2 + ax + b$ の図を書くことで「視覚的」に解くことができる．そこでは，$y = x^2 + ax + b$ が放物線であり，この曲線は下に凸な曲線であることや，軸（この場合は $x = -\frac{a}{2}$）に対称であることが図を描くことに使われる．もっとも重要なことは，$x = -\frac{a}{2}$ で $x^2 + ax + b$ は最小値をとることである（2次式の場合には，平方完成により図を明示的に意識しなくても最小値が明確になっていることに注意しておく）．

たとえば $a = -4, b = 1$ ならば，軸は $x = 2$ であり，$x = 2$ のときに最小値 -3 をとる．したがって命題は真となる．一方，a,b が変数のときは，$x = -\frac{a}{2}$ のときに最小値をとるので，この最小値が負になるような a,b が論理式 (2.1) を真とするものとなる．最小値は $b - \frac{a^2}{4}$ であるので，

$$b - \frac{a^2}{4} < 0$$

が「同値」な a,b のみで表される式となる（この式は $x^2 + ax + b$ の**判別式が正であることに同値である**）．

一方，計算機上でこのような式を扱うには，計算機にいかに「曲線の図形を認識」させるかが問題となろう．また，2次曲線ならまだ簡単そうであるが，「より次数の高い曲線を扱えるようにするにはどうしたらよいであろうか？」「変数が増えた場合でも計算できるであろうか？」という疑問も生じるであろう．

このような問いに対する答え（計算の方針）が，

> 指定された多項式の符号（正・負・0）を調べる

ことである．曲線の詳細な形などは問題を解く上で重要ではなく，現れる多項式の符号が重要なのである．$x^2 + ax + b$ の場合においては，x がどのような場合に正になり，どのような場合に負になるかを正確に調べることで問題を解くことができる．人間は賢く曲線の図を理解しているので，軸の値の

2.1 簡単な例で計算の基本を学ぶ

みに着目できるが，計算機にはそのような知識はないので，**愚直にすべての** x **の値について調べる**ことになる．

この調査を可能にするのが**実根の把握**である．多項式は**連続関数**であるので，

$\boxed{\text{符号が変化するためには実根を経由しなくてはならない}}$

のである．つまり，隣接する 2 つの実根の間の区間では符号が一定であることが利用できる．また，実根と実根の間の区間でどのような符号になるかは，その区間にある点（**標本点**，1.4 節，2.4 節参照）をとってきて，その値を代入すればわかる．

では，どのようにして実根を正確に把握するのであろうか？ 数値計算により実根の近似値を求めることがまず思い浮かぶであろうが，数学的な厳密さを保証するには近似値だけでは足りない．実根は無理数になる場合もあり，それを小数点を用いて表現しても無限小数となるため，計算機では数学的に正しい値を求めることは不可能であろうと思われるかもしれない．

一方，**実根の数え上げ**は正確に計算することが可能である．**実根の数え上げ**とは指定された区間（全空間でもよい）で多項式にはいくつ異なる実根があるかを計算することで，19 世紀にスツルム (Ch. Sturm) らにより具体的な計算法が発見されている．また，無理数となる実根は記号として表現することで，数学的な厳密さを保持することも可能になる（これらの詳細は，第 4 章で説明する）．

$f(x) = x^2 + ax + b$ について見てみよう．$a = -4, b = 1$ の場合には，実数全体の集合 **R** において 2 個の異なる実根があることが計算される（これには，$f(x)$ の微分 $2x - 4$ を $g(x)$ として $f(x), g(x)$ からスツルム列と呼ばれる多項式列を計算して判定される）．そこで，2 つの実根を α, β とおき，$\alpha > \beta$ としておく．すると **R** は 5 つの互いに交わらない部分集合（区間）にわかれる．ここで，1 点集合は閉区間とみなす．

$$\mathbf{R} = (-\infty, \beta) \cup \{\beta\} \cup (\beta, \alpha) \cup \{\alpha\} \cup (\alpha, \infty) \tag{2.2}$$

各区間上，$f(x)$ の符号は一定となる．これらの区間は**細胞 (cell)** と呼ばれ，分割 (2.2) は**細胞分割 (cellular decomposition)** と呼ばれる．実際にどのような符号になるかは，各区間上の点（**標本点**）をとって調べればよい．つまり，α, β の正確な値は問題ではなく，各区間に入る標本点が抽出できればよいのである．

実根の数え上げにより $\alpha \in (2,4), \beta \in (0,2)$ であることがわかるので，標本点はそれぞれ，$0, \beta, 2, \alpha, 4$ がとれる（実際，$\alpha = 2+\sqrt{3}, \beta = 2-\sqrt{3}$ である）．$f(\alpha) = f(\beta) = 0$ であり，$f(0) = 1 > 0, f(2) = -3 < 0, f(4) = 1 > 0$ となることより，区間 (β, α) で $f(x) = x^2 - 4x + 1 < 0$ が成り立ち，命題は真であることが示される．

次に a, b が変数の場合を説明しよう．この場合には，a, b を変数として実根の数え上げを行うことになる．ここで，重要な点は，

$$\boxed{f(x) = x^2 + ax + b \text{ が重根をもつかどうか}}$$

である．$f(x)$ が重根をもてば，$f(x)$ の微分 $g(x) = 2x + a$ もその根で 0 になる．よって，重根をもつ場合には $f(x)$ を $g(x)$ で割った余り $h(x)$ は 0 になることがいえる．実際に，余り $h(x)$ は $b - \frac{a^2}{4}$ であるので，この値が 0 かどうかで重根をもつかどうかが判定される．

このとき，**描画可能の理論** (2.4 節を参照) により，$h(x)$ の符号（正・負・0）に応じて，$f(x)$ の実根の個数は一定であることが示される．さらに，$f(x)$ の実根は a, b を変数と見れば，a, b の**連続関数**と考えることができ，隣りあう実根の間の区間では $f(x)$ の符号は一定になることも示される（つまり，これらの性質は (a, b) の値にではなく，$b - \frac{a^2}{4}$ の符号によるのである）．

そこで，$b - \frac{a^2}{4} > 0, b - \frac{a^2}{4} < 0, b - \frac{a^2}{4} = 0$ の 3 つの場合について実根を数え上げ，$f(x)$ の符号を決定することになるが，それには，それぞれの条件を満たす (a, b) の具体的な値の組について，実根を数え上げて $f(x)$ の符号を調べればよいのである．

たとえば，$b - \frac{a^2}{4} > 0$ であれば，$b = 1, a = 0$ をとればよい．同様に，$b - \frac{a^2}{4} = 0$ は $a = b = 0$ を，$b - \frac{a^2}{4} < 0$ は $a = 1, b = 0$ をとればよい（実

際の計算では，これらの点は $b - \frac{a^2}{4}$ を a, b の多項式と見て，その符号を調べることで計算される．つまり，計算は再帰的な構造になっている）．

結局，以下が判明する．

(1) $x^2 + 1$ には実根はない．すなわち，$f(x) = x^2 + ax + b$ は $b - \frac{a^2}{4} > 0$ であれば，実根をもたない．よって x の値によらずに一定の符号となる．

(2) $x^2 + x$ では実根は 2 個ある．すなわち $f(x) = x^2 + ax + b$ は $b - \frac{a^2}{4} < 0$ であれば，必ず 2 個の異なる実根をもつ．これら実根は a, b の連続関数になる．実際，2 根は $\frac{-a + \sqrt{a^2 - 4b}}{2}$ と $\frac{-a - \sqrt{a^2 - 4b}}{2}$ で表される．

(3) x^2 では実根は 1 個ある．すなわち，$f(x) = x^2 + ax + b$ は $b - \frac{a^2}{4} = 0$ であれば，必ず 1 個の実根をもつ（この場合は重根となる）．この実根は a, b の連続関数であり，$-\frac{a}{2}$ で表される．

そこで，$a = -4, b = 1$ のときと同じ方法で，$f(x)$ の符号を調べていく．ここでは，(2) の場合を見てみよう．

$b - \frac{a^2}{4} < 0$ の条件の下で，$x^2 + ax + b$ は 2 個の異なる実根をもつ．そこで，それらを α, β とし，$\alpha > \beta$ としておく．このとき，実数全体の集合 **R** は (2.2) のように区間に分割され，各区間では $f(x) = x^2 + ax + b$ の符号は一定となる．$b - \frac{a^2}{4} < 0$ であればどのような (a, b) の値の組でも符号は同じになるので，先に計算した $a = -4, b = 1$ の結果がそのまま使える．よって，$f(x) < 0$ となる区間として (β, α) が存在するので，

$$b - \frac{a^2}{4} < 0 \Rightarrow \exists x (f(x) < 0)$$

が成り立つことがわかる．同様の計算により，(1) の場合には，すべての x に対して $f(x) > 0$ となり，(3) の場合には，すべての x に対して $f(x) \geqq 0$ となることも示される．したがって，

$$b - \frac{a^2}{4} < 0 \Leftrightarrow \exists x (f(x) < 0)$$

となり，x をとり除いた同値な a,b の式として，

$$b - \frac{a^2}{4} < 0$$

が計算される．高校数学で解ける簡単な問題 (2.1) でも，実際の計算では以上のような複雑な計算過程を必要とするので，かえって問題を難しくしているように見えるかもしれない．しかし，この計算過程は一般的な方法にもとづくもので，多項式の次数が増えても変数の個数が増えても原理的に計算が可能であることに注意してほしい．

2.2　連立不等式と半代数的集合

ここからは，一般的な形で計算の概要を紹介しよう．n 個の変数を $x_1, \ldots, x_n$ とし，それらを変数とする r 個の実数係数多項式 $f_1, \ldots, f_r$ を考える（n, r は自然数である）．$x_1, \ldots, x_n$ に対するもっとも基本的な**代数的不等式制約**は以下のような**連立代数的不等式 (system of algebraic inequalities)** である．

$$\text{(SI)} \begin{cases} f_1(x_1, \ldots, x_n) & \rho_1 & 0 \\ f_2(x_1, \ldots, x_n) & \rho_2 & 0 \\ & \vdots & \\ f_r(x_1, \ldots, x_n) & \rho_r & 0 \end{cases}$$

各 ρ_i ($i = 1, \ldots, r$) は $=, \neq, <, >, \leqq, \geqq$ のいずれかである．1.1 節で述べたように，上のように多項式の符号で表される不等式を代数的不等式と呼ぶ．ここでは，等式も不等式に含まれることにする．上記 (SI) のすべての不等式（等式も含む）を同時に満たすような $x_1, \ldots, x_n$ の実数値の組 $(\alpha_1, \ldots, \alpha_n) \in \mathbf{R}^n$ を連立代数不等式の**解**という．たとえば，$x_1^2 + x_2^2 - 1 \leqq 0$ は変数 x_1, x_2 に対する代数的不等式制約となり，$(1, 0)$ はその解となる（つまり，$x_1 = 1, x_2 = 0$ は不等式 $x_1^2 + x_2^2 - 1 \leqq 0$ を満たしている）．

つまり，代数的不等式制約とは，実数を動く変数に対して，それらを変数にもつ多項式の値の符号（正・負・0）による制約を意味する（等式も含まれ

ることに注意)．また，注意 2.1 より，問題に現れる（つまり計算の対象となる）多項式はすべて有理数係数として考えていくことにする．また，代数的不等式しか扱わないので，代数的不等式を単に**不等式**と呼ぶことにする．

注意 2.1 QE では実数係数の多項式を扱っているが，そこに現れる実数たちは正確に計算できるという仮定を前提とする．この前提は扱う実数が有理数であればいつでも成り立つ．しかし，扱う実数が無理数の場合には，この前提のために制限がでてくる．実際，その近似値が与えられているだけでは前提は満たされない．近似値を真の値と思って計算してしまうと計算結果が正確である保証がなくなってしまう．たとえば，$\sqrt{2}$ の近似値をいくら精度よく与えても，2 乗しても 2 になることはない．

そこで，QE 計算では有理数の計算が基本となる．無理数が係数として現れた場合には，その無理数をひとまず変数を使って表現する．無理数がある有理数係数の多項式の根になっている場合（そのような場合を**代数的数**という），その多項式を利用して計算を進める．また，その値を別の多項式に代入したときの符号（正・負）に関しては，精度保証された近似値を使う（無理数が複数ある場合には，その無理数間の「代数的関係」を計算する必要もある）．くわしくは 3.6 節を参照されたい．

問題に現れる実数がすべて代数的数であれば，係数も変数とし，それが満たす代数方程式を追加することにより，最初から有理数係数の多項式のみを考えることができる．たとえば，$x^2 + \sqrt{2}x - 3 \leqq 0$ という不等式の場合，$y = \sqrt{2}$ とおいて，$y^2 - 2 = 0, y > 0$ という 2 式を追加すれば，

$$\begin{cases} x^2 + yx - 3 & \leqq & 0, \\ y^2 - 2 & = & 0, \\ y & > & 0 \end{cases}$$

と，すべて有理数係数の多項式からなる連立不等式に置き換えることができる．

次に，**半代数的集合**を定義しよう．まず，連立不等式 (SI) を満たす $(x_1, \ldots, x_n)$ の値 $(\in \mathbf{R}^n)$ の集合 $\mathcal{S}$ を考える．つまり，$\alpha = (\alpha_1, \ldots, \alpha_n)$ として，

$$\mathcal{S} = \{\alpha \in \mathbf{R}^n \mid f_i(\alpha) \ \rho_i \ 0 \ (i = 1, \ldots, r)\}$$

である．このような集合をひとまず**連立不等式**による**半代数的集合**と呼ぶことにする（連立不等式がすべて等式からなる場合には**実代数的集合**と呼ぶ）．

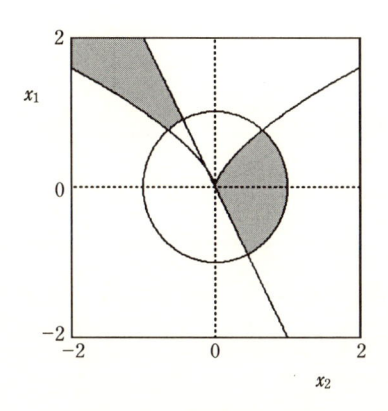

図 2.1　半代数的集合の例

一方で，$x_1^2+x_2^2-1 \leqq 0$ となる不等式を考えてみると，これは $x_1^2+x_2^2-1 = 0$ または $x_1^2 + x_2 - 1 < 0$ と同値である．つまり，「連立」といった場合には，現れるすべての不等式が「かつ」で成立することを要求するが，そこには「または」も内在している．そこで，上の連立不等式を拡張して，「かつ」「または」，さらには「否定」などをもとり込んだ形のものも統一的に扱えるように一般的な形で半代数的集合が以下のように定義される．

定義 2.1　有限個の「連立不等式による半代数的集合」の和集合を**半代数的集合 (semi-algebraic set)** と呼ぶ．

【例 2.1】　以下で定義される半代数的集合は図 2.1 のグレーの部分に対応する．これは 2 つの連立不等式による半代数的集合の和集合である．

$$(x_1^2 + x_2^2 - 1 < 0 \wedge x_1^3 - x_2^2 < 0 \wedge 2x_2 + x_1 > 0) \vee$$
$$(x_1^2 + x_2^2 - 1 > 0 \wedge x_1^3 - x_2^2 > 0 \wedge 2x_2 + x_1 < 0)$$

「実数上の論理モデル」の観点から半代数的集合を見てみよう．まず，$\mathcal{S}$ を連立不等式 (SI) による半代数的集合とする．各不等式「$f_i(x_1,\ldots,x_n)\, \rho_i\, 0$」はそれ自身が成立する (true) か否 (false) かを表す論理式と見ることができる．このような論理式を，ここでは [8] にならい，**代数的命題文 (propositional** algebraic sentence) と呼ぶことにする（以下，$f_i \, \rho_i \, 0$ に対応する代数的命題文を φ_i で表すことにする）．このとき，論理積 $\phi = \varphi_1 \wedge \varphi_2 \wedge \cdots \wedge \varphi_r$ を考えれば，ϕ も論理式となる．これも代数的命題文と呼ぶことにすれば，

$$\mathcal{S} = \{(\alpha_1, \ldots, \alpha_n) \in \mathbf{R}^n \mid \phi(\alpha_1, \ldots, \alpha_n)\}$$

と書くことができる．つまり，$\mathcal{S}$ は代数的命題文 ϕ で定義される集合である．

次に，$\mathcal{S}$ が連立不等式による半代数的集合 $\mathcal{S}_i$ $(i = 1, \ldots, s)$ の和集合で表されたとする．上記にならい，各 $\mathcal{S}_i$ はある代数的命題文 ϕ_i で定義される．そこで，それら ϕ_i の論理和 $\Phi = \phi_1 \vee \phi_2 \vee \cdots \vee \phi_s$ も論理式となるので，これも代数的命題文と呼ぶことにすれば，

$$\mathcal{S} = \{(\alpha_1, \ldots, \alpha_n) \in \mathbf{R}^n \mid \Phi(\alpha_1, \ldots, \alpha_n)\}$$

となり，$\mathcal{S}$ は代数的命題文 Φ により定義される．

このようにして，1個の不等式で与えられる論理式とそれらの**論理和，論理積，否定，含意の有限回の操作**[1]で得られる論理式を代数的命題文と呼ぶことにすれば，**半代数的集合は代数的命題文により定義される**ことになる．

2.3　細胞分割

次に，QE計算の基盤となるCADを説明するにあたり「CADが何を計算するのか」から説明する．

実数を係数とする多項式集合 $\mathcal{F} = \{f_1(x_1, \ldots, x_n), \ldots, f_r(x_1, \ldots, x_n)\}$ が与えられたときに，CADは $\mathbf{R}^n$ を有限個の互いに交わらない空でない部分集合に分ける．ここで，各部分集合では，$f_1, \ldots, f_n$ の符号が一定になるようにする．このようにいくつかの互いに交わらない部分集合に分けることを一般に**分割**と呼ぶが，ここで考える分割は特殊な性質ももっているので，このような分割に現れる部分集合を**細胞**と呼び，分割自体を**細胞分割**と呼ぶ．

【例 2.2】　たとえば，$\mathcal{F} = \{f_1(x_1), f_2(x_1)\}$ であって，$f_1(x_1) = x_1$, $f_2(x_1) = x_1^2 - 1$ とすると，$\mathbf{R}$ は $(-\infty, -1), \{-1\}, (-1, 0), \{0\}, (0, 1), \{1\}$,

---
[1] これらをブール (Bool) 結合ともいう．

$(1, \infty)$ という 7 個の区間に分割される．半代数的集合 $\{x \in \mathbf{R} \mid f_1(x_1) > 0, f_2(x_1) < 0\}$ は区間 $(0,1)$ でもある．

このような細胞分割ができれば，$f_1, \ldots, f_r$ により表現される連立不等式は，$f_1, \ldots, f_r$ の符号を調べることで，どの細胞が連立不等式を満たすものかが判定できる．ただ，問題は「細胞がどのように表現されているか」である．たとえば，連立不等式を満たす集合が存在するかどうかを知りたいのであれば，対応する細胞が空でないことがはっきりしていないと使えないし，QE で使うには，分割の結果が次の計算に活かせるようになっていなくてはならない．そこで，各細胞には「半代数的である」などの条件を付加することになる．より正確に記述するためにいくつかの記号や概念を定義する．

定義 2.2（符号と符号不変） 実数 α に対して，$\mathrm{sign}(\alpha)$ で α の**符号 (sign)** を表すことにする．ここで，符号とは「正・負・0」のいずれかをいう．ここでは，記法として，正を $+$，負を $-$ で表すことにする．

たとえば，$\mathrm{sign}(12) = +$，$\mathrm{sign}(-1.2) = -$，$\mathrm{sign}(0) = 0$ となる．次に，$\mathcal{F}$ と $\alpha \in \mathbf{R}^n$ に対して，$\mathrm{sign}_\alpha(\mathcal{F}) = (\mathrm{sign}(f_1(\alpha)), \ldots, \mathrm{sign}(f_r(\alpha)))$ と定義する．$\mathbf{R}^n$ の部分集合 $\mathcal{C}$ において，任意の $\alpha, \beta \in \mathcal{C}$ に対して，$\mathrm{sign}_\alpha(\mathcal{F}) = \mathrm{sign}_\beta(\mathcal{F})$ が成り立つときに，$\mathcal{C}$ は $\mathcal{F}$**-符号不変 (sign-invariant)** であるという．

次に，一番強い形での細胞分割である**半代数的細胞分割**を定義しよう．

定義 2.3（半代数的細胞分割） 有限個（ここでは s 個とする）の空でなく互いに交わらない半代数的集合 $\mathcal{C}_1, \ldots, \mathcal{C}_s$ が $\mathcal{F}$-符号不変な $\mathbf{R}^n$ の**半代数的細胞分割 (semi-algebraic cellular decomposition)** であるとは，以下を満たすときにいう．このとき各 $\mathcal{C}_i$ を**細胞 (cell)** と呼ぶ．

$$\mathbf{R}^n = \bigcup_{i=1}^{s} \mathcal{C}_i$$

ここで，各細胞 $\mathcal{C}_i$ は以下を満たす．

(1) $\mathcal{C}_i$ は $\mathcal{F}$-符号不変であり，半代数的集合である．

(2) $\mathcal{C}_i$ は**弧状連結**であって，ある非負整数 d_i をとれば $\mathbf{R}^{d_i}$ に同相（位相同型）となる．

(3) $\mathcal{C}_i$ の**閉包**は分割に現れるいくつかの細胞たちの和で表すことができる．

$\mathbf{R}^n$ の半代数的集合 $\mathcal{S}$ に対しても，同様にして半代数的細胞分割が定義される．すなわち，$\mathcal{S} = \bigcup_{i=1}^{s} \mathcal{C}_i$ となるような互いに交わらない細胞 $\mathcal{C}_i$ に分割することを $\mathcal{S}$ の $\mathcal{F}$-符号不変な半代数的細胞分割と呼ぶ．ここで，各細胞 $\mathcal{C}_i$ は条件 (1), (2), (3) を満たすものとする．

定義 2.3 はほぼ [8] に従う．連結性に関しては，[3, 8] などで一般の形で**半代数的連結性**という概念を導入しているが，それは実際には弧状連結性に帰着されるため，ここでは弧状連結を使っている．また，条件 (3) については，すべての CAD に対して成り立つわけではなく，CAD が **well-based** という性質をもつときに成り立つ（定理 4.4 の証明でその正確な定義を与える）．この条件はほとんどの CAD が満たすもので，成り立たない場合でも変数を線形変換することで成り立つ形に変形することができる．そこで，以下では 条件 (3) を満たさない場合 にも半代数的細胞分割という言葉を使うことにする．

QE として利用することに焦点を当てれば，各細胞に要求されるものは，$\mathcal{F}$-符号不変であって，それが空でなく，ある代数的命題文により定まる半代数的集合であればよい．しかし，ここの空でないという保証を与えるのが条件 (2) であり，「ある $\mathbf{R}^d$ に同相である」ことが空でないことを保証している．

注意 2.2 定義 2.3 に現れる条件 (2),(3) はこれから説明する CAD 法の計算の結果として各細胞のもつ性質であり，実はここでいう半代数的細胞分割は位相幾何学における**胞体分割 (cellular decomposition)** に対応している．ここでは，QE に利用するための半代数的集合への分割ということで特化した形になっていることと，条件 (3) を必ずしも要求しないので cell の日本語訳としてすでに位相幾何学で使われている「胞体」ではなく，新たな言葉として「細胞」を使うことにした．

注意 2.3　弧状連結,同相などの概念を理解するためには,「位相空間」の基礎知識が必要になるので,ここではそれらの概念になるべく深く立ち入らないで,簡単に説明しておく（だいたいのイメージをつかんでほしい）.

$\mathbf{R}^n$ の部分集合 A が弧状連結であるとは,A からどのような 2 点 a, b をとっても,a, b を結ぶような A の内部を通る連続な曲線（弧）が存在することをいう. 正確に述べるならば,A の任意の 2 点 a, b に対して,区間 $[0, 1]$ から A への連続写像 f で $f(0) = a, f(1) = b$ となるものが存在するとき,A は弧状連結であるという.

同相という概念は 2 つの位相空間 A, B が「本質的に同じ」という意味で,A から B への連続写像となる全単射が存在し,その逆写像も B から A への連続写像となるときにいう.

1 点（からなる集合）は 0 次元であり,$\mathbf{R}^0$ に同相となる. また,直観的に見て直線や曲線は 1 次元であり,1 次元直線 $\mathbf{R}$ に同相となり,平面や曲面は 2 次元であり,2 次元平面 $\mathbf{R}^2$ に同相となる. 部分集合 A の閉包とは,A を含む最小の閉集合のことで,$\overline{A}$ と書くことが多い. $\overline{A}$ は A の内点と境界点からなる集合である.

【例 2.3】　再び $\mathcal{F} = \{f_1(x_1), f_2(x_1)\}, f_1(x_1) = x_1, f_2(x_1) = x_1^2 - 1$ の細胞分割を考えてみよう.

$$\mathbf{R} = (-\infty, -1) \cup \{-1\} \cup (-1, 0) \cup \{0\} \cup (0, 1) \cup \{1\} \cup (1, \infty)$$

のように,$\mathbf{R}$ は 7 個の細胞（点または開区間）に分割された. 各開区間は $\mathbf{R}$ に同相であり,1 点からなる集合は $\mathbf{R}^0$ と同相である. また,実数 $a < b$ に対して開区間 (a, b) の閉包は閉区間 $[a, b]$ であるので,上の例では,細胞 $(-1, 0)$ の閉包は,3 個の細胞の和集合 $\{-1\} \cup (-1, 0) \cup \{0\}$ になる.

2.4　CAD の概略

CAD は Cylindrical Algebraic Decomposition の略であり,半代数的細胞分割を効率よく計算する方法の名前であるが,ここでは **CAD** によって得られる細胞分割もまた **CAD** と呼ぶ. CAD の特徴は細胞の表現にあり,そこでの最初のステップは**実根の関数（代数関数）**による**表現**である. すなわち,多項式の根を係数の関数と見る方法である. この関数を用いて各細胞を決めていくのである.

第 1 章の冒頭で $f(x_1, x_2) = x_2 - x_1^2$ を x_1 の多項式と見て,x_2 は係数に

現れるパラメータと考えた．このとき，$x_2 > 0$ なる条件の下で，f の根は $\sqrt{x_2}, -\sqrt{x_2}$ と，x_2 の関数として表現できる．このように根が係数の関数と考えられるとき，このような関数を**代数関数**と呼ぶ．さらに，この関数は連続関数となることが知られている（3.7 節参照）．

第 1 章では，$f(x_1, x_2) < 0$ となるような (x_1, x_2) の部分集合 $\mathcal{C}_4, \mathcal{C}_5$ を $f(x_1, \alpha_2)$ の実根 β_1, β_2 を利用して表現した．ここで，$\alpha_2 > 0$ である．これを関数の形で書くと，$\beta_1(x_2) = \sqrt{x_2}, \beta_2(x_2) = -\sqrt{x_2}$ であり，以下のように表現することができる．

$$\mathcal{C}_4 = \{(\alpha_1, \alpha_2) \mid \alpha_2 > 0, \alpha_1 > \sqrt{\alpha_2}\},$$
$$\mathcal{C}_5 = \{(\alpha_1, \alpha_2) \mid \alpha_2 > 0, \alpha_1 < -\sqrt{\alpha_2}\}$$

この表現では，$\mathcal{C}_4, \mathcal{C}_5$ が半代数的集合かどうかはすぐにはわからないが，実は，$\mathcal{C}_4, \mathcal{C}_5$ は半代数的集合になることが保証されていて，これらを定義するような代数的命題文を求める方法も CAD には備わっている．この理論的な基礎になるのが**トムの補題**である（3.5 節参照）．

実際，

$$\mathcal{C}_4 = \{(\alpha_1, \alpha_2) \mid f(\alpha_1, \alpha_2) < 0, \alpha_1 > 0, \alpha_2 > 0\},$$
$$\mathcal{C}_5 = \{(\alpha_1, \alpha_2) \mid f(\alpha_1, \alpha_2) < 0, \alpha_1 < 0, \alpha_2 > 0\}$$

のように**別の不等式**（ここでは，$\alpha_1 > 0$ または $\alpha_1 < 0$）を新たに追加することで半代数的集合として定義される．これより，$\mathcal{C}_4, \mathcal{C}_5$ は細胞になっていることが確かめられるであろう．これらは弧状連結であって，2 次元平面 $\mathbf{R}^2$ に同相である．すぐ気づくように，書き直した $\mathcal{C}_4, \mathcal{C}_5$ では，代数関数を「明示的」に求めていない．一度，代数関数を用いて細胞を決めておいて，後からそれを代数関数を用いないで，連立不等式によって定まる半代数的集合に書き直している．このような表現法に計算のポイントがある．

一方，「このような表現で細胞の符号が決まるか」という疑問がわくと思うが，2.1 節で紹介した**標本点**を利用することで簡単に解決する．たとえば，$\mathcal{C}_4$

では「$f(x_1, x_2)$ の符号が一定である」ことが保証されるので，$\mathcal{C}_4$ の中の適当な「計算しやすい点」をもってきて代入することで $f(x_1, x_2)$ の符号は決まる．このような各細胞 $\mathcal{C}$ に対して，任意に選んだ（計算しやすい）点を $\mathcal{C}$ の**標本点 (sample point)** と呼ぶ（ただし，標本点として「選択の余地がない」場合もあることに注意しておく）．そこで，CAD では各細胞 $\mathcal{C}$ に対して，その標本点 $P_\mathcal{C}$ を 1 つだけ固定しておくことになる．たとえば，$\mathcal{C}_4$ の標本点として $(2, 1)$ をとることができる（標本点の成分には代数的数が現れることがある．この場合，代数的数はそれを定義する多項式を利用して表現することになる．ここは計算機代数が得意とするところである．くわしくは 3.6 節を参照）．

もう 1 つのポイントは，代数関数を利用することで**再帰的な計算が可能になる**ことである．つまり，$\mathcal{F}$-符号不変な CAD を変数を 1 つ減らした別の多項式集合 $\mathcal{F}'$ の符号不変な CAD に帰着することを可能にしているのである．もう少し説明しよう．まず，x_1 を主変数，$x_2, \ldots, x_n$ を従属変数（パラメータ）と見る．また，記号を簡単にするため $x_1, \ldots, x_n$ を変数とする実数係数多項式 $f(x_1, \ldots, x_n)$ と $\mathbf{R}^{n-1}$ の点 $\alpha' = (\alpha_2, \ldots, \alpha_n)$ に対して，$f(x_1, \alpha_2, \ldots, \alpha_n)$ を $f(x_1, \alpha')$ で書くことにする．

そこで，各点 $\alpha' = (\alpha_2, \ldots, \alpha_n) \in \mathbf{R}^{n-1}$ に対して，$f_1(x_1, \alpha'), \ldots, f_r(x_1, \alpha')$ は x_1 を変数とする 1 変数多項式となり，それらの実根が α' の代数関数としてきちんと捉えられるような状況を考えたい．これからは，$f_1, \ldots, f_r$ の α' 上の実根すべてを並べて考え，それらを $\mathcal{F}$ の α' 上の実根ということにする（$f_1 \times f_2 \times \cdots \times f_r$ の α' 上の実根と考えてもよい）．

そのために，$\mathbf{R}^{n-1}$ のある弧状連結な半代数的集合 $\mathcal{C}'$ 上で $\mathcal{F}$ の異なる実根の個数は一定であって，これらを表す代数関数が交わらないような状況を考える．この状況を $\mathcal{C}'$ 上 $\mathcal{F}$ は**描画可能**という．実は，このような $\mathcal{C}'$ は，ある別の連立不等式を解くことで計算される．つまり，$x_2, \ldots, x_n$ を変数とする別の多項式の集合 $\mathcal{F}'$ があって，$\mathcal{F}'$-符号不変な $\mathbf{R}^{n-1}$ の細胞分割をすれば，各細胞 $\mathcal{C}'$ 上 $\mathcal{F}$ は描画可能となるのである．

すると，弧状連結である半代数的集合 $\mathbf{R} \times \mathcal{C}' = \{(\alpha_1, \alpha_2, \ldots, \alpha_n) \mid \alpha_1 \in$

$\mathbf{R}, (\alpha_2,\ldots,\alpha_n) \in \mathcal{C}'\}$ の中にある $\mathcal{F}$-符号不変な CAD の細胞が,「代数関数」を使って表現できるようになる.ここでは,「$\mathcal{F}'$ は $\mathcal{F}$ から構成される」ということにする.

注意 2.4 $f_1,\ldots,f_r$ の中に変数 x_1 が現れないものがあった場合には,その多項式(ここでは f_k としよう)の符号は $x_2,\ldots,x_n$ の値のみに依存する.そこで,f_k はすべての $\mathbf{R}^{n-1}$ において実根はないと考える.この場合には,$\mathcal{F}$ から $\mathcal{F}'$ を構成する手続きにおいて $\mathcal{F}'$ に f_k を加えることになる.

【例 2.4】 $n=2$ であり $\mathcal{F} = \{f(x_1,x_2)\}$,ここで $f(x_1,x_2) = x_2 - x_1^2$ のときを考えてみよう.f を x_1 を変数とする 1 変数多項式と見たとき,その根の個数が一定になるための x_2 の条件を調べると以下になる.

(1) $x_2 > 0$ ならば,$f(x_1,x_2) = 0$ は異なる実根を 2 個もつ.
(2) $x_2 = 0$ ならば,$f(x_1,x_2) = 0$ は異なる実根は 1 個だけで重根になっている.
(3) $x_2 < 0$ ならば,$f(x_1,x_2) = 0$ は実根をもたない.

よって,$\mathcal{F} = \{f(x_1,x_2)\}$ が描画可能になるように x_2 の動く領域 $\mathbf{R}$ を分割するには,$\mathcal{F}' = \{g(x_2) = x_2\}$ とすればよいことがわかる.実際,上の 3 つは,$\{g(x_2)\}$ の細胞分割,

$$\mathbf{R} = (-\infty, 0) \cup \{0\} \cup (0, \infty)$$

の 3 つの細胞に対応している.この $g(x_2) = x_2$ は実際には,$f(x_1,x_2)$ より計算されるのである.

より具体的に書いてみよう.$B_1,\ldots,B_t$ を $\mathcal{F} = \{f_1,\ldots,f_r\}$ の $\mathcal{C}'$ 上での実根を与える代数関数とし,$\mathcal{C}'$ 上,$B_1 > B_2 > \cdots > B_t$ とする.このとき,$\mathbf{R} \times \mathcal{C}'$ の中の $\mathcal{F}$-符号不変な細胞は,

$$\mathcal{C}_1 = \{(\alpha_1,\ldots,\alpha_n) \mid (\alpha_2,\ldots,\alpha_n) \in \mathcal{C}', \alpha_1 > B_1(\alpha_2,\ldots,\alpha_n)\},$$
$$\mathcal{C}_2 = \{(\alpha_1,\ldots,\alpha_n) \mid (\alpha_2,\ldots,\alpha_n) \in \mathcal{C}', \alpha_1 = B_1(\alpha_2,\ldots,\alpha_n)\},$$
$$\vdots$$

$$\mathcal{C}_{2t} = \{(\alpha_1, \ldots, \alpha_n) \mid (\alpha_2, \ldots, \alpha_n) \in \mathcal{C}', \alpha_1 = B_t(\alpha_2, \ldots, \alpha_n)\},$$
$$\mathcal{C}_{2t+1} = \{(\alpha_1, \ldots, \alpha_n) \mid (\alpha_2, \ldots, \alpha_n) \in \mathcal{C}', \alpha_1 < B_t(\alpha_2, \ldots, \alpha_n)\}$$

となる．ここでは，$\mathcal{C}'$ を各 $\mathcal{C}_i$ の**底面**と呼ぶことにする．これを絵で説明すると図 2.2 になる（ここでは，超平面 $x_1 = 0$ を $x_2, \ldots, x_n$ 平面と同一視する）．

図 2.2 (a) は，底面 $\mathcal{C}'$ が描画可能な状態を表している．図 2.2 (b) では，実根が交わったり，消えたりしている．この場合には，$\mathcal{C}$ を細分する必要がある．図 2.2 (c) では，細分の途中であるが，底面 $\mathcal{C}''$ は描画可能になっている．また，図 2.2 (a) より，各 $\mathcal{C}_i$ の標本点 P_i は $\mathcal{C}'$ の標本点 P' に適当な x_1 成分を付け加えることで計算されることもわかる．

注意 2.5 図からわかるように，CAD は柱状に分割していることが見えると思う．これが Cylindrical Algebraic Decomposition という名の由来である．日本語に訳

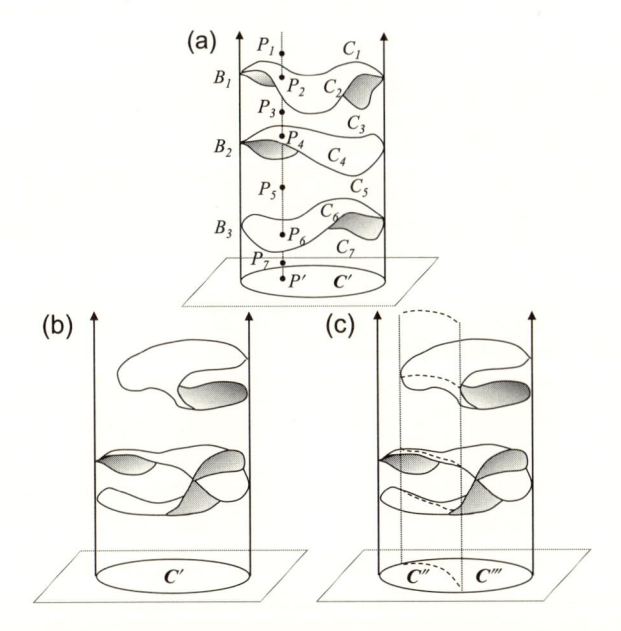

図 **2.2** 半代数的細胞分割と描画可能性

すと「円柱状代数的分割」となるであろうか.

最後のポイントは，$\mathcal{F}'$ が $\mathcal{F}$ から効率よく求められることである．$f_1,\ldots,f_r$ の実根が互いに交わらないという条件は，各 f_i が重根をもたない条件や異なる f_i, f_j が共通根をもつという条件に置き換えることができ，それらは f_i と f_i の微分の **GCD**（最大公約因子）や f_i と f_j の GCD の条件になる．そこで，コリンズは，多項式の GCD 計算の研究で培った**部分終結式理論**を活用して，$\mathcal{F}'$ を $\mathcal{F}$ より効率よく求める方法を発見している（3.2, 3.4 節参照）．この $\mathcal{F}'$-符号不変な CAD を「**$\mathcal{F}$-符号不変な CAD によって導かれる $\mathbf{R}^{n-1}$ の CAD**」と呼ぶ．

$\mathcal{F}$-符号不変な CAD を $\mathcal{S}_n$ と書き，それによって導かれる $\mathbf{R}^{n-1}$ の CAD を $\mathcal{S}_{n-1}$ と書くことにする．$\mathcal{S}_{n-1}$ も $\mathbf{R}^{n-2}$ での CAD $\mathcal{S}_{n-2}$ に帰着され，それは $\mathcal{S}_{n-1}$ によって導かれる $\mathbf{R}^{n-2}$ の CAD である．この $\mathcal{S}_{n-2}$ を $\mathcal{S}_n$ によって導かれる $\mathbf{R}^{n-2}$ の CAD と呼ぶ．以下同様にして $1 \leqq k < n-2$ に対して，$\mathcal{S}_n$ によって**導かれる** $\mathbf{R}^k$ の **CAD** $\mathcal{S}_k$ が定義される．

次に，実際の計算の手順について説明しよう．最初に与えられる多項式集合 $\mathcal{F}$ を $\mathcal{F}_n$ と書くことにして，$\mathcal{F}$ から構成される $\mathcal{F}'$ を $\mathcal{F}_{n-1}$ とする．以下くり返して，$i<n$ に対して，$\mathcal{F}_{i+1}$ から構成される多項式集合を $\mathcal{F}_i$ と書くことにする．一般に $\mathcal{F}_i$ の各要素を i 次の**射影因子** (projection factor) と呼ぶ．また集合 $\mathcal{F}_i$ を i 次の**射影因子族**と呼ぶことにする．

計算は，射影因子族 $\mathcal{F}_{n-1},\ldots,\mathcal{F}_1$ を順に構成することから始まる．これを **射影段階** (projection phase) と呼ぶ．

$$\mathcal{F}_n \to \mathcal{F}_{n-1} \to \cdots \to \mathcal{F}_1$$

最後に求められる多項式集合 $\mathcal{F}_1$ は x_n のみを変数とする 1 変数多項式からなる．

次に，$\mathcal{S}_1, \mathcal{S}_2, \ldots, \mathcal{S}_n$ を $\mathcal{S}_1$ から逐次的に構成していく．ここで，$\mathcal{S}_i$ は $\mathcal{F}_i$ の CAD であり，その細胞は，$\mathcal{S}_{i+1}$ の細胞の底面となる．最初の $\mathcal{S}_1$ では $\mathcal{F}_1$ は x_n だけが現れる多項式の集合となり，$\mathbf{R}$ の CAD は $\mathbf{R}$ を $\mathcal{F}_1$-符号不変

な区間（1点からなる集合も含む）に分割することになる．そこでは，2.1節の例で示したように，1変数多項式の**実根の数え上げ**と**根の分離**と呼ばれる実根の精密な把握を行う（3.4節参照）．

この $\mathcal{S}_1$ の計算を**底段階 (base phase)** と呼び，その後に行う逐次的な構成，

$$\mathcal{S}_1 \to \mathcal{S}_2 \to \cdots \to \mathcal{S}_n$$

を**持ち上げ段階 (lifting phase)** と呼ぶ．

$\mathcal{S}_i$ の各細胞は，i 次以下の射影因子族 $\mathcal{F}_1 \cup \cdots \cup \mathcal{F}_i$ に属する多項式たちの符号により特徴付けられる．そこで，各細胞を定義する代数的命題文はそれらの多項式を組合せて構成される．

【例 2.5】 $n = 3$ とし，$\mathcal{F} = \{f_1, f_2\}$ を $f_1(x_1, x_2, x_3) = x_1^2 + x_2^2 + x_3^2 - 1$, $f_2(x_1, x_2, x_3) = x_1^2 + x_2^2 - x_3$ で与える．このとき $\mathcal{F}$ の CAD の計算をしてみよう．

まず，$\mathcal{F}_3 = \mathcal{F}$ とおき，$\mathcal{F}_3$ が描画可能になるように x_2, x_3 の多項式を構成すると $\mathcal{F}_2 = \{x_2^2 + x_3^2 - 1, x_2^2 - x_3, x_3^2 + x_3 - 1\}$ となる．$x_2^2 + x_3^2 - 1$ は f_1 を x_1 の多項式と見たときに重根をもつ条件から導出される．実際，$x_2^2 + x_3^2 - 1 = 0$ ならば $f_1 = x_1^2$ となり 0 が重根となる．同様に $x_2^2 - x_3$ は f_2 が重根をもつ条件から導出され，さらに，$x_3^2 + x_3 - 1$ は f_1, f_2 が共通根をもつ条件から導出される．

さらに，$\mathcal{F}_2$ が描画可能になるように x_3 の多項式を構成すると $\mathcal{F}_1 = \{x_3^2 - 1, x_3, x_3^2 + x_3 - 1\}$ となる．$x_3^2 - 1$ は $x_2^2 + x_3^2 - 1$ を x_2 の多項式と見たときに重根をもつ条件から導出され，x_3 は $x_2^2 - x_3$ が重根をもつ条件から導出される．また，$x_3^2 + x_3 - 1$ は $x_2^2 - x_3, x_2^2 + x_3^2 - 1$ が共通根をもつ条件からも導出される．

次に $\mathcal{F}_1$ の CAD $\mathcal{S}_1$ を計算する．$\mathcal{F}_1$ の多項式の実根を数え上げて，それらを分離していくことで，次のようになる（$\frac{-1 \pm \sqrt{5}}{2}$ は $x_3^2 + x_3 - 1$ の根である）．

$$\mathbf{R} = \left(-\infty, \frac{-1-\sqrt{5}}{2}\right) \cup \left\{\frac{-1-\sqrt{5}}{2}\right\} \cup \left(\frac{-1-\sqrt{5}}{2}, -1\right) \cup \{-1\}$$
$$\cup (-1, 0) \cup \{0\} \cup \left(0, \frac{-1+\sqrt{5}}{2}\right) \cup \left\{\frac{-1+\sqrt{5}}{2}\right\} \cup \left(\frac{-1+\sqrt{5}}{2}, 1\right)$$
$$\cup \{1\} \cup (1, \infty)$$

各区間上 $\mathcal{F}_1$ の3つの多項式の符号は一定であり，各区間は半代数的集合である．たとえば，区間 $(\frac{-1+\sqrt{5}}{2}, 1)$ を半代数的集合として表現すると，

$$\{\alpha_3 \in \mathbf{R} \mid \alpha_3^2 + \alpha_3 - 1 > 0, 0 < \alpha_3 < 1\}$$

となる．各開区間は $\mathbf{R}$ に同相であり，その次元は1である．

次に上の各区間を底として $\mathcal{F}_2$ の CAD を計算する．ここでは，底 $\mathcal{C}'$ として区間 $(\frac{-1+\sqrt{5}}{2}, 1)$ を考えてみよう．

区間 $(\frac{-1+\sqrt{5}}{2}, 1)$ 上では，$\mathcal{F}_2$ の元 $x_2^2 + x_3^2 - 1, x_2^2 - x_3$ の実根の個数は一定である（$x_3^2 + x_3 - 1$ は変数 x_2 が現れないので，実根はないとみなす）．実際，$x_2^2 + x_3^2 - 1$ の実根は2つあり，$x_2^2 - x_3$ の実根も2つあり，それらは同じにはならないので，総計4個の実根がある．またそれらは x_3 が $\mathcal{C}'$ を動くとき，x_3 の関数になっている．大きい順に $B_1(x_3), B_2(x_3), B_3(x_3), B_4(x_3)$ と名付ければ，$B_1(x_3), B_4(x_3)$ が $x_2^2 - x_3$ の実根で $B_2(x_3), B_3(x_3)$ が $x_2^2 + x_3^2 - 1$ の実根である．これらを根号を用いて書くと以下のようになる．

$$B_1(x_3) = \sqrt{x_3}, \; B_2(x_3) = \sqrt{1 - x_3^2},$$
$$B_3(x_3) = -\sqrt{1 - x_3^2}, \; B_4(x_3) = -\sqrt{x_3}$$

そこで，$\mathcal{C}' = (\frac{-1+\sqrt{5}}{2}, 1)$ を底とする $\mathbf{R} \times \mathcal{C}'$ の $\mathcal{F}_2$-不変な CAD は以下のように9個の細胞からなる．

$$\mathbf{R} \times \mathcal{C}' = \bigcup_{i=1}^{9} \mathcal{C}_i$$

ここで，各 $\mathcal{C}_i$ は以下で表される．

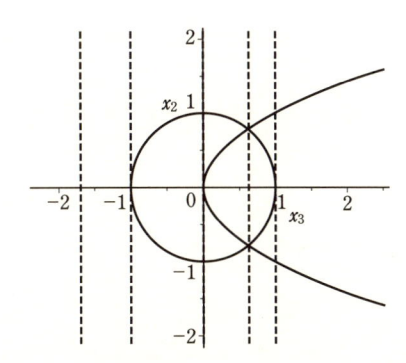

図 2.3　$\mathcal{F}_2$ の CAD $\mathcal{S}_2$

$$\mathcal{C}_1 = \{(\alpha_2, \alpha_3) \in \mathbf{R}^2 \mid \alpha_3 \in \mathcal{C}', \alpha_2 > B_1(\alpha_3)\},$$
$$\mathcal{C}_2 = \{(\alpha_2, \alpha_3) \in \mathbf{R}^2 \mid \alpha_3 \in \mathcal{C}', \alpha_2 = B_1(\alpha_3)\},$$
$$\mathcal{C}_3 = \{(\alpha_2, \alpha_3) \in \mathbf{R}^2 \mid \alpha_3 \in \mathcal{C}', B_1(\alpha_3) > \alpha_2 > B_2(\alpha_3)\},$$
$$\vdots$$
$$\mathcal{C}_8 = \{(\alpha_2, \alpha_3) \in \mathbf{R}^2 \mid \alpha_3 \in \mathcal{C}', \alpha_2 = B_4(\alpha_3)\},$$
$$\mathcal{C}_9 = \{(\alpha_2, \alpha_3) \in \mathbf{R}^2 \mid \alpha_3 \in \mathcal{C}', \alpha_2 < B_4(\alpha_3)\}$$

各 $\mathcal{C}_i \, (i=1,\ldots,9)$ は半代数的集合である．たとえば，$\mathcal{C}_3$ を半代数的集合として表すと，

$$\mathcal{C}_3 = \{(\alpha_2, \alpha_3) \in \mathbf{R}^2 \mid \alpha_3^2 + \alpha_3 - 1 > 0, 0 < \alpha_3 < 1,$$
$$\alpha_2^2 - \alpha_3 < 0, \alpha_2^2 + \alpha_3^2 - 1 > 0, \alpha_2 > 0\}$$

となる．$\mathcal{C}_3$ は $\mathbf{R}^2$ に同相であり，その次元は 2 である．以上をまとめて，$\mathcal{F}_2$ の CAD $\mathcal{S}_2$ を図で表したものが図 2.3 となる．

最後に $\mathcal{S}_2$ の元を底とする $\mathcal{S}_3$ の細胞を構成してみよう．ここでは，$\mathcal{C}_3$ を底とする細胞のみを考える（すなわち，$\mathbf{R} \times \mathcal{C}_3$ の CAD を考える）．

(α_2, α_3) が $\mathcal{C}_3$ を動くとき，$f_1(x_1, \alpha_2, \alpha_3) = x_1^2 + \alpha_2^2 + \alpha_3^2 - 1$ は実根をもたず，$f_2(x_1, \alpha_2, \alpha_3) = x_1^2 + \alpha_2^2 - \alpha_3$ は 2 個の実根をもつ．$f_2(x_1, \alpha_2, \alpha_3)$

の実根を大きい順に $A_1(x_2, x_3), A_2(x_2, x_3)$ とおく. 実際,
$$A_1(x_2, x_3) = \sqrt{-x_2^2 + x_3},\ A_2(x_2, x_3) = -\sqrt{-x_2^2 + x_3}$$
である.

そこで, $\mathcal{C}_3$ を底とする部分 $\mathbf{R} \times \mathcal{C}_3$ の CAD を計算すると, 以下のように 5 個の細胞からなることがわかる.
$$\mathbf{R} \times \mathcal{C}_3 = \bigcup_{i=1}^{5} \hat{\mathcal{C}}_i$$
ここで, 各 $\hat{\mathcal{C}}_i$ は以下で表される.

$\hat{\mathcal{C}}_1 = \{(\alpha_1, \alpha_2, \alpha_3) \in \mathbf{R}^3 \mid \alpha_3 \in \mathcal{C}',$
$\qquad B_1(\alpha_3) > \alpha_2 > B_2(\alpha_3), \alpha_1 > A_1(\alpha_2, \alpha_3)\},$

$\hat{\mathcal{C}}_2 = \{(\alpha_1, \alpha_2, \alpha_3) \in \mathbf{R}^3 \mid \alpha_3 \in \mathcal{C}',$
$\qquad B_1(\alpha_3) > \alpha_2 > B_2(\alpha_3), \alpha_1 = A_1(\alpha_2, \alpha_3)\},$

$\hat{\mathcal{C}}_3 = \{(\alpha_1, \alpha_2, \alpha_3) \in \mathbf{R}^3 \mid \alpha_3 \in \mathcal{C}',$
$\qquad B_1(\alpha_3) > \alpha_2 > B_2(\alpha_3), A_1(\alpha_2, \alpha_3) > \alpha_1 > A_2(\alpha_2, \alpha_3)\},$

$\hat{\mathcal{C}}_4 = \{(\alpha_1, \alpha_2, \alpha_3) \in \mathbf{R}^3 \mid \alpha_3 \in \mathcal{C}',$
$\qquad B_1(\alpha_3) > \alpha_2 > B_2(\alpha_3), \alpha_1 = A_2(\alpha_2, \alpha_3)\},$

$\hat{\mathcal{C}}_5 = \{(\alpha_1, \alpha_2, \alpha_3) \in \mathbf{R}^3 \mid \alpha_3 \in \mathcal{C}',$
$\qquad B_1(\alpha_3) > \alpha_2 > B_2(\alpha_3), \alpha_1 < A_2(\alpha_2, \alpha_3)\}$

各 $\hat{\mathcal{C}}_i\ (i = 1, \ldots, 5)$ も半代数的集合である. たとえば, $\hat{\mathcal{C}}_3$ を半代数的集合として表すと,

$\hat{\mathcal{C}}_3 = \{(\alpha_1, \alpha_2, \alpha_3) \in \mathbf{R}^3 \mid \alpha_3^2 + \alpha_3 - 1 > 0, 0 < \alpha_3 < 1,$
$\qquad \alpha_2^2 - \alpha_3 < 0, \alpha_2^2 + \alpha_3^2 - 1 > 0, \alpha_2 > 0, \alpha_1^2 + \alpha_2^2 - \alpha_3 < 0\}$

となる. CAD 全体 $\mathcal{S}_3$ を図で表すと図 2.4 のようになる.

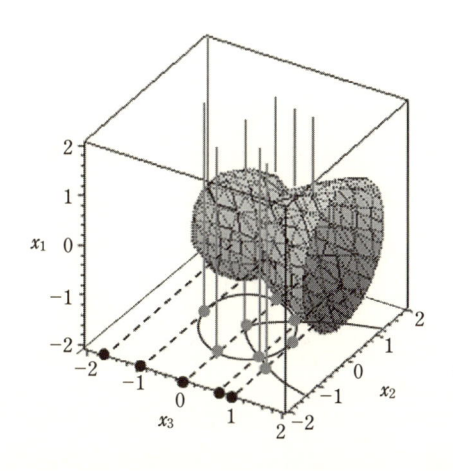

図 2.4 $\{x_1^2 + x_2^2 + x_3^2 - 1, x_1^2 + x_2^2 - x_3\}$ の CAD

2.5 限量記号付きの不等式制約と QE

第 1 章の式 (1.2) で示したように，不等式制約では，変数に対して限量記号が付くことがある．多変数の例をあげれば，

$$\exists x_2 \exists x_1 (x_1^2 + x_2^2 + x_3 \leqq 0) \tag{2.3}$$

のような論理式の形で制約が与えられる．ここでは [8] にならって，1 個の不等式で与えられる論理式とそれらのブール結合で得られる論理式を**代数的命題文**と呼ぶことにしているが，代数的命題文に限量記号を付けて，さらに，それらのブール結合により得られる論理式を**タルスキー (Tarski) 文**と呼ぶことにする．そこで，限量記号付きの不等式制約はすべてタルスキー文となっている．

式 (2.3) では変数 x_1, x_2 に限量記号 $\exists$ が作用しているので，このような変数を**束縛変数**と呼び，x_3 のような限量記号のない変数を**自由変数**と呼んだ (1.2.2 項を参照)．ここではさらに，タルスキー文が成立するような自由変数が満たす実数値の集合を**タルスキー集合**と呼ぶことにする．式 (2.3) の場合では，タルスキー集合は x_3 の満たすべき領域であり，この場合には，

$$\{\alpha \in \mathbf{R} \mid \exists x_2 \exists x_1 (x_1^2 + x_2^2 + \alpha \leqq 0)\}$$

となる．2.4 節で CAD の細胞が半代数的集合であると説明したが，タルスキー集合は問題と関連する CAD のいくつかの細胞の和集合で表され，結局**タルスキー集合はそれ自身半代数的集合になる**．実際，上記の集合を半代数的集合として表すと，

$$\{\alpha \in \mathbf{R} \mid \alpha \leqq 0\}$$

となる（例 2.6 でこのようになる理由を示す）．

したがって，タルスキー文に対する QE とは，このタルスキー集合を求めることであり，すなわちタルスキー集合を定義する不等式を求めることになる．一方，自由変数がない場合には，タルスキー文が真か偽かを判定することになり，このような問題を**決定問題**と呼ぶ．

一般の形で CAD を利用した QE を説明しよう．まず，タルスキー文はブール結合でできているので，変数順序の適当な変更と，同値な論理式への基本的な変換を行うことで，次に示す形にできる．

$$Q_k x_k Q_{k-1} x_{k-1} \cdots Q_1 x_1 (\varphi(x_1, \ldots, x_n)) \tag{2.4}$$

各 Q_i は $\forall$ または $\exists$ を表し，φ は代数的命題文である．$x_1, \ldots, x_k$ が束縛変数で，$x_{k+1}, \ldots, x_n$ が自由変数となる．この形を**冠頭標準形 (prenex normal form)** と呼ぶ（変数の順番が $x_k, x_{k-1}, \ldots, x_1$ であることに注意する）．式 (2.3) はそのまま冠頭標準形になっていて，$n = 3, k = 2$ であり $\varphi(x_1, x_2, x_3) = x_1^2 + x_2^2 + x_3 \leqq 0$ である．

この冠頭標準形の中の代数的命題文 φ に現れるすべての多項式を集め，それらの CAD を計算し，その各細胞で φ を満たすものを集めることにより，限量記号のない等価な論理式を求めることができる．これが **CAD を利用した QE** である．

そこで，$\mathcal{F}_n$ を，φ に現れるすべての不等式から多項式をとりだして，それらを集めたものとする．$\mathcal{F}_n$-符号不変 CAD $\mathcal{S}_n$ を $x_n, x_{n-1}, \ldots, x_1$ の順で再帰的に計算する（すなわち，$x_1, x_2, \ldots, x_n$ の順で消去して，その後で

$\mathcal{S}_1$ から一段ずつ持ち上げて $\mathcal{S}_n$ を求める). このとき, $\mathcal{F}_n$ の CAD $\mathcal{S}_n$ と射影因子族 $\mathcal{F}_{n-k}$ とその CAD $\mathcal{S}_{n-k}$ が重要となる. ここで, $\mathcal{F}_{n-k}$ は自由変数 $x_{k+1}, \ldots, x_n$ のみを変数とする多項式の集合である ($k = n$ のときは決定問題となり, $\mathcal{S}_n$ のみを考える). すなわち, $\mathcal{F}_n \subset \mathbf{R}[x_1, \ldots, x_n]$, $\mathcal{F}_{n-k} \subset \mathbf{R}[x_{k+1}, \ldots, x_n]$ であり,

$$\mathbf{R}^n = \bigcup \mathcal{C}, \quad \mathbf{R}^{n-k} = \bigcup \mathcal{C}'$$

をそれぞれ $\mathcal{S}_n$ と $\mathcal{S}_{n-k}$ の CAD とする.

次に各 $\mathcal{S}_{n-k}$ の細胞 $\mathcal{C}'$ に対して, $\mathcal{C}'$ の上にある $\mathcal{S}_n$ の細胞をすべて抽出し, $\mathcal{C}_1, \ldots, \mathcal{C}_t$ とする. ここで, $\mathcal{S}_n$ の細胞 $\mathcal{C}$ が $\mathcal{C}'$ の上にあるとは $\mathcal{C}$ の任意の点 $\alpha = (\alpha_1, \ldots, \alpha_n)$ に対して $\alpha' = (\alpha_{k+1}, \ldots, \alpha_n)$ が $\mathcal{C}'$ の点であるときにいう. このような α を α' の上にあるともいう.

各細胞 $\mathcal{C}_i$ で代数的命題文 φ が成り立つかどうかを $\mathcal{C}_i$ の**標本点** P_i を使って調べる. つまり φ より抽出された各々の多項式 ($\mathcal{F}_n$ の元でもある) に P_i を代入してその符号を調べることで φ が成り立つかどうかが確かめられる. 注意すべきは, 各細胞 $\mathcal{C}$ ではどの点をとっても $\mathcal{F}_n$ の符号は一定であることである.

この情報をもとに, $\mathcal{C}'$ が**有効な細胞**(**valid cell** または **true cell**)であるかを判断する. ここで細胞 $\mathcal{C}'$ が**有効な細胞**であるとは,

$$\forall x_{k+1} \forall x_{k+2} \cdots \forall x_n ((x_{k+1}, \ldots, x_n) \in \mathcal{C}' \to \\ Q_k x_k Q_{k-1} x_{k-1} \cdots Q_1 x_1 (\varphi(x_1, \ldots, x_n)))$$

が真となるときに言う (定義 4.4 を参照). そこで, 有効な細胞 $\mathcal{C}'$ を定義する代数的命題文を φ' とすれば,

$$\forall x_{k+1} \forall x_{k+2} \cdots \forall x_n (\varphi'(x_{k+1}, \ldots, x_n) \to \\ Q_k x_k Q_{k-1} x_{k-1} \cdots Q_1 x_1 (\varphi(x_1, \ldots, x_n)))$$

が真となるので, φ' が束縛変数をもたない「正しい式」となる.

一方，$\mathcal{C}'$ が有効な細胞でない場合には，$\mathcal{C}'$ のどのような標本点 $P' = (\alpha_{k+1}, \ldots, \alpha_n)$ をとっても命題

$$\mathcal{Q}_k x_k \mathcal{Q}_{k-1} x_{k-1} \cdots \mathcal{Q}_1 x_1 \left(\varphi(x_1, \ldots, x_k, \alpha_{k+1}, \ldots, \alpha_n) \right)$$

は成り立たない（補題 4.1 を参照）．よって，冠頭標準形である式 (2.4) が成り立つための $x_{k+1}, \ldots, x_n$ に関する必要十分条件は，$x_{k+1}, \ldots, x_n$ が有効な細胞の定義式のどれかを満たすこととなる．そこで，このような有効な細胞をすべて集め，それらを定義する代数的命題文の**論理和**をとれば，それが元の問題と等価な限量記号のない論理式となることが示される（4.4 節でよりくわしく説明する）．

たとえば，$\mathcal{Q}_1, \ldots, \mathcal{Q}_k$ がすべて $\exists$ の場合には非常に議論が単純になる．この場合には $\mathcal{C}_1, \ldots, \mathcal{C}_t$ の中に φ が成り立つものが 1 つでもあれば，$\mathcal{C}'$ を定義する代数的命題文 φ' は「正しい式」ということが証明される．

また，$\forall, \exists$ が混在する場合でも，各 $\mathcal{C}'$ の上の細胞での論理式が成り立つかどうかの検査を逐次的に行うことで，$\mathcal{C}'$ が有効な細胞であるかどうかが判定できる．決定問題の場合，すなわち自由変数がない場合（$k = n$ の場合）には，真または偽を判定する問題であるので，$\mathcal{S}_n$ の細胞の中に φ を満たすものがあるかどうかを調べるだけでよく，各細胞を定義する代数的命題を計算する必要はない．

計算効率の面からいえば，$\exists$ の場合には，1 つでも有効な細胞があればよいので，不要な検索を省くような種々の戦略を入れることができる．つまり，CAD の細胞をすべて計算するのではなく，必要となる可能性のあるもののみを計算することで計算効率を向上できる．このような CAD の部分的な計算を行う方法を **partial CAD** と呼ぶ．

【例 2.6】 本節の冒頭の式 (2.3) を CAD を用いてどのように計算するかを簡単に示そう．$\mathcal{F}_3 = \{x_1^2 + x_2^2 + x_3\}$ であり，2.4 節の方法にしたがって，射影因子族が計算されて，$\mathcal{F}_2 = \{x_2^2 + x_3\}$，$\mathcal{F}_1 = \{x_3\}$ となる．これより，

$$\mathcal{S}_1 = (-\infty, 0) \cup \{0\} \cup (0, \infty)$$

であり，S_2 は 9 個の細胞に分割される．その中で $(-\infty, 0)$ を含む細胞は 5 個あり，$\{0\}$ を含む細胞は 3 個あり，$(0, \infty)$ を含む細胞は 1 個である．さらに，S_3 は 19 個の細胞に分割される．その中で $(-\infty, 0)$ を含む細胞は 13 個あり，$\{0\}$ を含む細胞は 5 個あり，$(0, \infty)$ を含む細胞は 1 個である．各 S_3 の細胞の中で $x_1^2 + x_2^2 + x_3 \leqq 0$ を満たすものを調べると，$(0, \infty)$ を含む細胞の中で条件を満たすものは 0 個である．$\{0\}$ を含む細胞の中で条件を満たすものは 1 個あり，$\{(0,0,0)\}$ である．最後に $(-\infty, 0)$ を含む細胞の中で条件を満たすものは 5 個あり，たとえば $\{(0, \alpha_2, \alpha_3) \mid \alpha_2^2 + \alpha_3 = 0, \alpha_3 < 0\}$ はその 1 つである．

結局，有効な S_1 の細胞は $(-\infty, 0)$ と $\{0\}$ であり，それらの定義式は $x_3 < 0$ と $x_3 = 0$ であるので，それらの論理和 $(x_3 < 0) \vee (x_3 = 0)$，すなわち $x_3 \leqq 0$ が求める「等価」な式となる．

2.6 QE の歴史的背景と計算量

1930 年にアルフレッド・タルスキー (Alfred Tarski) が実数体（正確には実閉体）での一階述語論理における限量記号除去の決定的な計算手続き (decision procedure) が存在することを証明し，QE の先駆けとなるアルゴリズムを示した ([4])．しかし，タルスキの方法は非常に効率が悪いものであった．その後，1975 年にコリンズが CAD 法を提案し，CAD を利用した QE 計算アルゴリズムを提案した．以降 CAD 法が QE 計算の中心となり，さまざまな改良の研究が進められてきた．とくに，コリンズとその弟子のホンによる partial CAD アルゴリズムは，SACLIB 上に QEPCAD として実装され，現在もその改良が続けられている（1.2.3 項を参照）．

1990 年代に入り QE の実装も進みツールとして提供されるようになると，応用分野の研究者たちにより，パラメトリック最適化・非凸最適化の強力なツールとして，QE を用いる試みが数多く現れてきた．これにより，数値計算では解決が困難であったいくつもの未解決問題が解決されてきたが，残念ながら，現在でも計算時間の問題で適用できる問題のサイズにはかなりの制

限がある.

　CAD アルゴリズムの改良の研究が継続して行われている一方で，QE アルゴリズムの計算量は変数の個数に関して 2 重指数的であり，その下限も指数的であること，すなわち本質的に難しい問題であることが示された ([4]). それにあわせて，QE アルゴリズムの研究が応用問題と関連したある特別なクラスの問題に特化した，より効率的なアルゴリズムの研究へと向かうことになった．たとえば，5.2.1 項や 5.2.2 項で述べる束縛変数に関して低次（たとえば 1 次・2 次）の多項式制約に対するフォルカー・ヴァイスフェニング (Volker Weispfenning) による仮想置換法にもとづく QE アルゴリズムや 1 変数多項式の正定性条件に対するスツルム–ハビッチ (Sturm-Habicht) 列を用いた QE アルゴリズムなどである．

　一方，CAD アルゴリズムの改良の大きな流れの 1 つが，数値計算と数式処理計算を巧く融合した計算を取り入れるものである．CAD の計算では，たくさんの代数拡大体上での計算を行うことになるが，代数拡大体上の記号・代数計算は計算コストが高く CAD 計算の効率化の隘路の 1 つとなっている．計算結果の正確性を失わない範囲で**区間演算 (interval arithmetic)** を用いた**精度保証付き数値計算**を導入して効率化を行うという方向性でその効果は大きく現れる．これらの研究成果はすでに Mathematica や SyNRAC でも実装され QE 計算の効率化に貢献している．興味のある読者は，たとえば文献 [28, 39] を参照されたい．

　また，QE によって得られる結果は，しばしば非常に大きな論理式となる．とくに特殊な問題向けに改良された QE アルゴリズムを用いた場合は顕著である．これは，論理式の変形を形式的にくり返し行う際に冗長な表現となってしまった結果である．その中には実際は不必要な式も多く含まれてしまうことも多く，大きな論理式の**簡略化 (simplification)** が結果を明確化するために重要となる．計算効率の面でも，アルゴリズムの途中で現れる論理式の簡略化を行うことが重要であり，簡略化の研究も並行して行われてきている．簡略化については 5.1.4 項を参照されたい．

II
QEアルゴリズム

第3章　QE計算のための多項式入門

本章では，QE の基礎となる CAD の計算法を理解するための準備として，多項式にまつわる重要な性質と基本的な計算法を紹介する．もっとも基本となるものは1変数の多項式であり，それらを重点に説明していく（ここでは変数として主に x を用いる）．

ここで必要となる数学的概念である多項式環やその根源である代数の基礎（群，環，体）についての詳細は，巻末にあげる参考文献を参照されたい．記号として第2章に引き続き **R** で実数全体の集合（実数体）を表すことに加えて，**Q** で有理数全体の集合（有理数体），**C** で複素数全体の集合（複素数体）を表す．

3.1　GCD とユークリッドの互除法

有理数体 **Q** や実数体 **R** などの体の元を係数とする多項式には割り算（除算）が定義され，$f(x)$ が $g(x)$ を割る（割り切る）とき，$f(x)$ を $g(x)$ の**因子** (**factor/divisor**) と呼ぶ（除算については，後でくわしく説明する）．各多項式に対して，自分自身の0でない定数倍はいつでも因子となるので，これらを自明な因子と呼ぶ．さらに，各々の多項式は既約な多項式（既約因子）たちの積として表すことができ，このことを**因数（因子）分解**と呼ぶ（ここで多項式が既約であるとは，それより次数の低い定数でない因子をもたないときにいう）．因数分解はこれら既約因子の順番と定数倍を除いてただ1つに定まる．これを**多項式の因数分解の一意性**という．これより2つの多項式に対して両者の共通の因子となる**公約因子** (**common divisor**) や共通の因子の中で最大のも

のである**最大公約因子 (GCD: Greatest Common Divisor)** が定義される．以下では，多項式 $f(x), g(x)$ の GCD を表す記号として $\gcd(f(x), g(x))$ を用いる．一般に因子を 0 以外で定数倍しても因子であるので，GCD は定数倍を除いて定まることになる．ここでは GCD を一意に定めるため，最大次の項の係数（主係数）を 1 ととることにする．自明でない共通の因子がないとき，GCD は 1 となり，このとき $f(x)$ と $g(x)$ は**互いに素**であるという（詳細は [6, 9] または代数系の教科書を参照されたい）．以下，例を通じていくつかの概念や性質を紹介する．

【例 3.1】 $f(x) = x^5 - 2x^4 - 2x^3 + x^2 + 4x + 4$ は有理数係数の既約な多項式の積として，以下のように分解される．

$$f(x) = (x+1)(x-2)^2(x^2+x+1)$$

この分解が $f(x)$ の $\mathbf{Q}[x]$ における因数分解となる．ここで $\mathbf{Q}[x]$ は有理数係数の多項式全体の集合であって環をなし，$\mathbf{Q}$ 上の **1 変数多項式環**と呼ばれる．
$(x-2)$ は $f(x)$ の 2 重の因子となっており，このような因子を**重複因子 (multiple factor/divisor)** と呼び，重なっている個数をその**重複度 (multiplicity)** と呼ぶ．因子が重なっていないときの重複度は 1 とする．この場合には，$(x+1)$ の重複度が 1 で $(x-2)$ の重複度は 2 である．複素数係数の多項式で考えれば，$\mathbf{C}[x]$ における因数分解は，

$$f(x) = (x+1)(x-2)^2 \left(x - \frac{-1+\sqrt{-3}}{2} \right) \left(x - \frac{-1-\sqrt{-3}}{2} \right)$$

となり，$\mathbf{Q}[x]$ での分解よりさらに細かく分解される．このように，因数分解は多項式の係数をどこで考えるかによって分解の形は変わってくる．しかし，GCD については対象とする多項式の係数が属する体で定まり，係数をどこで考えるかを意識する必要がない．このとき $-1, 2$ は $f(x)$ の実根であり，$\frac{-1\pm\sqrt{-3}}{2}$ は非実根である．$-1, \frac{-1\pm\sqrt{-3}}{2}$ の重複度は 1 で 2 の重複度は 2 となる．重複度が 1 の根は**単根**，重複度が 2 以上の根は**重根**とよばれる．

$g(x) = x^3 - x^2 - x - 2$ として，$f(x)$ との GCD を考えよう．このとき，$g(x)$ は有理数係数の既約な多項式の積として，

$$g(x) = (x-2)(x^2+x+1)$$

となり，複素数係数の既約な多項式の積として，

$$g(x) = (x-2)\left(x - \frac{-1+\sqrt{-3}}{2}\right)\left(x - \frac{-1-\sqrt{-3}}{2}\right)$$

となる．$f(x)$ と $g(x)$ の GCD は共通の既約因子すべての積であり，因子を比べてみれば，両者ともに $(x-2)$ を 1 つ，x^2+x+1 を 1 つ共有している．よって

$$\begin{aligned}\gcd(f(x), g(x)) &= (x-2)(x^2+x+1)\\ &= (x-2)\left(x - \frac{-1+\sqrt{-3}}{2}\right)\left(x - \frac{-1-\sqrt{-3}}{2}\right)\end{aligned}$$

となる．

上の例を見ると，GCD に現れる因子を探すときに，重複度の少ないほうを選んでいることがわかる．これを一般の形に書くと以下のようになる．2 つの多項式 $f(x), g(x)$ が

$$f(x) = a p_1^{e_1} p_2^{e_2} \cdots p_r^{e_r},$$
$$g(x) = b p_1^{e'_1} p_2^{e'_2} \cdots p_r^{e'_r}$$

と因数分解されたとする．ここで，$p_1, \ldots, p_r$ は既約多項式であり，最大次の係数を 1 にそろえておく．各 e_i, e'_i は p_i の $f(x), g(x)$ でのそれぞれの重複度であり，a, b はそれぞれ $f(x), g(x)$ の最大次の係数である．因数分解の形をあわせるために p_i は $f(x)$ の因子であるが $g(x)$ の因子でない場合には $e'_i = 0$ と設定する．逆の場合には $e_i = 0$ と設定する．$p_i^0 = 1$ なので積の値には影響しない．このとき，$\gcd(f(x), g(x))$ は $f(x)$ と $g(x)$ の共通因子（公約因子）を抜き出して求めることになる．この抜き出しに関しては，各 p_i

の $\gcd(f(x), g(x))$ における重複度は e_i, e_i' の小さいほうであることがわかる（ここで $e_i = 0$ または $e_i' = 0$ であれば p_i は $\gcd(f(x), g(x))$ の因子にはならないこともわかる）．結局,

$$\gcd(f(x), g(x)) = p_1^{\min\{e_1, e_1'\}} p_2^{\min\{e_2, e_2'\}} \cdots p_r^{\min\{e_r, e_r'\}}$$

となる．ここで $\min S$ は実数の集合 S の元の最小の値を表す．

多項式 GCD の具体的な計算法である**ユークリッドの互除法 (Euclidean algorithm)** を説明する（実際の計算機での実装は，効率の面からユークリッドの互除法をそのまま適用しているわけではなく，いくつかの改良や工夫などを行っている）．

ユークリッドの互除法は，もともとは整数の GCD 計算を与える方法であったが，それとまったく同じ形で多項式の GCD が計算できる．これは，以下で説明するユークリッド除算と呼ばれる「性質のよい割り算」が定義されているからで，この概念は一般化することができる．一般化された形でのユークリッド除算が実行できる**整域はユークリッド整域 (Euclidean domain)** と呼ばれる．

注意 3.1 **環 (ring)** とは，足し算（加法）と掛け算（乗法）の 2 つの演算をもつ集合で，いくつかの条件を満たすものである．その中で掛け算が可換（つまり $a \times b = b \times a$）のときに**可換環 (commutative ring)** と呼ぶ．可換環であり，さらに 0 でない 2 つの元の積は必ず 0 にはならないとき**整域 (domain)** という．可換環であって，0 でない各元 a に対して $a \times b = 1$ となる b が存在するとき，体と呼ぶ．体は整域となる．$\mathbf{Q}, \mathbf{R}, \mathbf{C}$ などは体であるので整域であり，整数全体の集合 $\mathbf{Z}$ や体を係数とする多項式全体の集合も整域となる．

$f(x), g(x)$ を体 K の元を係数とする 0 でない多項式とし，それぞれの次数を m, n とする（一般の体 K で考えにくい読者は $K = \mathbf{R}$ または $K = \mathbf{Q}$ で考えてもよい）．また，

$$f(x) = a_m x^m + a_{m-1} x^{m-1} + \cdots + a_0,$$
$$g(x) = b_n x^n + b_{n-1} x^{n-1} + \cdots + b_0$$

と書き表すことにする．ここで，$a_m, \ldots, a_0, b_n, \ldots, b_0$ は体 K の元であり，次数の条件より a_m, b_n はともに 0 ではない．係数 a_m を $f(x)$ の**主係数 (leading coefficient)** と呼ぶ．また $f(x)$ の次数を $\deg(f(x))$ で表すものとする．

注意 3.2 ここでは，0 でない定数は 0 次の多項式と考えるが，0 の次数は $-\infty$ とする．この設定により，多項式の足し算と掛け算とその次数に関して以下が成り立つ．$f(x), g(x) \in K[x]$ に対して，

$$\deg(f(x)g(x)) = \deg(f(x)) + \deg(g(x))$$

となる．また，

$$\deg(f(x) + g(x)) \leqq \max\{\deg(f(x)), \deg(g(x))\}$$

となる．ここで実数の集合 A に対して $\max A$ は A の元の中の最大値を表す．

まず，多項式を多項式で割るという除算（割り算）である**ユークリッド除算 (Euclidean division)** から説明しよう．

補題 3.1（ユークリッド除算） 上記の $f(x), g(x)$ に対して，

$$f(x) = g(x)q(x) + r(x), \ \deg(r(x)) < n$$

となる $q(x), r(x) \in K[x]$ がただ 1 つ存在し，それらは多項式の足し算と掛け算により計算できる．さらに，$\deg(f(x)) \geqq \deg(g(x))$ のときは，$q(x) \neq 0$ であって $\deg(q(x)) = \deg(f(x)) - \deg(g(x))$ である．

$r(x)$ を，$f(x)$ を $g(x)$ で割った**余り (remainder)**，$q(x)$ を，$f(x)$ を $g(x)$ で割った**商 (quotient)** と呼ぶ．$r(x) = 0$ になるときが，$g(x)$ が $f(x)$ を割る（または割り切る）ときである．このとき $g(x)$ は $f(x)$ の因子になる．

【例 3.2】 $K = \mathbf{Q}$ とし，$f(x) = 2x^4 + 3x^3 - x^2 + x - 2$ を $g(x) = x^2 + x + 1$ で割ってみよう．まず，$f(x)$ の $2x^4$ の項を $g(x)$ の x^2 で消す．すなわち，

$$\begin{aligned}f(x) - 2x^2 g(x) &= 2x^4 + 3x^3 - x^2 + x - 2 - 2x^2(x^2 + x + 1) \\ &= x^3 - 3x^2 + x - 2\end{aligned}$$

となる．次に x^3 を消すために，さらに $xg(x)$ を引く．これをあわせて書けば，
$$f(x) - (2x^2 + x)g(x) = -4x^2 - 2$$
となる．最後に $-4x^2$ を消すために，$-4g(x)$ を引く．これもあわせて書けば，
$$f(x) - (2x^2 + x - 4)g(x) = 4x + 2$$
となる．これ以上は $g(x)$ で割れないので計算は終了する．

補題 3.1 の証明 　最初に条件を満たす $q(x), r(x)$ が存在することを示そう．$m = \deg(f(x)) < n = \deg(g(x))$ のときは，$q(x) = 0, r(x) = f(x)$ とおけばよい．$m \geqq n$ のとき，$f_0(x) = f(x)$ とおき，
$$\begin{aligned} f_1(x) &= f(x) - (a_m/b_n)x^{m-n}g(x) \\ &= (a_m - a_m)x^m + \sum_{k=m-n}^{m-1}(a_k - (a_m/b_n)b_{k-m+n})x^k + \sum_{k=0}^{m-n-1} a_k x^k \end{aligned}$$
を考えれば，$\deg(f_1(x)) \leqq m - 1$ である．$q_{m-n} = a_m/b_n$ とおく．次に $f_1(x)$ に対して，上と同じ操作を行う．すなわち，$\deg(f_1(x)) < n$ ならば $r(x) = f_1(x), q(x) = q_{m-n}x^{m-n}$ とおけば補題が成り立つ．そうでない場合には上の変換を $f_1(x)$ に行う．これをくり返すことにより，多項式列 $f_0(x) = f(x), f_1(x), \ldots, f_k(x)$ が計算されて $m_i = \deg(f_i), i = 0, \ldots, k$ とおくと，
$$\begin{aligned} m > m_1 &= \deg(f_1(x)) > \cdots > m_{k-1} = \deg(f_{k-1}(x)) \\ &\geqq n > m_k = \deg(f_k(x)) \end{aligned}$$
となる．また，$f_i(x) = f_{i-1}(x) - q_{m_{i-1}-n}x^{m_{i-1}-n}g(x), i = 1, \ldots, k$, である．よって，
$$q(x) = \sum_{i=1}^{k} q_{m_{i-1}-n} x^{m_{i-1}-n} \tag{3.1}$$

とおけば，式
$$f(x) = g(x)q(x) + f_k(x)$$
が成り立つ．$r(x) = f_k(x)$ とおけば，$r(x)$ は条件を満たす．また，$q(x)$ はその形より多項式の加算・乗算により計算可能であり，よって $r(x)$ も計算可能であることが示される．$q(x)$ を定義した式 (3.1) の右辺の次数を調べれば，$\deg(q(x)) = m - n = \deg(f(x)) - \deg(g(x))$ が成り立つ．

次に $q(x), r(x)$ がただ 1 つに定まることを示そう．そこで，$q'(x), r'(x)$ を $f(x) = q'(x)g(x) + r'(x)$ であって，$\deg(r'(x)) < n$ とする．このとき，
$$f(x) = q(x)g(x) + r(x) = q'(x)g(x) + r'(x)$$
より，
$$(q(x) - q'(x))g(x) = r'(x) - r(x)$$
を得る．両辺の次数を比較すれば（注意 3.2 を参照）
$$\deg(q(x) - q'(x)) + \deg(g(x)) = \deg(r'(x) - r(x))$$
であり，右辺の次数は $\deg(r(x)) < n$ かつ $\deg(r'(x)) < n$ より $\deg(r'(x) - r(x)) < n$ となる．一方，左辺の次数は $q(x) - q'(x)$ が 0 でない限り $\deg(g(x)) \geqq n$ となるので矛盾である．よって等式が成り立つには $q(x) - q'(x) = 0 = r'(x) - r(x)$ となり，$q'(x) = q(x)$ かつ $r'(x) = r(x)$ が示される． （証明終わり）

ここで，後の定理や補題などの証明でよく使われる除算に関する性質 (1),(2),(3) を以下にあげておく．(1) は商を計算すればわかる．(2),(3) は因数分解の一意性より導かれる（以下では簡単のため，多項式を表す記号から「(x)」を省略することもある．すなわち，$f(x)$ の代わりに f を用いることもある）．

補題 3.2 以下に現れる多項式はすべて体 K の元を係数とする多項式とする．このとき以下が成り立つ．

(1) 多項式 h が多項式 u,v を割るならば，任意の多項式 s,t に対して，h は $us+vt$ を割る．

(2) 多項式 h は体 K の元を係数とする多項式として既約とする．h が多項式 s,t の積 st を割るならば，h は s を割るかまたは t を割る．

(3) 多項式 h,k が互いに素であるとする．h が多項式 k,s の積 ks を割るならば，h は s を割る．

ユークリッド除算を交互に用いることによりユークリッドの**互除法**が構成できる．ここでは，$f(x), g(x)$ は定数でない多項式とし，$F_0 = f, F_1 = g$ とおいて以下のユークリッド除算をくり返す．

$$\begin{cases} F_0 &= Q_1 F_1 + F_2, \\ F_1 &= Q_2 F_2 + F_3, \\ &\vdots \\ F_{i-1} &= Q_i F_i + F_{i+1}, \\ &\vdots \end{cases} \tag{3.2}$$

ここで，F_{i+1} が 0 でない限り，除算をくり返す．次数を比較すると $n = \deg(F_1) > \deg(F_2) > \cdots > \deg(F_i) > \cdots$ となっている．

【例 3.3】 $f(x) = x^5 + x^4 - 2, g(x) = x^3 - 1$ を考えてみよう．

$$x^5 + x^4 - 2 = (x^2 + x) \times (x^3 - 1) + (x^2 + x - 2),$$
$$x^3 - 1 = (x - 1) \times (x^2 + x - 2) + 3(x - 1),$$
$$x^2 + x - 2 = \frac{x+2}{3} \times 3(x-1) + 0$$

となるユークリッド除算の列が得られる．最後に現れる $x-1$ が $\gcd(x^5 + x^4 - 2, x^3 - 1)$ であることが次の補題からわかる．

補題 3.3 (ユークリッドの互除法) 上記のユークリッド除算の列 (3.2) は高々 $n+1$ 回で終わり，0 でない最後の F_{k-1} が GCD (の定数倍) を与える．

証明 (1) 有限回での停止性：ユークリッド除算の性質より，$n = \deg(g) = \deg(F_1) > \deg(F_2) > \cdots > \deg(F_i) > \deg(F_{i+1}) > \cdots$ となる．これらはすべて整数であるので $\deg(F_i) \leqq n+1-i$ が成り立つ．これより $k \leqq n+2$ となる k で $\deg(F_{k-1}) \geqq 0$ かつ $F_k = 0$ となるものが存在することが示される．これより除算の回数は高々 $n+1$ 回であることもわかる．

(2) F_{k-1} が公約因子であること：最後のユークリッド除算 $F_{k-2} = Q_{k-1} F_{k-1}$ より，F_{k-1} は F_{k-2} を割る．$F_{k-3} = Q_{k-2} F_{k-2} + F_{k-1}$ であり，F_{k-1} は F_{k-2}, F_{k-1} を両方割るので，F_{k-1} は F_{k-3} も割る．以下，各 i に対して $F_{i-2} = Q_{i-1} F_{i-1} + F_i$ より F_{k-1} が F_{i-1}, F_i を両方割るならば補題 3.2 より F_{k-1} は F_{i-2} も割ることがわかる．

このことより，i に関する帰納法から，$i = 1, \ldots, k$ に対して F_{k-1} は F_{k-i} を割ることが示される．最終的に，$i = k-1, k$ の場合を見れば，F_{k-1} は $F_0 = f, F_1 = g$ を両方割るので，F_{k-1} は f, g の公約因子であることが示される．

(3) F_{k-1} が GCD（の定数倍）であること：h を f, g の公約因子とすると，$F_2 = f - Q_1 g$ より h は F_2 の因子となる．以下，$F_i = F_{i-2} - Q_{i-1} F_{i-1}$ により，h が F_{i-2}, F_{i-1} を両方とも割るならば補題 3.2 より h は F_i も割ることがわかる．

このことより，i に関する帰納法から，$i = 0, \ldots, k-1$ に対して h は F_i を割る，すなわち F_i の因子となることが示される．$i = k-1$ の場合を見れば，h は F_{k-1} の因子となり，(2) とあわせて F_{k-1} が GCD（の定数倍）であることが示される． （証明終わり）

このような割り算をくり返して得られる多項式の列 $\{F_0, \ldots, F_{k-1}\}$ を**多項式剰余列 (Polynomial Remainder Sequence)**，略して **PRS** と呼ぶ．

次に，ユークリッドの互除法を少し改良した拡張されたユークリッドの互除法を説明しよう．ここで，引き続き $f(x), g(x)$ を 0 でない多項式とし，各々の次数を m, n とする．さらに，$h(x) = \gcd(f, g)$ とし，$h(x)$ の次数を ℓ と

する．

　具体的には，F_i という多項式に加えて，U_i, V_i という多項式を計算していく．最初に，$F_0(x) = f(x), F_1(x) = g(x), U_0(x) = 1, U_1(x) = 0, V_0(x) = 0, V_1(x) = 1$ とおき，$i = 1$ からはじめて以下の計算をくり返す．

$$\begin{cases} F_{i-1}(x) = Q_i(x) F_i(x) + F_{i+1}(x), \\ U_{i+1}(x) = U_{i-1}(x) - Q_i(x) U_i(x), \\ V_{i+1}(x) = V_{i-1}(x) - Q_i(x) V_i(x) \end{cases}$$

ここで，$Q_i(x)$ は $F_{i-1}(x)$ を $F_i(x)$ で割った商であり，$F_{i+1}(x)$ はその余りである．$U_{i+1}(x), V_{i+1}(x)$ は $Q_i(x)$ を利用して計算される．この計算は，ユークリッドの互除法と同様に，ある k で $F_k(x) = 0$ となったとき終了する．このとき，ユークリッドの互除法より，$F_{k-1}(x)$ が $\gcd(f, g)$ の 0 でない定数倍となる．さらに $f(x), g(x), U_{k-1}(x), V_{k-1}(x)$ を用いて $h(x) = \gcd(f, g)$ を書き表すことができる．

補題 3.4（拡張されたユークリッドの互除法）　c を $F_{k-1}(x)$ の主係数とし，$u(x) = \frac{U_{k-1}(x)}{c}, v(x) = \frac{V_{k-1}(x)}{c}$ とおけば，

$$h(x) = u(x) f(x) + v(x) g(x) \tag{3.3}$$

となる．さらに，$\deg(u) < n - \ell$ かつ $\deg(v) < m - \ell$ となる（ただし $m = n = \ell$ の場合を除く）．

証明　以下では $m \geq n$ として証明する．$m < n$ の場合には，$F_2 = f$ となるので添え字を 1 ずらして F_1, F_2 から考えれば f, g を入れ替えたものと同じになる．また，$m = n = \ell$ の場合を除いているので，$\deg(F_{k-2}) > \deg(F_{k-1}) = \ell > \deg(F_k) = -\infty$ となることに注意しておく．

　まず，各 i 番目のステップにおいて

$$F_i(x) = U_i(x) f(x) + V_i(x) g(x)$$

であって，$\deg(U_i) \leq n - \deg(F_{i-1}), \deg(V_i) \leq m - \deg(F_{i-1})$ となることを i ($i = 1, \ldots, k-1$) に関する帰納法により示す．

$i = 1$ のときは $U_1 = 0, V_1 = 1$ より両辺とも g であり, $\deg(U_1) = -\infty \leqq n - \deg(F_0)$ と $\deg(V_1) = 0 \leqq m - \deg(F_0) = m - m = 0$ が成り立つ. また, $i = 2$ のときは $U_2 = U_0 - Q_1 U_1 = 1, V_2 = V_0 - Q_1 V_1 = -Q_1$ であり,

$$U_2 f + V_2 g = f - Q_1 g = F_2,$$
$$\deg(U_2) = 0 = n - \deg(F_1),$$
$$\deg(V_2) = \deg(Q_1) = m - \deg(F_1)$$

となり正しい. 以下 $i \geqq 2$ まで正しいと仮定する. このとき,

$$\begin{aligned}F_{i+1} &= F_{i-1} - Q_i F_i \\ &= (fU_{i-1} + gV_{i-1}) - Q_i(fU_i + gV_i) \\ &= f(U_{i-1} - Q_i U_i) + g(V_{i-1} - Q_i V_i) \\ &= fU_{i+1} + gV_{i+1}\end{aligned}$$

となる. さらに, 注意 3.2 より,

$$\deg(U_{i+1}) \leqq \max\{\deg(U_{i-1}), \deg(Q_i U_i)\},$$
$$\deg(V_{i+1}) \leqq \max\{\deg(V_{i-1}), \deg(Q_i V_i)\}$$

である. 仮定より i まで正しいとしたので,

$$\deg(U_{i-1}) \leqq m - \deg(F_{i-2}), \quad \deg(U_i) \leqq m - \deg(F_{i-1})$$

である. 一方, 補題 3.1 より $\deg(Q_i) = \deg(F_{i-1}) - \deg(F_i)$ であるので

$$\begin{aligned}\deg(Q_i U_i) &= \deg(Q_i) + \deg(U_i) \\ &\leqq \deg(F_{i-1}) - \deg(F_i) + m - \deg(F_{i-1}) \\ &= m - \deg(F_i)\end{aligned}$$

となり,

$$\max\{\deg(U_{i-1}), \deg(Q_i U_i)\} \leqq \max\{m - \deg(F_{i-2}), m - \deg(F_i)\} \quad (3.4)$$

を得る．$\deg(F_{i-2}) > \deg(F_i)$ であるので，式 (3.4) の右辺は $m - \deg(F_i)$ で抑えられる．よって，

$$\deg(U_{i+1}) \leqq \max\{\deg(U_{i-1}), \deg(Q_i U_i)\} \leqq m - \deg(F_i)$$

となり $i+1$ のときも成り立つことが示された．V_{i+1} についても同様である．以上により $i+1$ の場合も示され，帰納法により，すべての i $(i=1,\ldots,k-1)$，に対して成り立つことが示された．

とくに，$i = k-1$ のときを考えれば，主係数を 1 にすることで，

$$h = \frac{F_{k-1}}{c} = \frac{U_{k-1}}{c}f + \frac{V_{k-1}}{c}g = uf + vg$$

であって，$\ell = \deg(h) = \deg(F_{k-1}) < \deg(F_{k-2})$ であることから，

$$\deg(u) = \deg(U_{k-1}) \leqq m - \deg(F_{k-2}) < m - \ell,$$
$$\deg(v) = \deg(V_{k-1}) \leqq n - \deg(F_{k-2}) < n - \ell$$

が成り立つ．以上により補題が示された． (証明終わり)

補題 3.4 は $h = \gcd(f,g)$ が $h = uf + vg$ の形に書き表すことができることを示しているが，このような書き表し方について，その一意性も成り立つ．

補題 3.5 多項式 $u(x), v(x)$ で以下を満たすものがただ 1 つ存在する．

$(*)$ $uf + vg = h(= \gcd(f,g))$ であり，$\deg(u) < n - \ell$ と $\deg(v) < m - \ell$ を満たす．

ここで $m = \deg(f), n = \deg(g), \ell = \deg(h)$ であって，$m = n = \ell$ の場合は除外する．

証明 補題 3.4 (拡張されたユークリッドの互除法) より条件 $(*)$ を満たす $u(x), v(x)$ の存在はすでに示されているので，一意性を示せばよい．さらに，$f'(x) = f(x)/h(x), g'(x) = g(x)/h(x)$ とおけば，$f'(x)$ と $g'(x)$ は互いに素であって $u(x)f'(x) + v(x)g'(x) = 1$ となる．したがって，条件

$u(x)f(x) + v(x)g(x) = h(x)$ を $u(x)f'(x) + v(x)g'(x) = 1$ に置き換えて，条件を満たすものがただ 1 つであることを示す．

$u(x), v(x)$ 以外の解 $u'(x), v'(x)$ が存在したとすれば，

$$(u(x) - u'(x))f'(x) = (v'(x) - v(x))g'(x)$$

となるが，$f'(x)$ と $g'(x)$ が互いに素であることから，補題 3.2 より $u(x) - u'(x)$ は $g'(x)$ で割り切れなければならない．しかし，次数を比べると，$\deg(g'(x)) = n - \ell$, $\deg(u(x) - u'(x)) < n - \ell$ なので，これは $u(x) - u'(x) = 0$ を意味する．同様に，$v(x) - v'(x) = 0$ も成り立つ．以上により，$u(x), v(x)$ の一意性が示された．　　　　　　（証明終わり）

注意 3.3　$m = n = \ell$ のときは $\frac{f(x)}{a_m} = \frac{g(x)}{b_n} = \gcd(f, g)$ であるが，条件 $(*)$ を満たす u, v は存在しない．

【例 3.4】　例 3.3 を拡張されたユークリッドの互除法で計算してみよう．$f = x^5 + x^4 - 2, g = x^3 - 1, \gcd(f, g) = x - 1$ であった．このとき，

$$(x^5 + x^4 - 2) \times \frac{-x+1}{3} + (x^3 - 1) \times \frac{x^3 - x + 1}{3} = x - 1$$

となり，補題 3.4 が満たされていることが確かめられる．

補題 3.4 より，f, g が互いに素ならば，すなわち自明でない共通の因子をもたないならば，ある u, v が存在して，

$$1 = uf + gv, \deg(u) < \deg(g), \deg(v) < \deg(f)$$

とできる．この互いに素な場合に 1 をつくる操作を利用するといろいろな多項式を $uf + vg$ の形でつくることが可能になる．

3.2　GCD と部分終結式

ユークリッドの互除法による多項式剰余列と**部分終結式**には深い関係があるが，ここでは GCD の次数に関する関係を紹介しよう（ここでは定義などを

[8] によっている．書き方は異なるが [11] もくわしい）．そこで，拡張されたユークリッドの互除法の式を連立線形方程式を用いて書き換えてみる．まず，関係式 (3.3) から各多項式の係数に関する等式を抽出する．つまり式 (3.3) の右辺には，$m+n-\ell-1$ 次から 0 次までの項が現れうるので，各次数に対してその係数をとりだせば，$m+n-\ell$ 個の**係数たちの関係式**が得られる．ここで，ℓ を $\gcd(f, g)$ の次数としているので，別の記号 j を導入して，式 (3.3) における ℓ を j におきかえた連立方程式を考える．ここで p を $\{m, n\}$ の最小値を表すことにして，j として $j = 0, \ldots, p - 1$ なる整数を考える．具体的には，

$$f(x) = a_m x^m + \cdots + a_1 x + a_0,$$
$$g(x) = b_n x^n + \cdots + b_1 x + b_0,$$
$$h(x) = c_j x^j + \cdots + c_1 x + c_0,$$
$$u(x) = s_{n-j-1} x^{n-j-1} + \cdots + s_1 x + s_0,$$
$$v(x) = t_{m-j-1} x^{m-j-1} + \cdots + t_1 x + t_0$$

と表したときに，$\{s_i, t_j \mid i = 0, \ldots, n-j-1, j = 0, \ldots, m-j-1\}$ を未知数として，式 (3.3) をこれら $m + n - 2j$ 個の未知数に関する方程式と考えることにより連立線形方程式が得られる．$c_j = 1$ が重要であるので，$j - 1$ 次から 0 次までの係数から得られる式を除き，ちょうど $m + n - 2j$ 個の式を考えると，次の連立線形方程式 (3.5) が得られる．

$$\begin{cases} s_{n-j-1} a_m + t_{m-j-1} b_n = 0, \\ s_{n-j-1} a_{m-1} + s_{n-j-2} a_m + t_{m-j-1} b_{n-1} + t_{m-j-2} b_n = 0, \\ \quad\vdots \\ s_j a_0 + s_{j-1} a_1 + \cdots + s_0 a_j + t_j b_0 + t_{j-1} b_1 + \cdots + t_0 b_j = c_j \end{cases} \quad (3.5)$$

ここで，$k > n - j - 1$ のとき $s_k = 0$ とし，$k > m - j - 1$ のとき $t_k = 0$ とする．

この連立方程式 (3.5) を行列を用いて表すと以下のようになる．

$$M_j(f,g) = \begin{pmatrix} a_m & \cdots & \cdots & a_j & a_{j-1} & \cdots & a_0 & & & & & \\ & a_m & \cdots & \cdots & a_j & a_{j-1} & \cdots & a_0 & & & & \\ & & \ddots & & & \ddots & \ddots & & \ddots & & & \\ & & & a_m & \cdots & \cdots & a_j & a_{j-1} & \cdots & a_0 & & \\ & & & & \ddots & & & \ddots & \ddots & & & \\ & & & & & a_m & \cdots & \cdots & a_j & a_{j-1} & & \\ & & & & & & a_m & \cdots & a_{j+1} & a_j & & \\ b_n & \cdots & \cdots & b_j & b_{j-1} & \cdots & b_0 & & & & & \\ & b_n & \cdots & \cdots & b_j & b_{j-1} & \cdots & b_0 & & & & \\ & & \ddots & & & \ddots & & \ddots & & & & \\ & & & b_n & \cdots & \cdots & b_j & b_{j-1} & \cdots & b_0 & & \\ & & & & \ddots & & & \ddots & & & & \\ & & & & & b_n & \cdots & \cdots & b_j & b_{j-1} & & \\ & & & & & & b_n & \cdots & b_{j+1} & b_j & & \end{pmatrix} \begin{matrix} \\ \\ \\ \\ \\ \\ \end{matrix} \begin{matrix} \Big\} n-j \\ \\ \\ \Big\} m-j \\ \\ \end{matrix}$$

とし,$W = (s_{n-j-1}, \ldots, s_0, t_{m-j-1}, \ldots, t_0)$ とすれば,

$$WM_j(f,g) = (0, \ldots, 0, c_j) \tag{3.6}$$

となる.W は $m+n-2j$ 次の横ベクトルであり,$M_j(f,g)$ は $m+n-2j$ 次の正方行列である.a_i が現れる行は $n-j$ 個であり,b_i が現れる行は $m-j$ 個ある.

この $M_j(f,g)$ の行列式を j 次部分終結式主係数 (principal subresultant coefficient) と呼び,$\mathrm{PSC}_j(f,g)$ で表す (これは, j 次部分終結式の主係数となるという意味である.部分終結式は 3.4.2 項で説明する).行列の構成法より,$\mathrm{PSC}_j(f,g)$ は係数 $a_m, \ldots, a_0, b_n, \ldots, b_0$ の多項式となっていることがわかる.また,$M_0(f,g)$ は後で紹介するシルベスター (Sylvester) 行列 $\mathrm{Syl}(f,g)$ に一致し,各 $M_\ell(f,g)$ は M_0 の一部の行と列をとり除いたものになる.

注意 3.4 $j = p$,ここで p は $\{m,n\}$ の最小値,のときは,通常 $\mathrm{PSC}_p(f,g)$ は定

義されない. というのは $m = n = p$ のとき $M_p(f,g)$ は構成できないからである. しかし, $m \neq n$ のとき, $M_p(f,g)$ は定義でき, その行列式として $\mathrm{PSC}_p(f,g)$ が定義できる. 具体的な値としては, $m < n$ であれば $\mathrm{PSC}_p(f,g) = a_m^{n-m}$ であり, $n < m$ であれば $\mathrm{PSC}_p(f,g) = b_n^{m-n}$ となる.

【例 3.5】 例 3.4 で拡張されたユークリッドの互除法の計算を行っているので, この例で式 (3.6) を検証してみよう. $f = x^5 + x^4 - 2$, $g = x^3 - 1$, $h = \gcd(f,g) = x - 1$ であり, $u = \frac{-x+1}{3}$, $v = \frac{x^3-x+1}{3}$ と計算された. このとき, $m = 5, n = 3, \ell = 1$ であり,

$$M_1(f,g) = \begin{pmatrix} 1 & 1 & 0 & 0 & 0 & -2 \\ 0 & 1 & 1 & 0 & 0 & 0 \\ 1 & 0 & 0 & -1 & 0 & 0 \\ 0 & 1 & 0 & 0 & -1 & 0 \\ 0 & 0 & 1 & 0 & 0 & -1 \\ 0 & 0 & 0 & 1 & 0 & 0 \end{pmatrix}$$

となる. また $W = (\frac{-1}{3}, \frac{1}{3}, \frac{1}{3}, 0, \frac{-1}{3}, \frac{1}{3})$ である. そこで W を $M_1(f,g)$ に左から掛ければ,

$$WM_1(f,g) = (0,0,0,0,0,1)$$

が確かめられる.

$\gcd(f,g)$ の次数 ℓ と各 $\mathrm{PSC}_j(f,g)$ には以下のような関係がある.

定理 3.1 $f(x)$ と $g(x)$ の GCD の次数は ℓ であり, かつ $\ell < p$ であることと以下の $(*)$ は同値である. ここで, p は $\{m,n\}$ の最小値とする.

 $(*)$ $0 \leq j < \ell$ なる各 j に対して, $\mathrm{PSC}_j(f,g) = 0$ であるが, $\mathrm{PSC}_\ell(f,g) \neq 0$ である.

証明 (I) 最初に ℓ を $\gcd(f,g)$ の次数として, $\ell < p$ のとき $(*)$ が成り立つことを示す.

(1) $0 \leq j < \ell$ なる j に対して $\mathrm{PSC}_j(f,g) = 0$ となることを示す.

各 j, $0 \leq j < n$, に対して式 (3.6) の解を W_j とし, W_j から多項式 $u(x), v(x)$ を以下のように構成する.

$W_j = (s_{n-j-1}, s_{n-j-2}, \ldots, s_0, t_{m-j-1}, t_{m-j-2}, \ldots, t_0)$ に対して

$$u(x) = s_{n-j-1} x^{n-j-1} + s_{n-j-2} x^{n-j-2} + \cdots + s_1 x + s_0,$$
$$v(x) = t_{m-j-1} x^{m-j-1} + t_{m-j-2} x^{m-j-2} + \cdots + t_1 x + t_0$$

もし解 W_j が存在すれば, $uf + vg$ は次数が j の多項式となる (主係数は 1 としてある). 一方, $h = \gcd(f, g)$ は $uf + vg$ を割り切るので $\ell = \deg(h) \leq \deg(uf + vg) = j$ となり $\ell \leq j$ が示される.

$\mathrm{PSC}_j(f, g) (= \det(M_j(f, g))) \neq 0$ ならば式 (3.6) は必ず解をもつので, 上の議論より $\mathrm{PSC}_j(f, g) \neq 0$ ならば $\ell \leq j$ となる. この対偶をとれば, $0 \leq j < \ell$ なる j に対して $\mathrm{PSC}_j(f, g) = 0$ となる.

(2) 次に, $\mathrm{PSC}_\ell(f, g) \neq 0$ を示す. ここでは $\mathrm{PSC}_\ell(f, g) = 0$ として矛盾を導こう. $\mathrm{PSC}_\ell(f, g) = 0$ ならば $\det(M_\ell(f, g)) = 0$ であるので式 (3.6) は $c_\ell = 0$ のときに自明でない解をもつ. つまり,

$$W' M_\ell(f, g) = (0, 0, \ldots, 0)$$

であって $W' \neq (0, 0, \ldots, 0)$ となる実数ベクトル W' が存在する. 一方, 補題 3.4 より $c_\ell = 1$ に対して, 式 (3.6) には 拡張されたユークリッドの互除法から構成される解 W_ℓ が存在する. そこで, $W_\ell + W'$ も解となり, 結局式 (3.6) には複数の異なる解 $W_\ell, W_\ell + W'$ が存在することになる.

そこで, $W_\ell + W'$ から構成される u, v に対して, $h' = uf + vg$ は主係数が 1 である ℓ 次の多項式であるがそれは $h (= \gcd(f, g))$ に一致することを示せば, 補題 3.5 より, そのような $u(x), v(x)$ はただ 1 つに定まり, W_ℓ から構成されるものと同じになる. これは $W_\ell + W' = W_\ell$ を意味し $W' \neq (0, \ldots, 0)$ のとり方に矛盾する.

そこで, $h' = uf + vg$ を主係数が 1 である ℓ 次の多項式として $h' = h$ を示す. $h = \gcd(f, g)$ は f, g を割るので, h' も割る. よって $\deg(h) \leq \deg(h')$

となる．双方の次数はともに ℓ であるので，h' は h の定数倍であることがわかる．そこで h と h' の主係数を比べると，双方が 1 で等しいので，$h' = h$ であることが示される．

(II) 次に (*) を仮定して，$\ell = \deg(\gcd(f,g))$ を示す．(2) での議論より $\mathrm{PSC}_{\deg(\gcd(f,g))}(f,g) \neq 0$ であるので，$\ell \leqq \deg(\gcd(f,g))$ である．

また $\mathrm{PSC}_\ell(f,g) \neq 0$ より，(1) での議論が使えて，$j = \ell$ において式 (3.5) の解が存在するので $\deg(\gcd(f,g)) \leqq \ell$ も示される．

よって，これらをあわせて $\ell = \deg(\gcd(f,g))$ が示された．　（証明終わり）

$f(x)$ と $g(x)$ の GCD の次数が p のときは，この次数の PSC が定義されていない．しかし，定理 3.1 の証明の (II) より $j < p$ に対して $\mathrm{PSC}_j(f,g) = 0$ になることと $f(x)$ と $g(x)$ の GCD の次数が p であることが同値であることが示される．

系 3.1　$f(x)$ と $g(x)$ の GCD の次数が p であることと以下の (*) は同値である．ここで，p は $\{m,n\}$ の最小値とする．

(*) $0 \leqq j < p$ となる各 j に対して，$\mathrm{PSC}_j(f,g) = 0$ である．

定理 3.1，系 3.1 を基にすれば，$j = 0$ から $p-1$ までの $\mathrm{PSC}_j(f,g)$ の値の零/非零を下から調べていくことで，GCD の次数を決定することができる．

【例 3.6】　$f(x) = x^3 - 1, g(x) = x^2 - 2x + 1, h(x) = x^2 + 1$ を考える．このとき，

$$M_0(f,g) = \begin{pmatrix} 1 & 0 & 0 & -1 & 0 \\ 0 & 1 & 0 & 0 & -1 \\ 1 & -2 & 1 & 0 & 0 \\ 0 & 1 & -2 & 1 & 0 \\ 0 & 0 & 1 & -2 & 1 \end{pmatrix}$$

であり，$\mathrm{PSC}_0(f,g) = \det(M_0(f,g)) = 0$ となることが確かめられる．そこ

で，$\mathrm{PSC}_1(f,g)$ を計算してみる．

$$M_1(f,g) = \begin{pmatrix} 1 & 0 & 0 \\ 1 & -2 & 1 \\ 0 & 1 & -2 \end{pmatrix}$$

であるので，$\mathrm{PSC}_1(f,g) = \det(M_1(f,g)) = 3$ となり，$\gcd(f,g)$ の次数は 1 であることが確かめられる．

一方，

$$M_0(f,h) = \begin{pmatrix} 1 & 0 & 0 & -1 & 0 \\ 0 & 1 & 0 & 0 & -1 \\ 1 & 0 & 1 & 0 & 0 \\ 0 & 1 & 0 & 1 & 0 \\ 0 & 0 & 1 & 0 & 1 \end{pmatrix}$$

であり，$\mathrm{PSC}_0(f,h) = \det(M_0(f,h)) \neq 0$ となり，$\gcd(f,h)$ の次数は 0 であること，つまり，$\gcd(f,h) = 1$ であることが確かめられる．

実際，$\gcd(f,g) = x - 1$ であり，$\gcd(f,h) = 1$ となるので，上の計算と合致する．このように，PSC_j の値を $j = 0$ からはじめて 0 であるか 0 でないかを調べることで，GCD の次数を調べることができる．

次に終結式について説明する．終結式とは多項式を左辺とし，右辺を 0 とするような 2 つの方程式からなる連立方程式の解があるかないか，を決定する式という意味で，2 つの方程式から変数（ここでは x とする）を消去することを行う．一般に**消去法 (elimination method)** と呼ばれる方法の中でもっとも基本となる．

注意 3.5 「1 変数方程式（多項式）から変数 x を除いてしまったらどうなるのか？」と思うかもしれないが，x を除いた方程式がつねに成り立つためには，計算された式，すなわち計算された数が，0 でなければならないことに気づくであろう．また，連立方程式が成り立つということは解があるということで，これは，2 つの多項式が自明でない GCD をもつかどうかの判定となる．ここから，終結式は PSC_0 に相当することがわかるであろう．

定義 3.1 $f(x), g(x)$ をそれぞれ次数が m, n の 1 変数多項式とし，$f(x) = a_m x^m + a_{m-1} x^{m-1} + \cdots + a_0, g(x) = b_n x^n + b_{n-1} x^{n-1} + \cdots + b_0$ と表されているとする．以下の行列 $\mathrm{Syl}(f, g)$ を f, g の**シルベスター行列**という．シルベスター行列の行列式を f, g の**終結式 (resultant)** といい $\mathrm{res}(f, g)$ で表す．

$$\mathrm{Syl}(f,g) = \left(\begin{array}{cccccccc} a_m & a_{m-1} & \cdots & & a_1 & a_0 & & \\ & a_m & a_{m-1} & \cdots & & a_1 & a_0 & \\ & & \ddots & \ddots & & & \ddots & \ddots \\ & & & a_m & a_{m-1} & \cdots & a_1 & a_0 \\ b_n & b_{n-1} & \cdots & b_1 & b_0 & & & \\ & b_n & b_{n-1} & \cdots & b_1 & b_0 & & \\ & & \ddots & \ddots & & & \ddots & \ddots \\ & & & b_n & b_{n-1} & \cdots & b_1 & b_0 \end{array} \right) \begin{array}{l} \left. \begin{array}{l} \\ \\ \\ \\ \end{array} \right\} n \\ \left. \begin{array}{l} \\ \\ \\ \\ \end{array} \right\} m \end{array}$$

行列は $m + n$ 次の正方行列で，a_i の現れる行は n 個，b_i の現れる行は m 個である．

この定義を見れば，$\mathrm{Syl}(f, g)$ はまさに $M_0(f, g)$ である．したがって，$\mathrm{res}(f, g) = \mathrm{PSC}_0(f, g)$ であるので，定理 3.1 より，f, g が互いに素であること（= GCD の次数が 0 であること）と $\mathrm{res}(f, g) = \mathrm{PSC}_0(f, g)$ が 0 でないことが同値になる．

さらに，終結式はそれ以上に f, g の根の差を使って表せるという特徴もある．わかりやすさのため，$K = \mathbf{Q}$ とし，根を $\mathbf{C}$ からとることにする（一般の体 K でも考えることは可能であり，この場合には根として K の代数閉包からとることになる）．補題 3.6 の証明は [9, 11] などを参照されたい．

補題 3.6 $f(x)$ のすべての根を重複を許して $\alpha_1, \ldots, \alpha_m$ とし，$g(x)$ のすべての根を重複を許して $\beta_1, \ldots, \beta_n$ とする．このとき，次が成り立つ．

$$\mathrm{res}(f, g) = a_m^n b_n^m \prod_{i=1}^{m} \prod_{j=1}^{n} (\alpha_i - \beta_j)$$

結果として，$f(x), g(x)$ が共通根をもつための必要十分条件は $\operatorname{res}(f, g) = 0$ である．

3.3 無平方成分

多項式 $f(x)$ に対して，その因数分解が一意に定まることを述べたが，ここでは，GCD 計算と微分を組合せることで，重複度がすべて 1 になるような因子をとりだせることを示す．

そこで，$f(x)$ を複素数体 **C** 上の多項式として，$f(x)$ の相異なる複素根を $\beta_1, \ldots, \beta_k$ とし，各根 β_i の重複度を e_i とする．代数学の基本定理（定理 3.9 と系 3.3）より，複素数体上の多項式は 1 次式の積に分解されることに注意する．このとき，$f(x)$ は複素数体 **C** 上で，

$$f(x) = a \prod_{i=1}^{k}(x - \beta_i)^{e_i}$$

と因数分解される．ここで，a は f の主係数とする．$e_i = 1$ となる β_i は f の単根であり，$e_i \geqq 2$ となる β_i は f の重根である．このとき，以下が成り立つ．

補題 3.7 $f(x)$ とその微分 $\frac{df}{dx}$ に対して，

$$\gcd\left(f, \frac{df}{dx}\right) = \prod_{i=1}^{k}(x - \beta_i)^{e_i - 1}$$

となる（ここで，GCD は主係数を 1 にとることに注意する）．

証明 $f(x)$ を微分すると，

$$\frac{df}{dx} = a\{e_1(x - \beta_1)^{e_1 - 1}\prod_{i=2}^{k}(x - \beta_i)^{e_i}$$

$$+ e_2(x - \beta_1)^{e_1}(x - \beta_2)^{e_2 - 1}\prod_{i=3}^{k}(x - \beta_i)^{e_i}$$

$$+ \cdots + e_k \prod_{i=1}^{k-1}(x-\beta_i)^{e_i}(x-\beta_k)^{e_k-1}\}$$
$$= a\left\{e_1\frac{f}{(x-\beta_1)} + e_2\frac{f}{(x-\beta_2)} + \cdots + e_k\frac{f}{(x-\beta_k)}\right\}$$

となる．右辺の各項は，$\prod_{i=1}^{k}(x-\beta_i)^{e_i-1}$ で割れるので，これを $g(x)$ とおけば，$g(x)$ は $f, \frac{df}{dx}$ を両方とも割る．よって，f と $\frac{df}{dx}$ の公約因子であることがわかる．そこで，この $g(x)$ が最大の公約因子であることを示す．それには $g(x)$ が最大の公約因子でないと仮定して矛盾を導けばよい．

以下，$h(x) = \prod_{i=1}^{k}(x-\beta_i)$ として，$f, \frac{df}{dx}$ を各々 $g(x)$ で割ると $\frac{f}{g} = ah$ であり，

$$\frac{\frac{df}{dx}}{g} = a\{e_1(x-\beta_2)\cdots(x-\beta_k) + e_2(x-\beta_1)(x-\beta_3)\cdots(x-\beta_k)$$
$$+ \cdots + e_k(x-\beta_1)\cdots(x-\beta_{k-1})\}$$
$$= a\left\{e_1\frac{h}{(x-\beta_1)} + e_2\frac{h}{(x-\beta_2)} + \cdots + e_k\frac{h}{(x-\beta_k)}\right\}$$

となる．$g(x)$ が最大公約因子でないとすると，$\frac{f}{g}(=ah), \frac{\frac{df}{dx}}{g}$ には自明でない公約因子がある．それは h の因子であるので，ある $(x-\beta_i)$ としてよい．上の式の右辺を見ると，$i \neq j$ であれば，$(x-\beta_i)$ は $e_j\frac{h}{(x-\beta_j)}$ を割る．$(x-\beta_i)$ は $\frac{\frac{df}{dx}}{g}$ も割ることから，$(x-\beta_i)$ は $e_i\frac{h}{(x-\beta_i)}$ も割ることになる．実際，

$$e_i\frac{h}{(x-\beta_i)} = \frac{\frac{df}{dx}}{g} - e_1\frac{h}{(x-\beta_1)} - \cdots - e_{i-1}\frac{h}{(x-\beta_{i-1})}$$
$$- e_{i+1}\frac{h}{(x-\beta_{i+1})} - \cdots - e_k\frac{h}{(x-\beta_k)}$$

より右辺の各項を $(x-\beta_i)$ が割ることから示される．これより，$(x-\beta_i)^2$ が h を割ることになり，矛盾が導かれる． （証明終わり）

補題より，$f^{(1)} = \dfrac{f}{\gcd(f, \frac{df}{dx})}$ とおけば，

$$f^{(1)} = \frac{a \prod_{i=1}^{k}(x-\beta_i)^{e_i}}{\prod_{i=1}^{k}(x-\beta_i)^{e_i-1}} = a \prod_{i=1}^{k}(x-\beta_i)$$

となる．この $f^{(1)}$ は f の異なるすべての根を単根としてもつ多項式となる．この $f^{(1)}$ を f の**無平方成分 (square-free part)** と呼ぶ（定数倍を除いて定まることに注意する）．これより，f の異なる複素根の個数 k は $\deg(f) - \deg(\gcd(f, \frac{df}{dx}))$ に等しくなることもわかる．

【例 3.7】 $f(x) = x^9 - 3x^7 - 7x^6 - 3x^5 + 9x^4 + 20x^3 + 21x^2 + 12x + 4$ とする．$f(x)$ は $\mathbf{Q}[x]$ において以下のように因数分解される．

$$f(x) = (x+1)(x-2)^2(x^2+x+1)^3$$

まず $f(x)$ の微分 $\frac{df}{dx}$ を計算すると，

$$\frac{df}{dx} = 9x^8 - 21x^6 - 42x^5 - 15x^4 + 36x^3 + 60x^2 + 42x + 12$$

であり，この 2 つの多項式の GCD は，

$$\gcd\left(f, \frac{df}{dx}\right) = x^5 - x^3 - 4x^2 - 3x - 2 = (x-2)(x^2+x+1)^2$$

と計算される．そこで f を $\gcd(f, \frac{df}{dx})$ で割れば，

$$\frac{f}{\gcd(f, \frac{df}{dx})} = x^4 - 2x^2 - 3x - 2 = (x+1)(x-2)(x^2+x+1)$$

が計算される．

3.4 多項式の実根の数え上げと分離

ここでは，CAD 計算で重要な多項式の実根の数え上げと実根の分離について，その基本的な計算法を説明する．

$\mathbf{R}$ 上の 1 変数多項式 $f(x)$ が，与えられた区間 $[a, b]$ $(a, b \in \mathbf{R} \cup \{\pm\infty\})$ の中にいくつ異なる実根をもつかを調べることを**実根の数え上げ (real root counting)** という．

任意の区間で実根の数え上げができれば，区間 $(-\infty, \infty)$ での異なる実根の個数を求めることができ，それが $f(x)$ の異なる実根の総数となる．この区間を次第に細分して，各区間に対して実根の数え上げを行い，実根が 2 つ以上ある場合にはさらに細分をくり返すことで，1 つずつ実根を含むような区間を求めることができるようになる．このような区間を**分離区間 (isolating interval)** と呼び，分離区間を求めることを**実根の分離 (real root isolation)** という．実際に，実根の分離を行う際には $f(x)$ の実根の絶対値の適当な上界を求めることからはじめる．このような上界を**根の限界 (root bound)** と呼び，$f(x)$ の係数より求めることができる．あまり精度がよくないが，簡単に計算できる例として以下をあげておく（その他の例も含めて [8, 11] を参照）．

【例3.8】 m 次の実数係数多項式 $f(x)$ が $f(x) = a_m x^m + a_{m-1} x^{m-1} + \cdots + a_0$ と書き表されているとする（$a_m \neq 0$ である）．このとき，$\frac{a_0}{a_m}, \ldots, \frac{a_{m-1}}{a_m}$ の絶対値の最大値を M とすれば，$f(x)$ のすべての実根は，その絶対値が $M+1$ を超えない（すなわち，$M+1$ が $f(x)$ の実根の限界となる）．

そこで係数より計算された根の限界を B とすると，$f(x)$ のすべての実根はその絶対値が B 未満となるので，区間 $(-B, B)$ からはじめて，区間の幅を半分にしてその区間での実根の個数を数えることをくり返せば，有限回のくり返しですべての根に対して，それだけを含む区間が計算される．このような計算方法を **2 分法 (bisection method)** と呼ぶ．実際，区間の幅が $f(x)$ のいかなる異なる 2 根の差の絶対値より小さくなれば，区間には高々 1 つの実根しか含まれない．よって，この 2 分法の回数は高々 $\log_2(\frac{2B}{\text{SEP}(f)})$ であることがわかる．ここで，$\text{SEP}(f)$ は f の異なる 2 つの実根の差の絶対値の最小値を表すもので **real root separation**[1] とも呼ばれる．

実根の分離区間が求まると，根の近似値も得ることができる．いま，$f(x)$ のある実根 α の分離区間が $[c, d]$ と求められたとすると，α の近似値として $[c, d]$ の中の適当な値をとれば，誤差は $d-c$ 以下となる．さらに分離区間を

---

[1] しいて日本語訳すると最小実根距離となろう．

細分化して実根 α が含まれない区間を除いていくことでいくらでもこの分離区間を小さく，すなわち根の近似値の精度をよくすることができる．

3.4.1 スツルムの定理と実根の数え上げ

実根の数え上げでは，**スツルム列**と呼ばれる多項式列が基本的な役割をする（詳細は [4, 8, 11] などを参照）．まず一般化された形でスツルム列を定義しよう．

定義 3.2（スツルム列） 実数係数の多項式の列 $\mathcal{S} = \{S_0, \ldots, S_{r-1}\}$ が以下の性質をもつとき，$\mathcal{S}$ を区間 $[a, b]$ における**スツルム列 (Sturm sequence)** という．

(1) 実数 $\alpha \in [a,b]$ が $S_0(\alpha) = 0$ を満たすとき，$x \in (\alpha - \varepsilon, \alpha)$ に対して $S_0(x)S_1(x) < 0$，かつ $x \in (\alpha, \alpha + \varepsilon)$ に対して $S_0(x)S_1(x) > 0$ であるような実数 $\varepsilon > 0$ が存在する．

(2) 実数 $\alpha \in [a,b]$ がある $k, 0 < k < r-1$，に対して $S_k(\alpha) = 0$ を満たすとき，$S_{k-1}(\alpha)S_{k+1}(\alpha) < 0$ である．

(3) すべての実数 $\alpha \in [a,b]$ に対して，$S_{r-1}(\alpha)$ は正または負のいずれか一定の符号をとる．

スツルム列を用いると，後述の定理 3.2 によって，指定された区間内の $f(x)$ の実根の数をスツルム列の端点における符号の変化の数により計算することができる．符号の変化の数の定義を与える前に符号について復習しておく．実数 a に対して，a は正，負または 0 のいずれかであるが，この正，負または 0 を a の**符号**といい，$\mathrm{sign}(a)$ で表すことにする（記号として，正は $+$，負は $-$ で表す）．

定義 3.3 実数の有限列 $A = \{a_0, a_1, \ldots, a_{r-1}\}$ における**符号の変化の数**とは，A の要素のうち 0 であるものを除いた列を，改めて $\tilde{A} = \{\tilde{a}_0, \tilde{a}_1, \ldots, \tilde{a}_s\}$ ($s \leqq r-1$) としたとき $\tilde{a}_i \tilde{a}_{i+1} < 0$ となるような i の個数のことである．この

符号の変化の数を $var(A)$ と書く．さらに，実数係数の有限個（ここでは r 個とする）の多項式の列 $\mathcal{S} = \{S_0(x), \ldots, S_{r-1}(x)\}$ と実数 α に対して，$V_\alpha(\mathcal{S})$ で $\{S_0(\alpha), \ldots, S_{r-1}(\alpha)\}$ の符号の変化の数 $var(\{S_0(\alpha), \ldots, S_{r-1}(\alpha)\})$ を表す．

つまり，符号の変化とは，「正から負」または「負から正」へ転じることをいい，その転じた箇所の総数が符号の変化の数というわけである．

【例 3.9】 実数の列 $A = \{-1, 0, -2, 0, 0, 4, 3, -1\}$ を考える．0 である要素をとり除くと，列は $\tilde{A} = \{-1, -2, 4, 3, -1\}$ となる．符号の変化は -2 から 4 への際と，3 から -1 への際に現れるので，符号の変化の数は 2 となる．したがって，$var(A) = 2$ となる．

次に，多項式における無限大での符号を定義する．それには以下の補題が必要になる．

補題 3.8 実数係数の多項式 $f(x)$ に対して実数 α が十分に大きいとき，$f(\alpha)$ の符号は一定で，それは $f(x)$ の主係数の符号に一致する．また，実数 α が十分に小さいとき，$f(\alpha)$ の符号は一定で，それは $f(x)$ が偶数次であれば主係数の符号に一致し，奇数次であれば主係数の符号の反対になる．

証明 $f(x)$ を m 次とし $f(x) = a_m x^m + a_{m-1} x^{m-1} + \cdots + a_0$ と表されるとする．このとき，

$$f(x) = a_m x^m \left(1 + \frac{a_{m-1}}{a_m x} + \cdots + \frac{a_0}{a_m x^m}\right)$$

となる．$\alpha > \max\{1, m \times \max\{|\frac{a_{m-1}}{a_m}|, |\frac{a_{m-2}}{a_m}|, \ldots, |\frac{a_0}{a_m}|\}\}$ ととれば，各 i，$i = 0, \ldots, m-1$, に対して，

$$\left|\frac{a_i}{a_m \alpha^{m-i}}\right| = \left|\frac{a_i}{a_m}\right| \times \frac{1}{\alpha^{m-i}} = \left|\frac{a_i}{a_m}\right| \times \frac{1}{\alpha} \times \frac{1}{\alpha^{m-i-1}} < \frac{1}{m} \times \frac{1}{\alpha^{m-i-1}} \leq \frac{1}{m}$$

となり，

$$1 + \frac{a_{m-1}}{a_m \alpha} + \cdots + \frac{a_0}{a_m \alpha^m} > 0$$

を得る．$\alpha > 0$ であったので

$$f(\alpha) = a_m \alpha^m \left(1 + \frac{a_{m-1}}{a_m \alpha} + \cdots + \frac{a_0}{a_m \alpha^m}\right)$$

より $f(\alpha)$ の符号は a_m の符号に一致する．以上により，十分大きい α に対してその符号は一定となり a_m の符号に一致することが示された．

同様に，$\alpha < \min\{-1, -m \times \max\{|\frac{a_{m-1}}{a_m}|, |\frac{a_{m-2}}{a_m}|, \ldots, |\frac{a_0}{a_m}|\}\}$ ととれば $f(\alpha)$ の符号は $a_m \alpha^m$ の符号に一致する．これは，$\alpha < 0$ であるので，m が偶数であれば a_m の符号に一致し，m が奇数であれば a_m の符号の反対となる． (証明終わり)

$\pm\infty$ における多項式列の符号の変化の数を以下のように定義する．

定義 3.4 実数係数の多項式 $f(x)$ に対して無限大 ∞ における符号を実数 α が十分に大きいときに一定となる $f(\alpha)$ の符号として定義する．これは，$f(x)$ の主係数の符号に等しい．さらに $-\infty$ における符号を実数 α が十分に小さいときに一定となる $f(\alpha)$ の符号として定義する．これは，$f(x)$ の次数が偶数ならば主係数の符号に等しく，$f(x)$ の次数が奇数ならば主係数の符号の反対になる．さらに，実数係数の有限個（ここでは r 個とする）の多項式の列 $\mathcal{S} = \{S_0(x), \ldots, S_{r-1}(x)\}$ に対して，実数 α を十分大きくとれば，各 $S_i(\alpha)$ の符号は一定となるので，$V_\alpha(\mathcal{S})$ も一定となる．そこで，この一定となる値を $V_\infty(\mathcal{S})$ として定義する．同様に，$-\infty$ に対しても，十分小さな実数 α において一定となる $V_\alpha(\mathcal{S})$ を $V_{-\infty}(\mathcal{S})$ として定義する．

定理 3.2（スツルムの定理） f を実数係数の多項式とし，a, b を実数もしくは $\pm\infty$ であり，$a < b$ とする．$\mathcal{S} = \{S_0(x) = f(x), S_1(x), \ldots, S_{r-1}(x)\}$ を f からはじまる区間 $[a, b]$ のスツルム列とする．a, b が f の根ではないとき，$V_a(\mathcal{S}) - V_b(\mathcal{S})$ は区間 $[a, b]$ における $f(x)$ の異なる実根の数に等しい．

証明 実数 x を a から b まで動かしたとき $V_x(\mathcal{S})$ がどのように変化していくかを考えよう．$S_0, \ldots, S_{r-1}$ はすべて多項式であるので，区間 $[a, b]$ 上の連続関数である．よって，中間値の定理により，符号が正から負へ変わる

ためには，必ず途中で一度 0 にならなければならない．同様に符号が負から正になる場合も途中で一度 0 にならなければならない．そこで，$V_x(\mathcal{S})$ が変化する場合とは，x がある S_k の実根を通過する場合であることがわかる．以下ではスツルム列の各多項式の符号が変化する箇所だけをとりあげてその符号の変化の数がどう変わるかを見る（符号の変化のない箇所では符号の変化の数は変わらないので，その部分は見る必要がない）．ここで，S_{r-1} は区間内で一定符号であるので，区間内に実根は存在しないことに注意しておく．

(I) x が $S_0 = f$ の実根 α を通過する場合

この場合にスツルム列の最初の 2 つの部分 $\{S_0, S_1\}$ における符号の変化の数が 1 減少することを示す．定義 3.2 のスツルム列の条件 (1) を満たす適当な正の実数 ε について，x が区間 $(\alpha - \varepsilon, \alpha + \varepsilon)$ を動く場合を考える．このとき，条件 (2) より $S_1(\alpha) \neq 0$ であることがわかる．なぜならば，$S_1(\alpha) = 0$ とすると，$S_0(\alpha) S_2(\alpha) < 0$ となり $S_0(\alpha) = 0$ に反する．そこで，S_1 が連続関数であることを使って，ε を十分小さくとっておけば，$S_1(x)$ の符号を $(\alpha - \varepsilon, \alpha + \varepsilon)$ で一定であるようにすることができる．

もう一度条件 (1) に戻ろう．$S_1(x)$ の符号が $(\alpha - \varepsilon, \alpha + \varepsilon)$ で正のとき，条件 (1) より $S_0(x)$ の符号は区間 $(\alpha - \varepsilon, \alpha)$ で負であり，区間 $(\alpha, \alpha + \varepsilon)$ で正となる．これは，$\{S_0, S_1\}$ の 2 つの項の間では，{ 負, 正 } から { 正, 正 } へと移るので，この部分における符号の変化の数は 1 減少する．同様に，$S_1(x)$ の符号が $(\alpha - \varepsilon, \alpha + \varepsilon)$ で負のとき，$\{S_0, S_1\}$ の 2 つの項の間では { 正, 負 } から { 負, 負 } へと移るので，この場合も符号の変化の数は 1 減少する．

(II) $1 \leq k < r - 1$ に対して x が S_k の実根 α を通過する場合

この場合にスツルム列の途中の 3 項 $\{S_{k-1}, S_k, S_{k+1}\}$ における符号の変化の数が変化しないことを定義 3.2 の条件 (2) を使って示す．まず，$S_{k-1}(\alpha) S_{k+1}(\alpha) < 0$ であるので，$S_{k-1}(\alpha) \neq 0$ かつ $S_{k+1}(\alpha) \neq 0$ である．そこで，S_{k-1}, S_k, S_{k+1} はすべて連続関数であることから，適当な正の実数 ε をとれば，S_{k-1} の符号と S_{k+1} の符号は共に区間 $(\alpha - \varepsilon, \alpha + \varepsilon)$ で一定であり，S_k の符号は区間 $(\alpha - \varepsilon, \alpha)$ と区間 $(\alpha, \alpha + \varepsilon)$ で一定であるよ

うにできる．

このとき，x が $(\alpha-\varepsilon, \alpha+\varepsilon)$ を動く場合に部分列 $\{S_{k-1}, S_k, S_{k+1}\}$ の符号として以下の2つの場合が考えられる．

(i) $S_{k-1}(x) < 0$ かつ $S_{k+1}(x) > 0$ のとき
$\{S_{k-1}, S_k, S_{k+1}\}$ の符号は以下のようになる．

	$\alpha-\varepsilon$	$\cdots$	α	$\cdots$	$\alpha+\varepsilon$
S_{k-1}	$-$		$-$		$-$
S_k	A		0		B
S_{k+1}	$+$		$+$		$+$

A, B には S_k の符号が入るが，A, B がどのような符号であっても，符号は部分列 $\{S_{k-1}, S_k, S_{k+1}\}$ においては α を通過する前でも後ろでも変化が1だけである．よって，符号の変化の数は通過する前と後では変化しないことがわかる．

(ii) $S_{k-1}(x) > 0$ かつ $S_{k+1}(x) < 0$ のとき
$\{S_{k-1}, S_k, S_{k+1}\}$ の符号は以下のようになる．

	$\alpha-\varepsilon$	$\cdots$	α	$\cdots$	$\alpha+\varepsilon$
S_{k-1}	$+$		$+$		$+$
S_k	A		0		B
S_{k+1}	$-$		$-$		$-$

A, B には S_k の符号が入るが，この場合でも A, B がどのような符号であっても符号の変化の数は通過する前と後では変化しないことがわかる．

以上により，x が区間 $(a, b]$ を動くときに，符号の変化の数は実根を通過するたびに1ずつ減少する．よって，$V_a(\mathcal{S}) - V_b(\mathcal{S})$ は区間 $(a, b]$ における $f(x)$ の相違なる実根の個数に一致する． （証明終わり）

注意 3.6 実根を数える区間として $(a, b]$ を扱っているが，b が $S_0(= f)$ の実根でなければ (a, b) での実根の個数として定義したほうが素直であろう．実は，ここで

は簡単のために端点 a, b は S_0 の実根でないとしたが，両点が実根であっても区間 $(a, b]$ での実根の個数について定理は成り立つのである．くわしい証明は [4, 8, 11] を参照されたい．

1 変数多項式 $f(x)$ からはじまるスツルム列の構成法を簡単に説明しよう．$S_0(x) = f(x)$ とし，実数係数の多項式 $g(x)$ をとり，$S_1(x) = g(x)$ とする（f, g はともに 0 でないとする）．$i = 1$ からはじめて以下の計算をくり返す．

$$S_{i-1}(x) = Q'_i(x) S_i(x) - S_{i+1}(x) \tag{3.7}$$

ここで $Q'_i(x)$ は $S_{i-1}(x)$ を $S_i(x)$ で割った商であり，$S_{i+1}(x)$ は余りを -1 倍したものである．この計算は $S_r = 0$ になったときに終了し，剰余列 $\{S_0, \ldots, S_{r-1}\}$ を構成する．この剰余列を**負係数多項式剰余列 (negative PRS)**[2] と呼ぶ．ここでは，S_0, S_1 からはじまる負係数多項式剰余列を $\mathrm{STURM}(S_0, S_1)$ で表す．

この構成法は，ユークリッドの互除法 (3.2) での構成法と比べて符号だけが異なっていることが以下の補題で示される．これが名前にある負係数の由来である．

補題 3.9 0 でない多項式 $f(x), g(x)$ よりはじまる負係数剰余列を $\{S_0, \ldots, S_{r-1}\}$ とし，ユークリッドの互除法 (3.2) で構成される多項式剰余列を $\{F_0, \ldots, F_{r'-1}\}$ とする．このとき，$r = r'$ であり，各 $i, i = 0, \ldots, r-1$, に対して $S_i = F_i$ であるか $S_i = -F_i$ である．

証明 i に関する帰納法により $S_i = F_i$ または $S_i = -F_i$ を示す（ここで，$\{r, r'\}$ の最小値を p としておいて，i としては $i = 0, \ldots, p$ を考える）．

$i = 0, 1$ のときは $S_0 = F_0 = f$, $S_1 = F_1 = g$ より成り立つ．

$i = k, k \geqq 1$, まで成り立つとして $i = k+1$ のときを考える．$S_{k-1} = \delta_{k-1} F_{k-1}$, $S_k = \delta_k F_k$, とおけば，δ_{k-1}, δ_k は $1, -1$ のいずれかであ

---

2) これをスツルム列として定義する立場もある．[8] では標準的スツルム列と呼んでいる．このため，ここでは記号として STURM を使っている．

る．式 (3.7) より，

$$F_{k-1} = \delta_{k-1}S_{k-1} = \delta_{k-1}(Q'_k S_k - S_{k+1})$$
$$= \delta_{k-1}Q'_k S_k - \delta_{k-1}S_{k+1} = \delta_{k-1}\delta_k Q'_k F_k - \delta_{k-1}S_{k+1}$$

となる．これより，$\deg(-\delta_{k-1}S_{k+1}) = \deg(S_{k+1}) < \deg(S_k) = \deg(F_k)$ より**除算の一意性**（補題 3.1）から，F_{k-1} を F_k で割った余りは $-\delta_{k-1}S_{k+1}$ であり，商は $\delta_{k-1}\delta_k Q'_k$ である．したがって，$F_{k+1} = -\delta_{k-1}S_{k+1}$ となり，$F_{k+1} = S_{k+1}$ または $F_{k+1} = -S_{k+1}$ が成り立つ．よって帰納法により，すべての $i, i = 0, \ldots, p-1$，に対して $F_i = S_i$ または $F_i = -S_i$ となる．

$i = p$ のとき，$F_p = 0$ または $S_p = 0$ であるが，$F_p = S_p$ または $F_p = -S_p$ であるので，いずれの場合も $F_p = S_p$ であり，F_{p-1} と S_{p-1} が $\gcd(f, g)$ の定数倍であることがわかる．よって，$r = r'$ も示された．（証明終わり）

注意 3.7 符号の違いを調べてみよう．補題 3.9 の証明より，$\delta_{i-1} = 1$，つまり $S_{i-1} = F_{i-1}$ のとき，$\delta_{i+1} = -1$，つまり $S_{i+1} = -F_{i+1}$ となり，逆に $\delta_{i-1} = -1$ のとき $\delta_{i+1} = 1$ となる．したがって，δ_i は周期的となり，具体的には以下となる（ここで $k \geqq 0$ とする）．

$$\delta_i = \begin{cases} 1 & (i = 4k \text{ のとき}), \\ 1 & (i = 4k+1 \text{ のとき}), \\ -1 & (i = 4k+2 \text{ のとき}), \\ -1 & (i = 4k+3 \text{ のとき}) \end{cases}$$

簡単な関数の形として $\delta_i = (-1)^{\frac{i(i-1)}{2}}$ と表現できる．

補題 3.10 $S_0 = f$ とし，$S_1 = \frac{df}{dx}$ として構成した負係数多項式剰余列 STURM$(f, \frac{df}{dx})$ の最後の項 $S_{r-1}(x)$ が定数のとき，すなわち f が $\frac{df}{dx}$ と互いに素であるとき，STURM$(f, \frac{df}{dx})$ はスツルム列になる．

証明 負係数多項式剰余列 STURM$(f, \frac{df}{dx}) = \{S_0, \ldots, S_{r-1}\}$ が定義 3.2 の条件 (1),(2),(3) を満たすことを示す．

(1) $S_0(x)$ と $S_1(x)$ は互いに素であることより，無平方分解を考えると補題 3.7 より「$S_0(x)$ の実根はすべて単根であること」がわかる．すなわち，α を

$S_0(x)$ の実根とすると，ある実数係数の多項式 $Q(x)$ が存在して

$$S_0(x) = (x - \alpha) \times Q(x) \tag{3.8}$$

であって，$Q(\alpha) \neq 0$ である．また，$S_1(x) = \frac{dS_0}{dx}$ であるので，式 (3.8) の両辺を微分して，

$$S_1(x) = (x - \alpha) \times \frac{dQ(x)}{dx} + Q(x)$$

となる．そこで，$Q'(x) = \frac{dQ(x)}{dx}$ とおけば，

$$\begin{aligned}S_0(x)S_1(x) &= (x-\alpha)Q(x)(Q(x) + (x-\alpha)Q'(x))\\ &= (x-\alpha)Q(x)^2(1 + (x-\alpha)\frac{Q'(x)}{Q(x)})\end{aligned} \tag{3.9}$$

となる．$Q(\alpha) \neq 0$ であるので，正の実数 ε_0 を十分小さくとれば，$Q(x)$ は区間 $[\alpha-\varepsilon_0, \alpha+\varepsilon_0]$ で符号が一定であるようにできる．さらに，この区間での有理関数 $\frac{Q'(x)}{Q(x)}$ の絶対値の最大値を M とする (**有界閉区間であるのでこのような値が存在する**)．そこで，実数 $\varepsilon\,(<\varepsilon_0)$ を十分小さくとり $0 < \varepsilon < \frac{1}{M}$ となるようにする．このとき，すべての $\beta \in (\alpha-\varepsilon, \alpha+\varepsilon)$ に対して，$|\alpha-\beta| < \varepsilon$ であるので，

$$\left|(\beta-\alpha)\frac{Q'(\beta)}{Q(\beta)}\right| < \varepsilon \times M < \frac{1}{M} \times M = 1$$

となる．この不等式より，

$$Q(\beta)^2 \left(1 + (\beta-\alpha)\frac{Q'(\beta)}{Q(\beta)}\right) > 0$$

となる．したがって，式 (3.9) より，区間 $(\alpha-\varepsilon, \alpha+\varepsilon)$ における $S_0(x)S_1(x)$ の符号を決めるのは $x-\alpha$ の符号であることがわかる．結局，区間 $(\alpha-\varepsilon, \alpha)$ において $S_0(x)S_1(x) < 0$ であり，区間 $(\alpha, \alpha+\varepsilon)$ において $S_0(x)S_1(x) > 0$ であることが示された．

(2) ある $k, k = 1, \ldots, r-2$ に対して $S_k(\alpha) = 0$ とする．まず，$S_{k-1}(\alpha) \neq 0$ かつ $S_{k+1}(\alpha) \neq 0$ を示す．

もし $S_{k-1}(\alpha) = 0$ とすると，$S_{k-2}(\alpha) = Q_{k-1}(\alpha)S_{k-1}(\alpha) - S_k(\alpha) = 0$ となる．以下くり返して，$S_0(\alpha) = S_1(\alpha) = 0$ を得る．これは，$S_0(x)$ と $S_1(x)$ が共通因子 $(x - \alpha)$ をもつことになり，互いに素であることに反するので矛盾である．よって，$S_{k-1}(\alpha) \neq 0$ である．$S_{k+1}(\alpha) \neq 0$ も同様に示すことができる．

次に $S_{k-1}(x) = Q_k(x)S_k(x) - S_{k+1}(x)$ に α を代入すれば，$S_k(\alpha) = 0$ より $S_{k-1}(\alpha) = -S_{k+1}(\alpha)$ となる．$S_{k-1}(\alpha) \neq 0$ より $S_{k-1}(\alpha)$ と $S_{k+1}(\alpha)$ の符号は逆であることがわかり，$S_{k-1}(\alpha)S_{k+1}(\alpha) < 0$ が示される．

(3) $\gcd(S_0(x), S_1(x)) = 1$ より $S_{r-1}(x)$ は 0 でない定数である．よって，区間 $[a, b]$ において符号は一定である． （証明終わり）

【例 3.10】 $f(x) = x^5 - 2x^4 - 3x^3 - x^2 + 2x + 3$ を考えよう．$S_0 = f(x)$ と $S_1 = \frac{df}{dx}$ ではじまる負係数多項式剰余列 STURM$(f, \frac{df}{dx})$ は以下になる（ここでは，符号を変えずに分母をはらう形にしておく）．

$$S_0 = x^5 - 2x^4 - 3x^3 - x^2 + 2x + 3,$$
$$S_1 = x^4 - \frac{8}{5}x^3 - \frac{9}{5}x^2 - \frac{2}{5}x + \frac{2}{5},$$
$$S_2 = x^3 + \frac{33}{46}x^2 - \frac{18}{23}x - \frac{79}{46},$$
$$S_3 = -x^2 + \frac{10}{13}x + \frac{505}{91},$$
$$S_4 = -x - \frac{21}{19},$$
$$S_5 = -1$$

ここで，S_5 が -1 なので f は無平方であることがわかる．f の区間 $(-2, 2]$ における実根の数を数え上げてみよう．

$$V_{-2} = var(-, +, -, +, +, -) = 4,$$
$$V_2 = var(-, -, +, +, -, -) = 2$$

となり，f は $(-2, 2]$ に 2 つの実根をもつことがわかる．また，f の実根の総数は，

$$V_{-\infty} = var(-,+,-,-,+,-) = 4,$$
$$V_{\infty} = var(+,+,+,-,-,-) = 1$$

より 3 つであることがわかる．実際，f は因数分解してみると $f(x) = (x^2+x+1)(x+1)(x-1)(x-3)$ となり 3 つの実根をもつことが確認できる．

$S_0 = f, S_1 = \frac{df}{dx}$ ではじまる負係数多項式剰余列 $\text{STURM}(S_0, S_1)$ の最後の多項式 S_{r-1} が定数でない場合には，S_{r-1} は $\gcd(f, \frac{df}{dx})$ の定数倍であるので，f は重複因子をもつ，すなわち重根をもつことになる．

そこで，各 $i, i = 0, \ldots, r-1$, に対して，
$$\hat{S}_i = \frac{S_i}{S_{r-1}}$$
とおく．このとき，$\text{STURM}(S_0, S_1) = \{S_0, \ldots, S_{r-1}\}$ に対して，
$$S_{i-1} = Q'_i S_i - S_{i+1}$$
となる実数係数多項式 Q'_i が存在したが，この両辺を S_{r-1} で割ると，
$$\hat{S}_{i-1} = Q'_i \hat{S}_i - \hat{S}_{i+1}$$
となり，これは $\hat{S}_{i-1}$ を $\hat{S}_i$ で割る除算に他ならない．したがって，$\{\hat{S}_0, \hat{S}_1, \ldots, \hat{S}_{r-1}(=1)\}$ は $\hat{S}_0, \hat{S}_1$ ではじまる負係数多項式剰余列 $\text{STURM}(\hat{S}_0, \hat{S}_1)$ に一致することがわかる．

一方，3.3 節で説明した無平方分解より $\hat{S}_0$ の異なる根全体は $S_0 = f$ の異なる根全体と一致し，それらは $\hat{S}_0$ では単根になる．よって，補題 3.10 より $\hat{\mathcal{S}} = \{\hat{S}_0, \hat{S}_1, \ldots, \hat{S}_{r-1}\}$ はスツルム列となる．この $\hat{\mathcal{S}}$ を**圧縮された列 (suppressed sequence)** という．

補題 3.11 実数係数多項式 $f(x)$ に対して，$S_0 = f, S_1 = \frac{df}{dx}$ からはじまる負係数多項式剰余列 $\text{STURM}(f, \frac{df}{dx})$ を $\mathcal{S}$ とし，それの圧縮された列 $\text{STURM}(\hat{S}_0, \hat{S}_1)$ を $\hat{\mathcal{S}}$ とする．a を $f(x)$ の根ではない実数または $\pm\infty$ とするとき，$V_a(\mathcal{S}) = V_a(\hat{\mathcal{S}})$ である．

証明 a を $f(x)$ の根ではない実数または $\pm\infty$ とする．$\mathcal{S} = \{S_0, S_1, \ldots, S_{r-1}\}$, $\hat{\mathcal{S}} = \{\hat{S}_0, \hat{S}_1, \ldots, \hat{S}_{r-1}\}$ とする．各 $i, i = 0, \ldots, r-1$, に対して，$S_i = S_{r-1}\hat{S}_i$ であるので，

$$\mathrm{sign}(S_i(a)) = \mathrm{sign}(S_{r-1}(a)) \times \mathrm{sign}(\hat{S}_i(a))$$

となる．ここで a が $S_0 = f$ の根ではないので，$\mathrm{sign}(S_{r-1}(a)) \neq 0$ である．よって，$S_i(a), S_{i+1}(a)$ で符号変化があれば $\hat{S}_i(a), \hat{S}_{i+1}(a)$ でも符号変化があり，逆も成り立つ．これより $V_a(\mathcal{S}) = V_a(\hat{\mathcal{S}})$ であることが示される．

(証明終わり)

実数係数多項式 $f(x)$ に対して，$f(x)$ が重根をもたなければ，補題 3.10 より $S_0 = f, S_1 = \frac{df}{dx}$ からはじまる負係数多項式剰余列 $\mathrm{STURM}(f, \frac{df}{dx})$ はスツルム列となり，定理 3.2 より符号の変化の数で実根の個数を数えることができる．一方，$f(x)$ が重根をもつ場合には，負係数多項式剰余列 $\mathrm{STURM}(f, \frac{df}{dx})$ の圧縮された列を考えれば，それはスツルム列であって，補題 3.11 より $f(x)$ の実根は圧縮された列の最初の多項式の実根であるので，定理 3.2 で圧縮された列を考えればその符号の変化の数で $f(x)$ の実根の個数を数えることができる．以上をまとめると次の定理となる．

定理 3.3 f を実数係数の多項式とし，a, b を実数または $\pm\infty$ であり，$a < b$ とする．$f, \frac{df}{dx}$ よりはじまる負係数多項式剰余列 $\mathrm{STURM}(f, \frac{df}{dx})$ を $\mathcal{S}$ とする．a, b が f の根ではないとき，$V_a(\mathcal{S}) - V_b(\mathcal{S})$ は区間 $(a, b]$ における $f(x)$ の異なる実根の数に等しい．

3.4.2 部分終結式とスツルム–ハビッチ列

ここでは，**部分終結式**と**スツルム–ハビッチ列**とを紹介する．これらは QE と CAD 計算の改良で用いられるので，本項を飛ばして読んでも QE と CAD 計算アルゴリズムを理解するうえで問題はない．

例 3.10 のスツルム列は，主係数の絶対値を 1 にした形で与えられているが，実際の剰余列の計算では係数に有理数が現れる．数学的には，有理数で

も整数でも本質的に同じであるが，計算においては有理数の加減乗除は整数に比べて効率が悪いので意味が変わってくる．実際に，多項式剰余列の計算を工夫がないまま行うと係数に非常に大きな分母と分子をもつ有理数が現れ，最悪の場合に非常に計算が困難とされる指数時間計算量となってしまう（このような状況を**係数膨張**と呼ぶ．[7] を参照）．さらに CAD で利用するときには，係数が無理数の有理関数として表されることになり，分母が 0 であるかどうかも問題になる．

そこで，計算を効率化するために「分母がない多項式」が計算されることが望ましく，この分母のない多項式剰余列を生成するものとして，スツルム列の改良である**スツルム–ハビッチ列 (Sturm-Habicht sequence)** がある．スツルム–ハビッチ列は，**部分終結式**を利用した多項式剰余列であり，多項式 f, g が両方とも整数係数であれば，f, g ではじまるスツルム–ハビッチ列に現れる多項式はすべて整数係数になる．3.2 節では部分終結式の主係数にあたる PSC を説明し，それが多項式の GCD の次数と密接な関係があることを説明したが，ここで部分終結式自体を紹介し，部分終結式が多項式剰余列に現れる途中の多項式に対応することを説明しよう（記述が複雑になるので詳細および証明は [4, 8] を参照されたい．[6] にも簡単な紹介がある）．

注意 3.8　「計算機による代数計算」の研究は多項式の GCD 計算からはじまったといえる．GCD 計算は数学的にはユークリッドの互除法で十分であったが，実際の計算では係数膨張の問題がおこり，その解決が重要な問題であった．除算において分母をさける方法として擬剰余 (pseudo division) が適用されたが，ここでも係数膨張が生じてしまう難点があった（擬剰余とは，割るほうの多項式の主係数を割られるほうの多項式に予め乗じておいてから割る除算法である．これにより分数が現れない）．擬剰余において余計な係数を乗ずるのを制御する方法として多項式剰余列と部分終結式の関係を用いた方法がコリンズにより 1960 年代後半に導入され，その後ウィリアム・ブラウン (William. S. Brown) らにより，いくつかの改良が行われた（その後の研究により，多項式剰余列と部分終結式の関係は 1948 年に発表されたウォルター・ハビッチ (Walter Habitch) の理論まで遡ることがわかった）．現在では，多項式の GCD 計算ではモジュラー技法などを利用した方法で係数膨張問題を解決しており，コリンズやブラウンの方法は適用されていないが，実根の数え上げではこの理論が重要になっている．

定義 3.5 $f(x), g(x)$ を 0 でない多項式とし，各々の次数を m, n とする．さらに，$f(x) = a_m x^m + a_{m-1} x^{m-1} + \cdots + a_0$, $g(x) = b_n x^n + b_{n-1} x^{n-1} + \cdots + b_0$ と表されているとする．また，p を $\{m, n\}$ の最小値とする．各整数 $j, 0 \leq j < p$, に対して，$m + n - 2j$ 次の正方行列 $R_j(f, g)$ を，3.2 節の PSC の定義で用いた行列 $M_j(f, g)$ の最後の列の上から $n - j$ 個を上から順に $f(x)x^{n-j-1}, f(x)x^{n-j-2}, \ldots, f(x)$ に置き換え，残りの $m - j$ 個を上から順に $g(x)x^{m-j-1}, g(x)x^{m-j-2}, \ldots, g(x)$ に置き換えたものとして定義する．$R_j(f, g)$ の行列式を $f(x), g(x)$ の j 次**部分終結式 (subresultant)** と呼び，$\mathrm{Sres}_j(f, g)$ で表す．

$R_j(f, g)$ を具体的に書き表すと以下のようになる．

$$
\overbrace{\begin{pmatrix}
a_m & \cdots & \cdots & a_j & a_{j-1} & \cdots & a_0 & & & f(x)x^{n-j-1} \\
& a_m & \cdots & \cdots & a_j & a_{j-1} & \cdots & a_0 & & f(x)x^{n-j-2} \\
& & \ddots & & & \ddots & \ddots & & \ddots & \vdots \\
& & & a_m & \cdots & \cdots & a_j & a_{j-1} & \cdots & f(x)x^j \\
& & & & \ddots & & & \ddots & \ddots & \vdots \\
& & & & & a_m & \cdots & \cdots & a_j & f(x)x \\
& & & & & & a_m & \cdots & a_{j+1} & f(x) \\
b_n & \cdots & \cdots & b_j & b_{j-1} & \cdots & b_0 & & & g(x)x^{m-j-1} \\
& b_n & \cdots & \cdots & b_j & b_{j-1} & \cdots & b_0 & & g(x)x^{m-j-2} \\
& & \ddots & & & \ddots & \ddots & & \ddots & \vdots \\
& & & b_m & \cdots & \cdots & b_j & b_{j-1} & \cdots & g(x)x^j \\
& & & & \ddots & & & \ddots & \ddots & \vdots \\
& & & & & b_n & \cdots & \cdots & b_j & g(x)x \\
& & & & & & b_n & \cdots & b_{j+1} & g(x)
\end{pmatrix}}^{m+n-2j} \left.\begin{matrix} \\ \\ \\ \\ \\ \\ \\ \\ \\ \\ \\ \\ \\ \\ \end{matrix}\right\} \begin{matrix} n-j \\ \\ \\ \\ \\ \\ \\ m-j \\ \\ \\ \\ \\ \\ \end{matrix}
$$

このとき，最後の列で行列式を余因子展開すれば，$\mathrm{Sres}_j(f, g)$ は x の多項式であって，$u(x)f(x) + v(x)g(x)$ の形で表されることもわかる．ここで，

$\deg(u(x)) \leqq n-j-1$ であり，$\deg(v(x)) \leqq m-j-1$ である．

$\mathrm{Sres}_j(f,g)$ の多項式としての次数を調べてみよう．行列 $R_j(f,g)$ に列に関する基本変形を以下のように施す．$m+n-2j$ 列目から 1 列目の $x^{m+n-j-1}$ 倍を引き，$m+n-2j$ 列目から 2 列目の $x^{m+n-j-2}$ 倍を引き，以下続けて $1 \leqq k < m+n-2j-1$ に対しては，$m+n-2j$ 列目から k 列目の $x^{m+n-j-k}$ 倍を引く．この操作により得られる行列を $R'_j(f,g)$ とおくと，R'_j は以下のように書き表すことができる．

$$\begin{pmatrix} a_m & \cdots & \cdots & a_j & a_{j-1} & \cdots & a_0 & & & 0 \\ & a_m & \cdots & \cdots & a_j & a_{j-1} & \cdots & a_0 & & 0 \\ & & \ddots & & & \ddots & & & \ddots & \vdots \\ & & & a_m & \cdots & \cdots & a_j & a_{j-1} & \cdots & a_0 x^j \\ & & & & \ddots & & & \ddots & \ddots & \vdots \\ & & & & & a_m & \cdots & \cdots & a_j & a_{j-1}x^j + \cdots + a_0 x \\ & & & & & & a_m & \cdots & a_{j+1} & a_j x^j + \cdots + a_0 \\ b_n & \cdots & \cdots & b_j & b_{j-1} & \cdots & b_0 & & & 0 \\ & b_n & \cdots & \cdots & b_j & b_{j-1} & \cdots & b_0 & & 0 \\ & & \ddots & & & \ddots & & & \ddots & \vdots \\ & & & b_m & \cdots & \cdots & b_j & b_{j-1} & \cdots & b_0 x^j \\ & & & & \ddots & & & \ddots & \ddots & \vdots \\ & & & & & b_n & \cdots & \cdots & b_j & b_{j-1}x^j + \cdots + b_0 x \\ & & & & & & b_n & \cdots & b_{j+1} & b_j x^j + \cdots + b_0 \end{pmatrix}$$

一方，この操作は行列式の値を変えないので，$\mathrm{Sres}_j(f,g) = \det(R'_j(f,g))$ である．行列 $R'_j(f,g)$ の成分の中に現れる多項式で最高次数は j であり，それらはみな最後の列に現れていることがわかる．よって，最後の列での余因子展開を考えれば，行列式 $\det(R'_j(f,g))$ は高々次数が j であり，j 次の係数を抜き出すと $M_j(f,g)$ の行列式に他ならないこともわかる．これが，$\det(M_j(f,g))$ を j 次部分終結式主係数と呼ぶ理由である．

部分終結式と通常の多項式剰余列 (PRS) の関係は若干複雑であるが，もっ

とも簡単かつ多くの多項式剰余列で期待される性質で正則 (regular)[3] というものがある．この場合には非常にきれいな関係が見える．

2つの定数でない多項式 $f(x)$ と $g(x)$ を考えよう．最初の設定で，それらの次数の差を 1 とする（後で扱う剰余列は $g(x) = \frac{df}{dx}$ の場合であり，次数の差は 1 になる）．これは，いつでも成り立つわけではないが，少なくとも f, g を入れ換えることで $\deg(f(x)) \geqq \deg(g(x))$ とできる．このあと，最初の除算で得られる余りを $h(x)$ とすると，$\deg(h(x))$ は $\deg(g(x))$ より 1 だけ少ないことが期待される．そこで，$f(x), g(x)$ の代わりに $g(x), h(x)$ からはじめると次数の差を 1 とできる．

そこで，この仮定の下で，$F_0 = f, F_1 = g$ とし，除算を続ける．もっとも期待されるのは，この除算で次数が 1 ずつ減少していくことである．すなわち，$F_r = 0$ となって除算が完了したとしたとき，各 $i, i = 1, \ldots, r-1$, に対して，
$$\deg(F_{i-1}) = \deg(F_i) + 1$$
となることである．

このように隣りあう多項式の次数の差がつねに 1 である多項式剰余列 $\mathcal{F} = \{F_0, F_1, \ldots, F_{r-1}\}$ を正則という．多項式剰余列は正則なときに，部分終結式と本質的に同じものになるのである．

以下では $f(x)$ の次数を m とし，$g(x)$ の次数を $m-1$ とする．また，$\gcd(f, g)$ の次数を ℓ とする．

整数 $j, m-2 \geqq j \geqq \ell$, に対して F_j と $\mathrm{Sres}_j(F_0, F_1)$ を比べてみよう．そのための準備として，以下を設定しておく．$F_0(x) = f(x)$ を $F_1(x) = g(x)$ で割った余り $F_2(x)$ について $\deg(F_2) = \deg(F_1) - 1 = \deg(F_0) - 2 = m-2$ であることから，$F_0(x) = Q_1(x)F_1(x) + F_2(x)$ となる商 $Q_1(x)$ は 1 次式であり $q_1 x + q_0$ と書き表すことができる．このとき，$F_0(x) = f(x) = a_m x^m + \cdots + a_0, F_1(x) = g(x) = b_{m-1} x^{m-1} + \cdots + b_0$ であり，新たに $F_2(x) = c_{m-2} x^{m-2} + \cdots + c_0$ と表すことにする．次に変換行列 T を用意

---

[3] 正規という場合もある．[8] では正則の条件を i 次の部分終結式の次数がいつでも i であることとしている．

する.

$$T = \begin{pmatrix} \overbrace{I_{m-1-j} \quad -Q}^{2m-2j-1} \\ O \quad\quad I_{m-j} \end{pmatrix} \Big\} 2m-2j-1$$

ここで，I_s は s 次の単位行列とし，O を零行列とし，Q を次の $(m-1-j) \times (m-j)$ 行列とする.

$$Q = \begin{pmatrix} q_1 & q_0 & 0 & \cdots & 0 \\ 0 & q_1 & q_0 & \ddots & \vdots \\ \vdots & \ddots & \ddots & \ddots & 0 \\ 0 & \cdots & 0 & q_1 & q_0 \end{pmatrix}$$

直接計算により，$TR_j(F_0, F_1)$ は次のようになる.

$$\begin{pmatrix} 0 & 0 & c_{m-2} & c_{m-3} & \cdots & \cdots & \cdots & x^{m-j-2}F_2(x) \\ 0 & 0 & & c_{m-2} & c_{m-3} & \cdots & \cdots & x^{m-j-3}F_2(x) \\ \vdots & \vdots & & & \ddots & \ddots & & \vdots \\ 0 & 0 & & & & c_{m-2} & \cdots & F_2(x) \\ b_{m-1} & b_{m-2} & \cdots & \cdots & & & \cdots & x^{m-j-1}F_1(x) \\ & b_{m-1} & b_{m-2} & \cdots & \cdots & & \cdots & x^{m-j-2}F_1(x) \\ & & \ddots & \ddots & \ddots & & & \vdots \\ & & & b_{m-1} & b_{m-2} & \cdots & \cdots & F_1(x) \end{pmatrix} \begin{matrix} \Big\} m-j-1 \\ \\ \\ \Big\} m-j \end{matrix}$$

T は上三角行列で対角成分はすべて 1 であるので，その行列式は 1 である．よって，$\mathrm{Sres}_j(F_0, F_1) = \det(R_j(F_0, F_1)) = \det(TR_j(F_0, F_1))$ である．行列 $TR_j(F_0, F_1)$ の左から 2 列を順に余因子展開すれば，b_{m-1}^2 がくくりだされて $\det(TR_j(F_0, F_1)) = b_{m-1}^2 \det(R')$ となる．ここで R' は行列 $TR_j(F_0, F_1)$ から第 1, 2 列と第 $m-j, m-j+1$ 行をとり除いた行列であり，$j \leqq m-2$

のときは以下で表される.

$$\begin{pmatrix} c_{m-2} & c_{m-3} & \cdots & \cdots & \cdots & x^{m-j-2}F_2(x) \\ & c_{m-2} & c_{m-3} & \cdots & \cdots & x^{m-j-3}F_2(x) \\ & & \ddots & \ddots & & \vdots \\ & & & c_{m-2} & \cdots & F_2(x) \\ b_{m-1} & b_{m-2} & \cdots & \cdots & \cdots & x^{m-j-3}F_1(x) \\ & b_{m-1} & b_{m-2} & \cdots & \cdots & x^{m-j-4}F_1(x) \\ & & \ddots & \ddots & & \vdots \\ & & & b_{m-1} & \cdots & F_1(x) \end{pmatrix} \begin{matrix} \left.\vphantom{\begin{matrix}1\\1\\1\\1\end{matrix}}\right\} m-j-1 \\ \\ \left.\vphantom{\begin{matrix}1\\1\\1\\1\end{matrix}}\right\} m-j-2 \end{matrix}$$

この形より $R' = R_j(F_2, F_1)$ であることがわかる(F_1, F_2 の順番に注意する).

$j = m-2$ のときは,$R' = (F_2)$ であり,

$$\mathrm{Sres}_{m-2}(F_0, F_1) = b_{m-1}^2 F_2$$

となる.これより F_2 と $\mathrm{Sres}_{m-2}(F_0, F_1)$ は定数倍(ここでは b_{m-1}^2 倍)を除いて一致することがわかる.

一方,$\ell \leq j \leq m-3$ の場合には $R_j(F_2, F_1)$ の行の入れ換えを偶数回行うことで $R_j(F_1, F_2)$ に変換できる(実際,$2(m-j-2)$ 回で変換できる).したがって,行列式はこの変換で値が変わらないため,$\mathrm{Sres}_j(F_2, F_1) = \mathrm{Sres}_j(F_1, F_2)$ となり,

$$\mathrm{Sres}_j(F_0, F_1) = b_{m-1}^2 \mathrm{Sres}_j(F_1, F_2)$$

となる.そこで,F_0, F_1 の代わりに F_1, F_2 で考えれば,F_2 を F_3 に置き換えた等式,

$$\mathrm{Sres}_{m-3}(F_1, F_2) = c_{m-2}^2 F_3$$

が成り立つ.したがって,

$$\begin{aligned}\mathrm{Sres}_{m-3}(F_0, F_1) &= b_{m-1}^2 \mathrm{Sres}_{m-3}(F_1, F_2) \\ &= b_{m-1}^2 c_{m-2}^2 F_3\end{aligned}$$

を得る．これより，F_3 と $\mathrm{Sres}_{m-3}(F_0, F_1)$ も定数倍（ここでは $b_{m-1}^2 c_{m-2}^2$ 倍）を除いて一致する．これをくり返せば，以下の定理が得られる（これはハビッチの定理の特殊な場合である．[6] にも証明があるので参照されたい）．

定理 3.4　2つの多項式 $f(x)$ と $g(x)$ でそれらの次数を $m, m-1$ とする．$F_0 = f, F_1 = g$ としてはじまる多項式剰余列 $\mathcal{F} = \{F_0, F_1, \ldots, F_{k-1}\}$ が正則であれば，各 $i, 2 \leqq i \leqq k-1$, に対して，F_i と $\mathrm{Sres}_{m-i}(f, g)$ は定数倍を除いて一致する（F_i の次数は $m-i$ であることと，定数倍する数は2乗の形をしていることに注意する）．

多項式剰余列が正則でない場合には，F_i から F_{i+1} の次数に差が2以上になるような F_i が存在する．このとき，以下が成り立つ（詳細は [8] を参照）．

(1) $\mathrm{Sres}_{\deg(F_i)}(F_0, F_1)$ は F_i と定数倍を除いて一致する．

(2) $\mathrm{Sres}_{\deg(F_i)-1}(F_0, F_1)$ と $\mathrm{Sres}_{\deg(F_{i+1})}(F_0, F_1)$ は F_{i+1} と定数倍を除いて一致する．

(3) $\deg(F_i) - 1 > j > \deg(F_{i+1})$ となる整数 j に対して，$\mathrm{Sres}_j(F_0, F_1) = 0$ となる．

これにより，次数の差が1である f, g よりはじまる多項式剰余列が正則であるための必要十分条件はすべての $i, m-2 \geqq i \geqq \ell$, に対して $\mathrm{Sres}_i(f, g) \neq 0$ であることがわかる（ここで ℓ は $\gcd(f, g)$ の次数とする）．

【例 3.11】　実際の例で正則な多項式剰余列と部分終結式の対応を見てみよう．
$F_0 = f = x^4 + x^3 - 2, F_1 = g = 2x^3 - x - 1$ とする．このとき，多項式剰余列は以下のように計算される．ここで $F_4 = 0$ であり，$\gcd(f, g) = x - 1$ である．
$$F_2 = \frac{1}{2}x^2 + x - \frac{3}{2}, F_3 = 13x - 13$$
一方，部分終結式を計算すると，
$$\mathrm{Sres}_2(f, g) = 2x^2 + 4x - 6, \mathrm{Sres}_1(f, g) = 13x - 13$$

となり,各次数ごとの対応が見てとれる.係数も分母がなくなっていることもわかるであろう.また,$\mathrm{Sres}_2(f,g)$ は F_2 の 2^2 倍であり,$\mathrm{Sres}_1(f,g)$ は F_3 の $1^2(=2^2\times(\frac{1}{2})^2)$ 倍になっている.さらに F_4 には $\mathrm{Sres}_0(f,g)=\mathrm{res}(f,g)=0$ が対応する.

部分終結式と多項式剰余列の関係の概略を説明したが,実根の数え上げには負係数多項式剰余列のように係数の符号が重要である.定理 3.4 では通常の多項式剰余列と部分終結式との差は定数倍としていたが,証明の概略を見れば定数もきっちり計算できることに注意する.とくに,定数は主係数の 2 乗の積の形になっていることがわかる.これは,F_j と $\mathrm{Sres}_{m-j}(F_0,F_j)$ に実数値を代入したときの符号が一致することを意味している.そこで,負係数多項式剰余列と同じ符号をもつように部分終結式の符号を調整するのは,注意 3.7 より $\mathrm{Sres}_{m-j}(F_0,F_1)$ に $(-1)^{\frac{j(j-1)}{2}}$ 倍すればよいことがわかる.このように部分終結式の符号を調整したものとしてスツルム–ハビッチ列が定義される(ここでは,その特殊な場合,すなわち $F_0=f, F_1=\frac{df}{dx}$ の場合の定義を与える.一般の場合は [4] を参照).

定義 3.6 $f(x)$ を m 次の実数係数多項式とする.また,$\delta_j=(-1)^{\frac{j(j+1)}{2}}$ とする.このとき,$SH_m(f)=f$, $SH_{m-1}(f)=\frac{df}{dx}$ とし,各整数 j, $0\leqq j\leqq m-2$, について $SH_j(f)=\delta_{m-j-1}\cdot\mathrm{Sres}_j(f,\frac{df}{dx})$ として構成する多項式の列 $\mathcal{SH}(f)=\{SH_m(f),SH_{m-1}(f),\ldots,SH_0(f)\}$ を f のスツルム–ハビッチ列 (Sturm-Habicht sequence) という.

【例 3.12】 係数にパラメータが現れる場合を見てみよう.p,q,r がパラメータとして係数に現れる 4 次の多項式 $f(x)=x^4+px^2+qx+r$ のスツルム–ハビッチ列 $\mathcal{SH}(f)=\{SH_4(f),SH_3(f),SH_2(f),SH_1(f),SH_0(f)\}$ は以下のように構成される.通常のスツルム列では,係数にパラメータの有理関数が現れてしまうが,スツルム–ハビッチ列では係数はすべてパラメータの多項式であり,有理関数が現れない.

$$SH_4(f) = x^4 + px^2 + qx + r,$$
$$SH_3(f) = 4x^3 + 2px + q,$$
$$SH_2(f) = -4(2px^2 + 3qx + 4r), \qquad (3.10)$$
$$SH_1(f) = -4((2p^3 - 8pr + 9q^2)x + p^2 + 12qr),$$
$$SH_0(f) = 16p^4r - 4p^3q^2 - 128p^2r^2 + 144pq^2r - 27q^4 + 256r^3$$

ちなみに，同じ $f(x)$ に対してスツルム列 $\text{STURM}(f, \frac{df}{dx}) = \{S_0, S_1, S_2, S_3, S_4\}$ を計算すると，

$$S_0 = x^4 + px^2 + qx + r,$$
$$S_1 = 4x^3 + 2px + q,$$
$$S_2 = -\frac{1}{4}(2px^2 + 3qx + 4r),$$
$$S_3 = -\frac{4((2p^3 - 8pr + 9q^2)x + p^2 + 12qr)}{p^2},$$
$$S_4 = \frac{p^2(16p^4r - 4p^3q^2 - 128p^2r^2 + 144pq^2r - 27q^4 + 256r^3)}{4(2p^3 - 8pr + 9q^2)^2}$$

となる．

スツルム–ハビッチ列が負係数多項式剰余列（スツルム列）と同じ符号を与えることから，スツルム列と同様に多項式の実根の数え上げをすることができる．

定理 3.5 m 次の多項式 $f(x)$ のスツルム–ハビッチ列 $\mathcal{SH}(f) = \{SH_m(f), \ldots, SH_0(f)\}$ に対して，すべての $SH_i(f)$ は恒等的に 0 でないとする（これより $f(x)$ とその微分 $\frac{df}{dx}$ が互いに素であること，つまり $f(x)$ が重根をもたないことと，多項式剰余列が正則であることが成り立つ）．

このとき，α, β を実数または $\pm\infty$ であり，$\alpha < \beta$ とすると，

$$V_\alpha(\mathcal{SH}(f)) - V_\beta(\mathcal{SH}(f))$$

は区間 $[\alpha, \beta]$ における f の異なる実根の個数に等しい．

スツルム–ハビッチ列は係数膨張が抑えられる多項式剰余列であるが，多項式を成分とする行列式の計算は普通の多項式の除算と比べて計算が複雑になり，計算量の面から改良にはなりえない．しかし，実根を数える区間の端点での符号がわかればよいので，はじめから成分に端点の値を代入してしまえば，多項式は成分に現れずに非常に効率がよくなる．

とくに端点が $\pm\infty$ であれば PSC の符号計算に帰着される．つまり，m 次多項式 $f(x)$ のスツルム–ハビッチ列を $\mathcal{SH}(f) = \{SH_0(f),\ldots,SH_m(f)\}$ とすれば，$SH_i(f)$ の主係数は PSC を用いて以下のように表すことができる．

$$\delta_{m-i-1} \mathrm{PSC}_i\left(f, \frac{df}{dx}\right)$$

ここで，$\delta_k = (-1)^{\frac{k(k+1)}{2}}$ である．

3.5　符号による実根の分離

前節で紹介した**スツルム列**は，実根の数え上げに使われ，各実根は区間を用いて分離された．ここでは，各根の分離のもう1つの方法として，符号による分離を紹介する．

実数係数の1変数多項式 $f(x)$ の実根を考える．実根が複数個ある場合に，各々の根を他の根と区別するために，$f(x)$ とは別の多項式（一般には複数個）を用意し，その根をそれらの用意した多項式に代入したときの「符号の違い」を利用するものが**符号による分離**である．

このような別の多項式を $f(x)$ から構成する方法に**フーリエ列**があり，この多項式の符号で完全にすべての実根が分離できることを保証するのが**トムの補題**と呼ばれる定理である．

注意 3.9　QE（CAD 法）における実際の計算では，実根の分離では区間を用いるので，符号による分離は必要ない．しかし，QE では，細胞分割における各細胞を定義する代数的命題文の計算が非常に重要であり，この命題文の構成にトムの補題が重要な役割をする．4.3.2 項でくわしく述べる．

フーリエ列は前節で説明した**多項式剰余列**とは異なるもので，微分を何度もくり返して構成するものである ([3, 11])．

定義 3.7（フーリエ列） $f(x)$ を 0 でない 1 変数実数係数多項式とし，次数を m とする．$F_0 = f(x)$ とし，$F_i(x)$ を $f(x)$ の i 階の微分とする．すなわち，$F_i(x) = \frac{d^i f(x)}{dx^i}$ である．このとき，多項式列 $\{F_0(x), F_1(x), \ldots, F_m(x)\}$ を $f(x)$ の**フーリエ列 (Fourier sequence)** という．

定理 3.6（トムの補題 (Thom's lemma)） $f(x)$ を次数が m の 1 変数実数係数多項式とし，そのフーリエ列を $\{F_0, \ldots, F_m\}$ とする．このとき，符号列 $\sigma = (\sigma_0, \ldots, \sigma_m) \in \{+, 0, -\}^{m+1}$ に対して，集合 $\mathcal{R}_f(\sigma)$ を，

$$\mathcal{R}_f(\sigma) = \{x \in \mathbf{R} \mid \mathrm{sign}(F_i(x)) = \sigma_i \ (i = 0, \ldots, m)\}$$

とすれば，$\mathcal{R}_f(\sigma)$ は空集合であるか，1 点からなる集合であるか，開区間のいずれかである．

証明 $f(x)$ の次数 m に関する帰納法で証明する．
(1) $m = 0$ のとき：符号列はただ 1 つの符号からなる．つまり $\sigma = (\sigma_0)$ である．$f(x)$ は定数であるので，$\mathrm{sign}(f(x)) = \sigma_0$ であれば，$\mathcal{R}_f((\sigma_0)) = \mathbf{R} = (-\infty, \infty)$ となり，$\mathrm{sign}(f(x)) \neq \sigma_0$ であれば，$\mathcal{R}_f(\sigma_0) = \emptyset$ となる．
(2) $m = k$, $k \geqq 0$ まで定理が成り立つと仮定して，$m = k+1$ のときを考える．そこで，$f(x)$ の次数を $k+1$ とする．このとき，$F_1(x)$ のフーリエ列は $\{F_1(x), \ldots, F_{k+1}(x)\}$ になることに注意する．

符号列 $\sigma = (\sigma_0, \ldots, \sigma_{k+1})$ に対して，部分列 $\sigma' = (\sigma_1, \ldots, \sigma_{k+1})$ を考える．このとき，帰納法の仮定より，集合 $\mathcal{R}_{F_1}(\sigma') = \{x \in \mathbf{R} \mid \mathrm{sign}(F_i(x)) = \sigma_i \ (i = 1, \ldots, k+1)\}$ は空集合，1 点からなる集合，開区間のいずれかとなる．

一方，$\mathcal{R}_f(\sigma) = \{x \in \mathcal{R}_{F_1}(\sigma') \mid \mathrm{sign}(F_0(x)) = \sigma_0\}$ であるので $\mathcal{R}_{F_1}(\sigma')$ が空集合であれば，$\mathcal{R}_f(\sigma)$ も空集合であり，$\mathcal{R}_{F_1}(\sigma')$ が 1 点からなる集合であれば $\mathcal{R}_f(\sigma)$ は 1 点からなる集合もしくは空集合である．

そこで，$\mathcal{R}_{F_1}(\sigma')$ が開区間の場合に $\mathcal{R}_f(\sigma)$ が空集合，1 点からなる集合，開区間のいずれかとなることを示せば，$m = k+1$ の場合にも定理が成り立つことが示され，帰納法によりすべての次数の場合で定理が成り立つことになる．

以下, $\mathcal{R}_{F_1}(\sigma')$ を開区間 $(a,b), a<b$, とする. ここで, 各 $\sigma_i, i=1,\ldots,k$, は 0 ではないことに注意しておく (ある F_i が 0 であれば, $\mathcal{R}_{F_1}(\sigma')$ は F_i の実根からなる集合となり, 開区間にはならない). このとき, $F_0(x)=f(x)$ の実根で, (a,b) の中にあるものは高々1つであることを示そう.

$F_0(x)$ の実根で (a,b) の中に 2 個以上の実根があったとし, その中から隣接する実根 α_1,α_2 を 1 組とりだす. このとき, $F_0(\alpha_1)=F_0(\alpha_2)$ より, 平均値の定理から, ある $\beta\in(\alpha_1,\alpha_2)$ が存在して $F_1(\beta)=\frac{dF_0}{dx}(\beta)=0$ となる. 一方, $\beta\in(a,b)=\mathcal{R}_{F_1}(\sigma')$ であるので, $F_1(\alpha_1)=F_1(\beta)=0$ となり, $\sigma_1=0$ となって矛盾する. よって, $F_0(x)=f(x)$ の実根で, (a,b) の中にあるものは高々1つであることが示された.

最後に $\mathcal{R}_f(\sigma)$ が空集合であるか 1 点からなる集合であるか開区間であることを 2 つの場合に分けて示す.

(i) (a,b) の中に $F_0(x)=f(x)$ の実根がない場合

この場合には, 中間値の定理より, $F_0(x)$ は (a,b) 上符号は一定となる. なぜならば, 符号が一定でないとすると, ある実数 $\alpha,\beta\in(a,b)$ で $F_0(\alpha)$ と $F_0(\beta)$ の符号が異なるものが存在する. このとき $F_0(x)$ は連続関数であるので, $F_0(\alpha)$ と $F_0(\beta)$ の中間の値である 0 の値をとる実数 (すなわち F_0 の実根) が α と β の間に存在し, それは区間 (a,b) に属する. これは仮定に矛盾する. よって, $\mathcal{R}_f(\sigma)$ は (a,b) での F_0 の符号が σ_0 と一致しなければ空集合となり, 一致すれば (a,b) となる.

(ii) (a,b) の中に $F_0(x)=f(x)$ の実根がただ 1 つ存在する場合

その実根を α とおく. このとき, (i) と同様の議論により中間値の定理を用いて, (a,α) において $F_0(x)$ の符号は一定であり, (α,b) においても $F_0(x)$ の符号は一定となることが示される. また, σ_1 は 0 でないことから, $F_1(\alpha)\neq 0$ となり, α は $F_0(x)$ の重根ではない. よって, (a,α) における $F_0(x)$ の符号と (α,b) における $F_0(x)$ の符号は異なる. これらの事実より,

- $\sigma_0=0$ ならば, $\mathcal{R}_f(\sigma)=\{\alpha\}$ であり,

- $\sigma_0\neq 0$ ならば, $\mathcal{R}_f(\sigma)$ は (a,α) または (α,b) のいずれかである,

となる．よって，$\mathcal{R}_f(\sigma)$ は 1 点からなる集合か開区間となることが示された．
（証明終わり）

トムの補題より，$f(x)$ のすべての実根 $\alpha_1, \ldots, \alpha_s$ に対して，どのような符号列 σ に対しても $\mathcal{R}_f(\sigma)$ はこれらの実根を 2 つ以上含むことはないことがわかる．これより以下が得られる．

系 3.2 $f(x)$ を次数が m である 1 変数実数係数多項式とし，そのフーリエ列を $\{F_0(x), \ldots, F_m(x)\}$ とする．このとき，$f(x)$ のすべての実根 $\alpha_1, \ldots, \alpha_s$ に対して，各実根 α_i ($i = 1, \ldots, s$) に対して代入により定まる符号列 $\{\mathrm{sign}(F_0(\alpha_i)), \ldots, \mathrm{sign}(F_m(\alpha_i))\}$ はすべて相異なる．これより，実根 $\alpha_1, \ldots, \alpha_s$ はフーリエ列の符号により区別される．

【例 3.13】 $f(x) = x^3 - x = (x+1)x(x-1)$ を考えよう．実根は 3 個あり，$-1, 0, 1$ である．$f(x)$ のフーリエ列は $\{x^3 - x, 3x^2 - 1, 6x, 6\}$ である．各実根をフーリエ列に代入して得られる符号列は以下のようになる．

$$\begin{cases} -1 \text{ を代入したもの：} & (0, +, -, +), \\ 0 \text{ を代入したもの：} & (0, -, 0, +), \\ 1 \text{ を代入したもの：} & (0, +, +, +) \end{cases}$$

以上の 3 つの符号列がすべて異なることがわかる．

次に，$\mathcal{R}_f(\sigma)$ を考えてみよう．開区間になるのは以下である．

$$\begin{cases} \sigma = (+, +, +, +) \text{ のとき} & \mathcal{R}_f(\sigma) = (1, \infty), \\ \sigma = (-, +, +, +) \text{ のとき} & \mathcal{R}_f(\sigma) = (\frac{\sqrt{3}}{3}, 1), \\ \sigma = (-, -, +, +) \text{ のとき} & \mathcal{R}_f(\sigma) = (0, \frac{\sqrt{3}}{3}), \\ \sigma = (+, -, -, +) \text{ のとき} & \mathcal{R}_f(\sigma) = (-\frac{\sqrt{3}}{3}, 0), \\ \sigma = (+, +, -, +) \text{ のとき} & \mathcal{R}_f(\sigma) = (-1, -\frac{\sqrt{3}}{3}), \\ \sigma = (-, +, -, +) \text{ のとき} & \mathcal{R}_f(\sigma) = (-\infty, -1) \end{cases}$$

1 点のみからなる集合は上記の 3 つの根からなる集合の他に以下がある．こ

こで，$\frac{\pm\sqrt{3}}{3}$ は $3x^2 - 1$ の実根であり，0 は $6x$ の実根である．

$$\begin{cases} \sigma = (-, 0, +, +) \text{ のとき} & \mathcal{R}_f(\sigma) = \{\frac{\sqrt{3}}{3}\}, \\ \sigma = (+, 0, -, +) \text{ のとき} & \mathcal{R}_f(\sigma) = \{\frac{-\sqrt{3}}{3}\} \end{cases}$$

定理 3.6 は多項式が 1 つだけであったが，複数の多項式の場合にもトムの補題（定理 3.6）を拡張できる．フーリエ列の重要な特徴は，以下である．

フーリエ列は各要素に対して，その微分もフーリエ列の要素になる．

この性質を多項式の集合がもっていれば，トムの補題がそのまま成り立つのである．まず，上の性質をきちんと定義しよう．

定義 3.8 $\mathcal{F}$ を 1 変数実数係数多項式の有限個の集合とする．$\mathcal{F}$ が**微分について閉じている**とは，各 $F \in \mathcal{F}$ に対して，F の微分も $\mathcal{F}$ の要素となることをいう．

微分について閉じている集合は，各要素のフーリエ列を含むので，以下の補題が成り立つ．

補題 3.12 $\mathcal{F}$ を s 個の 1 変数実数係数多項式の集合とし，$\mathcal{F} = \{F_1, \ldots, F_s\}$ とおく．さらに，各 F_i のフーリエ列を $\mathcal{F}_i$ とする．$\mathcal{F}$ が微分について閉じているとき，$\mathcal{F}$ は $\mathcal{F}_i$ の和集合となる．すなわち，

$$\mathcal{F} = \bigcup_{i=1}^{s} \mathcal{F}_i$$

となる．

この補題 3.12 を用いて，トムの補題が以下のように拡張できる．

定理 3.7（複数個の多項式に対するトムの補題） $\mathcal{F}$ を s 個の 1 変数実数係数多項式の集合とし，$\mathcal{F} = \{F_1, \ldots, F_s\}$ とおく．$\mathcal{F}$ が微分について閉じ

ているとき，符号列 $\sigma = (\sigma_1, \ldots, \sigma_s) \in \{+, 0, -\}^s$ に対して，集合 $\mathcal{R}_\mathcal{F}(\sigma)$ を
$$\mathcal{R}_\mathcal{F}(\sigma) = \{x \in \mathbf{R} \mid \mathrm{sign}(F_i(x)) = \sigma_i \ (i = 1, \ldots, s)\}$$
とすれば，$\mathcal{R}_\mathcal{F}(\sigma)$ は空集合であるか，1点からなる集合であるか，開区間のいずれかである．

証明 補題 3.12 より，$\mathcal{F} = \bigcup_{i=1}^{s} \mathcal{F}_i$ であるので，各 F_i に対して $\mathcal{F}_i = \{F_{i_1}, F_{i_2}, \ldots, F_{i_t}\}$ となる $F_{i_1}, \ldots, F_{i_t} \in \mathcal{F}$ がとれる．そこで，$\sigma_i = (\sigma_{i_1}, \ldots, \sigma_{i_t})$ とおけば，
$$\mathcal{R}_\mathcal{F}(\sigma) = \bigcap_{i=1}^{s} \mathcal{R}_{F_i}(\sigma_i)$$
となる．定理 3.6 より，各 $\mathcal{R}_{F_i}(\sigma_i)$ は空集合，1点からなる集合または開区間であるので，それらの交わりは，空集合，1点からなる集合または開区間となる． (証明終わり)

微分について閉じていない多項式集合 $\mathcal{G}$ に対しては，各要素に対するフーリエ列をすべてあわせることで，$\mathcal{G}$ を含む「最小の」微分について閉じている多項式集合を構成することができる（1つの多項式 $f(x)$ に対して $f(x)$ を含み，微分について閉じている最小の多項式集合はフーリエ列である）．

3.6 符号判定と代数拡大の表現

CAD では，多項式にある実数を代入した値に対して符号判定（正・負・0）が行われる（とくに，0 かどうかの判定を零判定という）．このとき，代入する値は有理数だけではなく，無理数も扱うことになる．有理数の場合には，単純に計算すれば正確な値がでるが，無理数の場合には，単純に計算はできず，無理数をどう計算機上で扱うかが問題となる．

正・負の判定については，その無理数の精度保証された近似値を使うことでその判定が可能になる．さらに，精度を高めることにより，正・負の判定が正確になりえる．

しかし，零判定には近似値はうまく使えない．なぜならば，値が限りなく0に近付いたとしてもはたしてそれは本当に0になるかどうかを吟味しなくてはならないからである．この問題を効率よく解決するには，代数的手法，つまり記号を使った計算を利用することが非常に有効となる．

ここでは，正確な零判定についての基本となる事項を説明する．また，基礎となる代数拡大（体）の表現とその計算についてもあわせて説明する．まず3.6.1項で零判定を簡単に説明した後で，3.6.2項で代数的な知識を用いて一般的な形で説明する．また，3.6.3項では正・負の符号判定についても代数的な手法が使えることを説明する．

3.6.1　定義式による零判定

QEとその基礎となるCADでは有理数係数の多項式を扱うのが基本であり，計算の途中に現れる無理数はすべて有理数係数の多項式の根になる（第4章を参照）．このような数は**代数的数 (algebraic number)** と呼ばれ，代数的数同士の足し算，引き算，掛け算，割り算はやはり代数的数となる（このような状況を「代数的数は加減乗除に関して閉じている」という）．また代数的数を係数とする多項式の根も代数的数になる．

代数的数 α に対して，代数的数の定義より，それを根とするような有理数係数の多項式が存在する．このような多項式の中で次数が最小のものは，定数倍を除いてただ1つに定まり，とくに，主係数を1にしたものを α の**定義多項式 (defining polynomial)**[4]と呼ぶ．定義多項式は有理数体上既約となる．なぜならば，それより小さい次数の有理数係数の多項式で割れるとすると，より次数の小さい有理数係数の多項式で，α を代入すると0になるものが存在することになり，次数最小という条件に反するからである．そこで，α の定義多項式は α を代入すると0になる（「α が満たす」ともいう）有理数係数多項式を因数分解することで計算できる（有理数係数多項式の因数分解は効率よく計算できる．くわしくは [5] を参照）．

定義多項式を利用することで，多項式の値の零判定は正確にできるように

---

4)　最小多項式 (minimal polynomial) とも呼ぶ．

なる．以下では，零判定問題を「有理数係数多項式を $G(x)$ とし，代数的数 α に対して $G(\alpha)$ が 0 になるかどうかの判定」とする．α の定義多項式を $M(x)$ として $M(x)$ で $G(x)$ を割り，

$$G(x) = Q(x)M(x) + R(x)$$

となったとする．このとき，余り $R(x)$ の次数は $M(x)$ の次数より小さくなる．両辺に α を代入すれば，$M(\alpha) = 0$ より，

$$G(\alpha) = Q(\alpha)M(\alpha) + R(\alpha) = R(\alpha)$$

となる．つまり，$G(\alpha) = 0$ と $R(\alpha) = 0$ が同値となる．一方，$M(x)$ は α を代入すると 0 になる多項式の中で最小の次数であったので，

$$G(\alpha) = 0 \Leftrightarrow R(\alpha) = 0 \Leftrightarrow R(x) = 0$$

となる．以上により $G(x)$ が α を代入して 0 になるかどうかは $G(x)$ を $M(x)$ で割った余りが 0 かどうかで判定できることがわかる．つまり，「多項式に代数的数を代入した値の零判定」は「多項式の割り算」に帰着され，正確な零判定が可能になる．

【例 3.14】 $\alpha = \sqrt[3]{4}$ として，$G(x) = x^6 + x^4 - 2x^3 - 4x - 8$ の零判定をする．α の定義多項式 $M(x)$ は $x^3 - 4$ である．$G(x)$ を $M(x)$ で割ると，$G(x) = (x^3 + x + 2)M(x)$ となり，余りが 0 なので $G(\alpha)$ の値は 0 であることが示される．一方で $G(x)$ に α の近似値 1.587 を代入すると，$-0.023\cdots$ となり，零にはならないことがわかる．

一方，CAD では新たな代数的数がすでに与えられた代数的数が係数に現れる多項式の実根として現れてくる．たとえば，α とは別の代数的数 β が多項式 $H(y)$ (y を変数とする) の根として与えられ，$H(y)$ の係数には α が現れているような場合がおこる．より正確にいえば，$H(y)$ の各係数は α の多項式として表現される．つまり $H(y)$ は実は 2 変数多項式であって $H(y) = H(y, \alpha)$ と考えられる．

このとき，別の2変数多項式 $G_2(y,x)$ に対して，$G_2(\beta,\alpha)$ の零判定が問題になる．この判定も定義多項式による割り算により正確に判定ができる．まず，β の $\mathbf{Q}(\alpha)$ 上の定義多項式 $M_2(y,\alpha)$ を計算する．ここで $\mathbf{Q}(\alpha)$ は $\mathbf{Q}$ に α を添加した体（拡大体）であり，その元は α の有理関数（分母は非零）となる（分母の有理化により，この有理関数は多項式に置き換えることができる）．このような拡大を**単拡大**という．$\mathbf{Q}(\alpha)$ 上の定義多項式とは，β を代入すると0になるような係数が α の多項式で表現される多項式の中で，次数が最小でかつ主係数が1のものである．これも，$H(y,\alpha)$ の $\mathbf{Q}(\alpha)$ 上での因数分解を計算することで求めることができる（拡大体上の多項式の因数分解も計算できる ([5]))．このとき，2つの定義多項式 $M(x)$ と $M_2(y,x)$ による割り算で $G_2(\beta,\alpha)$ の零判定が正確に計算できるようになる．

まず $G_2(y,x), M_2(y,x)$ を y の多項式として割り切れなくなるまで割る．

$$G_2(y,x) = Q_2(y,x)M_2(y,x) + R_2(y,x)$$

$M_2(y,x)$ を y の多項式と見たときの主係数は1なので，この割り算は y に関する次数が $M_2(y,x)$ の y に関する次数より真に小さくなるまで実行できる．すると，

$$G_2(\beta,\alpha) = 0 \Leftrightarrow R_2(\beta,\alpha) = 0$$

であって，定義多項式の性質より，

$$G_2(\beta,\alpha) = 0 \Leftrightarrow R_2(\beta,\alpha) = 0 \Leftrightarrow R_2(y,\alpha) = 0$$

となる．つまり，$R_2(y,\alpha) = 0$ を判定することに帰着されることがわかる．

次に $R_2(y,\alpha) = 0$ の判定をする．そこで，$R_2(y,x)$ を x の多項式と見て，$M(x)$ で割る（$R_2(y,x)$ を y の多項式として見たときの各係数を $M(x)$ で割ることと同じ）．

$$R_2(y,x) = Q'(y,x)M(x) + R'(y,x)$$

このとき「余り」$R'(y,x)$ が0になることが $R_2(y,\alpha) = 0$ であることと同

値になるので，結局，

$$G_2(\beta, \alpha) = 0 \Leftrightarrow R'(y, x) = 0$$

となり，2 回の割り算により零判定が正確に計算されることになる．

　一般には，$\alpha_1, \ldots, \alpha_k$ のように k 個の代数的数の鎖が現れてくる．このような複雑な場合には，**逐次拡大**と呼ばれる体の拡大の表現とその計算の理論を使って零判定を実現することになる．

　一方，CAD 法の生みの親であるコリンズは自身の CAD のアルゴリズムにおいて**単拡大**による表現を採用している．そこでは，$\mathbf{Q}(\beta, \alpha) = \mathbf{Q}(\gamma)$ となる γ を $a\alpha + b\beta$（a, b は整数）の形から探してきて，拡大体はいつでも剰余類環 $\mathbf{Q}[x]/\langle M'(x) \rangle$ の形で考えるようにしている．ここで，$\langle M'(x) \rangle$ は $M'(x)$ で生成される $\mathbf{Q}[x]$ のイデアルで，M' は γ の定義多項式であり，α, β は γ の多項式として表現される（このような γ を**原始元** (primitive element) と呼ぶ．原始元は必ず存在し，とくに上の形でも必ず存在し，係数 a, b を効率よく計算することもできる．計算には**終結式**などを利用する．[5, 9] を参照）．

　すると，$G_2(\beta, \alpha)$ の零判定では，$\alpha = A(\gamma), \beta = B(\gamma)$ なる多項式 $A(x), B(x)$ を使って $G'(x) = G_2(B(x), A(x))$ とすれば，

$$G_2(\beta, \alpha) = 0 \Leftrightarrow G'(\gamma) = 0$$

であり，$G'(x)$ を $M'(x)$ で割った余りを $R'(x)$ とすれば，以下の割り算で判定されることになる．

$$G'(\gamma) = 0 \Leftrightarrow R'(x) = 0$$

【例 3.15】 例 3.14 に引き続き $\alpha = \sqrt[3]{4}$ とする．さらに正の実数 β が $\mathbf{Q}(\alpha)$ 上の定義多項式 $M_2(y) = y^2 - 2\alpha y + \alpha^2 - 3$ で与えられているとする（実は $\beta = \sqrt[3]{4} + \sqrt{3}$ である）．多項式 $G_2(y, x) = y^3 + (x^2 + 2)y^2 + (-3x^2 - 4x - 11)y - x^2 - 2x + 2$ の零判定を行おう．

まず，$G_2(y,x)$ を $M_2(y,x)(= y^2 - 2xy + x^2 - 3)$ で割ると，

$$G_2 = (y + x^2 + 2x + 2)M_2 + (2x^3 - 8)y - x^4 - 2x^3 + 4x + 8$$

となり，余り $R_2(y,x) = (2x^3 - 8)y - x^4 - 2x^3 + 4x + 8$ を α の定義多項式 $M(x) = x^3 - 4$ で割ると，

$$R_2(y,x) = (2y - x - 2)M(x)$$

と割り切れる．これより $G_2(\beta,\alpha)$ の値は 0 であることが示される．一方，単拡大表現では，$\mathbf{Q}(\beta,\alpha) = \mathbf{Q}(\gamma)$ となる γ を探すことになる．この場合は，$\gamma = \beta$ ととれ，β の $\mathbf{Q}$ 上の定義多項式 $M'(y)$ は $y^6 - 9y^4 - 8y^3 + 27y^2 - 72y - 11$ と計算され，α を表す多項式は $A(y) = \frac{-2y^5 - y^4 + 20y^3 + 26y^2 - 26y + 91}{60}$ となる．したがって，$G_2(\beta,\alpha) = G'(\beta)$ となる $G'(y)$ は $G_2(y,x)$ の x に上記の $A(y)$ を代入して得られる（y の12次式で大きな係数をもつ）．これを $M'(y)$ で割ると余りが 0 になり，零判定される．係数の膨張を考えると，一般には逐次拡大型のほうが効率がよいことが知られている．

コリンズが単拡大を採用した理由は CAD の「再帰的な構造」にあるといえる．なぜならば，逐次拡大型では実装はかなり複雑になってしまうからである．また，根の分離においても，いつでも有理数係数の多項式の根として考えるほうが容易になる．

3.6.2 代数拡大体の表現

ここでは，代数拡大体の表現をいくつかの代数の基本的性質を使って説明する（[9] などを参照）．体論の基礎，グレブナー基底の知識を要求するので，不慣れな読者は飛ばしてもかまわない．

前項で説明した代数的数 α を有理数係数多項式 G に代入した値の零判定は，拡大体 $\mathbf{Q}(\alpha)$ の計算機上での実現と関係している．$\mathbf{Q}(\alpha)$ は計算機上では，1変数多項式環の**イデアル剰余類環**として表現される．この場合には，α の定義多項式 $M(x)$ で生成されるイデアル $\langle M(x) \rangle$ が極大イデアルとなり，

剰余類環 $\mathbf{Q}[x]/\langle M(x)\rangle$ を考えると次の体同型が得られる.

$$\mathbf{Q}[x]/\langle M(x)\rangle \cong \mathbf{Q}(\alpha)$$

$\mathbf{Q}[x]/\langle M(x)\rangle$ の $M(x)$ の次数を m とすると，各剰余類の代表元は次数が m 未満の多項式として一意的に表される．この代表元の導出が $M(x)$ による割り算になる．そこで，0 を代表元とする剰余類は $M(x)$ で割ると 0 になる多項式からなる集合になることがわかる．これより体演算（加法・乗法）は代表元の多項式としての演算とその $M(x)$ による除算で実現できる．

同様に，代数的数 β, α の 2 つを代入した有理数係数 2 変数多項式 G_2 の値の零判定も拡大体 $\mathbf{Q}(\alpha, \beta)$ の計算機上での実現に関係する．実際，2 変数多項式環 $\mathbf{Q}[y, x]$ を用意し，β, α が満たす 2 変数多項式すべての集合 $\mathcal{I}$ を考える（y に β を，x に α を代入したときに 0 になる多項式全体の集合となる）．すると，$\mathcal{I}$ は極大イデアルとなり，

$$\mathbf{Q}(\beta, \alpha) \cong \mathbf{Q}[y, x]/\mathcal{I}$$

なる体同型が得られる．イデアル $\mathcal{I}$ の剰余類に対してその代表元を一意に定めることができるような基底として**グレブナー基底**がある．項順序として**辞書式順序 (lexicographic order)** $y \succ x$ をとれば，イデアル $\mathcal{I}$ のグレブナー基底 $\mathcal{G}$ として，前項で説明した $\{M(x), M_2(y, x)\}$ がとれる（これは**三角形式 (triangular form)** と呼ばれる）．各剰余類の代表元は $\mathcal{G}$ に関する**正規形 (normal form)** として与えられる．この正規形の計算は $M_2(y, x), M(x)$ を使った割り算に他ならない．前項の $R'(y, x)$ は $G_2(y, x)$ の $\mathcal{G}$ に関する正規形になる．$M_2(y, x)$ の計算は $\mathbf{Q}(\alpha)$ 上の多項式の因数分解により計算できる（一般にはイデアルの素分解を使って計算する．[9] を参照）．

次に，一般の場合を考えよう．$\alpha_1, \alpha_2, \ldots, \alpha_k$ と k 個の代数的数が現れた場合では，k 変数多項式環 $\mathbf{Q}[x_1, \ldots, x_k]$ を用意し $\alpha_1, \ldots, \alpha_k$ が満たす k 変数多項式すべての集合 $\mathcal{I}_k$ を考える（ここで，x_i に α_i を代入するものとする）．すると，$\mathcal{I}_k$ は極大イデアルとなり，

$$\mathbf{Q}(\alpha_1, \ldots, \alpha_k) \cong \mathbf{Q}[x_1, \ldots, x_k]/\mathcal{I}_k$$

なる体同型が得られる．項順序として辞書式順序 $x_k \succ \cdots \succ x_1$ をとれば，イデアル $\mathcal{I}$ のグレブナー基底として，$\{M_k(x_k, \ldots, x_1), \ldots, M_2(x_2, x_1), M_1(x_1)\}$ がとれ，各剰余類の代表元はグレブナー基底に関する正規形の計算より求められる．

ひとたび拡大体が表現されれば，その元を係数とする多項式の GCD も計算でき，注意 4.9 のような射影因子の簡約化も実現できる．

3.6.3 代数的手法による正・負の符号判定

ここでは正・負の判定に関しても記号的・代数的計算を利用して正確に行うことができることを説明する．スツルムの定理を一般化した次の補題がその基礎となる（証明は [8] を参照）．また，負係数多項式剰余列をスツルム-ハビッチ列に置き換えた方法もある（[4] を参照）．

定理 3.8 $f(x), g(x)$ を 0 でない実数係数の多項式とする．$F_0(x) = f(x)$, $F_1(x) = \frac{df}{dx}g(x)$ ではじまる負係数多項式剰余列 $\mathrm{STURM}(f, \frac{df}{dx}g)$ を考える．すなわち，$\mathrm{STURM}(f, \frac{df}{dx}g) = \{F_0(x), F_1(x), \ldots, F_r(x)\}$ とすれば，$F_{k-1} = Q_k F_k - F_{k+1}$ であって，$F_{r-1} = Q_r F_r$ となる．さらに，区間 $I = [a, b]$ $(a < b)$ が $f(x)$ の根を 1 つだけ含み，その根 c は a, b とは異なるとすると，以下が成り立つ．

$$V_a(\mathrm{STURM}(f, \frac{df}{dx}g)) - V_b(\mathrm{STURM}(f, \frac{df}{dx}g)) = \left\{ \begin{array}{ll} 1 & (g(c) > 0 \text{ のとき}), \\ 0 & (g(c) = 0 \text{ のとき}), \\ -1 & (g(c) < 0 \text{ のとき}) \end{array} \right.$$

符号判定問題として，有理数係数多項式 $G(x)$ に，代数的数 α を代入した値 $G(\alpha)$ の符号を判定する問題を考えよう．ここで α の定義多項式を $M(x)$ とし，$[a, b]$ を α の分離区間とする．すなわち，$M(x)$ は区間 $[a, b]$ 内に α のみを根にもつものとする．このとき，定理 3.8 より，$G(\alpha)$ の符号は

$$V_a(\mathrm{STURM}(M, M'G)) - V_b(\mathrm{STURM}(M, M'G))$$

より計算できる．一方，a, b は有理数なのでこの計算は正確に実行できることもわかる．逐次拡大の場合にも，原始元を用いた単拡大による表現を求めれば定理 3.8 による方法が利用できる．

注意 3.10 定理 3.8 による符号判定で零判定も可能となるが，一般には $G(x)$ を $M(x)$ で割ることで $G(\alpha)$ の零判定をするほうが効率的となる．割った余りが零でない場合にも，$M(x)$ で $G(x)$ を割った余り $R(x)$ の符号判定を定理 3.8 により行えばより効率的に $G(x)$ の符号判定ができる．

このように，零判定・符号判定は代数的計算にもとづく方法によって正しく計算することができる．しかし，代数的数の計算は一般にコストが高いのが問題である．標本点での多項式の符号を決める場合などでは，標本点の精度保証された近似値の精度を高めることで，近似計算を使うだけで十分なことが多い．また，多項式の実根が等しいことや零判定問題は，近似計算では一般には保証できないが，代数的数の起源（CAD での細胞の表現からくる，求められる代数的数の定義式など）についての情報もあわせて用いることで正確に求まることもある．そこで，計算結果の妥当性が認められる限り，代数的数の計算を避けて任意精度の浮動小数点数による近似計算を使い，代数的数の起源に関する情報を使っても近似演算では保証ができない場合には，代数的計算にもとづく方法を行うという方策が，CAD の持ち上げ段階（4.3 節参照）の計算の効率化には有効と考えられる．

3.7 根の解析的性質

ここでは多項式の根の解析的な性質である「係数に関して連続関数となること」についてその概要を説明する．くわしい内容や証明などは [11] を参照されたい．

以下では n を自然数，$f(x)$ を n 次の複素数係数の多項式とし，以下のように表されているとする．

$$f(x) = a_n x^n + a_{n-1} x^{n-1} + \cdots + a_1 x + a_0$$

ここで $a_n \neq 0$ である．

まず，代数学の基本定理から説明しよう．

定理 3.9（代数学の基本定理） 複素数係数の多項式は必ず複素数の根をもつ．

$f(x)$ に代数学の基本定理を適用すると，ある複素数 α_1 が存在して $f(\alpha_1) = 0$ となる．そこで，$f(x)$ を $x - \alpha_1$ で割ると，

$$f(x) = q(x)(x - \alpha_1) + r(x) \tag{3.11}$$

となるが，余り $r(x)$ に対しては $\deg(r(x)) < 1$ である．よって $r(x)$ は定数（つまり複素数）となる．そこで，α_1 を式 (3.11) の両辺に代入すれば，

$$0 = f(\alpha_1) = r(\alpha_1)$$

となり，$r(x) = 0$ がわかる．つまり，$f(x)$ は $x - \alpha_1$ で割り切れ，$f(x) = q(x)(x - \alpha_1)$ と表される（これは**因数定理**と呼ばれる）．

$n = 1$ であれば $f(x) = a_1(x - \alpha_1)$，ここで a_1 は $f(x)$ の主係数となる．$n > 1$ であれば，$q(x)$ について代数学の基本定理を適用でき，今までの議論から，$q(x)$ の根としてある複素数 α_2 が存在して，

$$f(x) = q(x)(x - \alpha_1) = q'(x)(x - \alpha_1)(x - \alpha_2)$$

となる多項式 $q'(x)$ が存在する．以下，これをくり返して $f(x)$ には（重複を許して）n 個の複素数の根 $\alpha_1, \ldots, \alpha_n$ が存在して，

$$f(x) = a_n(x - \alpha_1) \cdots (x - \alpha_n)$$

と分解されることが示される．

系 3.3 n 次の複素数係数の多項式は（重複を許して）n 個の複素数の根をもつ．また，n 個の 1 次多項式の積に分解される．

次に n 個の根の係数との関係を見てみよう．各々の係数 $a_n, a_{n-1}, \ldots, a_0$ を微小に変動させると多項式 $f(x)$ の根もそれに応じて変化する．このとき，個々の根を係数に関する関数と見ることができ，さらにこれらの関数は連続関数となることが示される．このことを保証するのが以下の定理（[11] の定理 2.7）である．証明はルーシェ(**Rouché**) の定理から導かれる．

定理 3.10 n 次の複素数係数多項式 $f(x)$ の異なるすべての複素根を $\beta_1, \ldots, \beta_r$ としそれらの重複度を $m_1, \ldots, m_r$ とする．すなわち，

$$f(x) = a_n \prod_{i=1}^{r} (x - \beta_i)^{m_i}$$

と因数分解されているとする．また，$f(x)$ の各係数を少し変動させた多項式 $f_\varepsilon(x)$ を

$$f_\varepsilon(x) = (a_n + \varepsilon_n)x^n + (a_{n-1} + \varepsilon_{n-1})x^{n-1} + \cdots + (a_1 + \varepsilon_1)x + a_0 + \varepsilon_0$$

とする．ここで $\varepsilon = (\varepsilon_n, \ldots, \varepsilon_0)$ とする．各 $\beta_k, k = 1, \ldots, r$, に対して正の実数 r_k を $r_k < \frac{1}{2}\min\{|\beta_1 - \beta_k|, \ldots, |\beta_{k-1} - \beta_k|, |\beta_{k+1} - \beta_k|, \ldots, |\beta_r - \beta_k|\}$ ととる．このとき，ある正の実数 δ が存在して，すべての $i, i = 0, \ldots, n$, に対して $|\varepsilon_i| < \delta$ であれば $f_\varepsilon(x)$ は β_k を中心とする半径 r_k の**円盤** D_k 内に重複を数えてちょうど m_k 個の根をもつ（ここで，円盤 D_k は複素平面内で考え，具体的には $D_k = \{\gamma \in \mathbf{C} \mid |\gamma - \beta_k| \leqq r_k\}$ である）．

定理 3.10 より，係数の変化に応じて重複度がある根でもその重複度の個数の根に変化していくことがわかる．

もっとも単純な場合である $m_k = 1$ の場合（単根の場合）を考えてみよう．このとき，係数を ε 程度変化させると β_k を中心とする適当な円盤内には対応する根が 1 つだけしかないようにできる．それを β_k' とすれば，β_k をこれら β_k' とつなげることで関数 B_k が定義される．すなわち，

$$\begin{cases} B_k(a_n, a_{n-1}, \ldots, a_0) = \beta_k, \\ B_k(a_n + \varepsilon_n, a_{n-1} + \varepsilon_{n-1}, \ldots, a_0 + \varepsilon_0) = \beta_k' \end{cases}$$

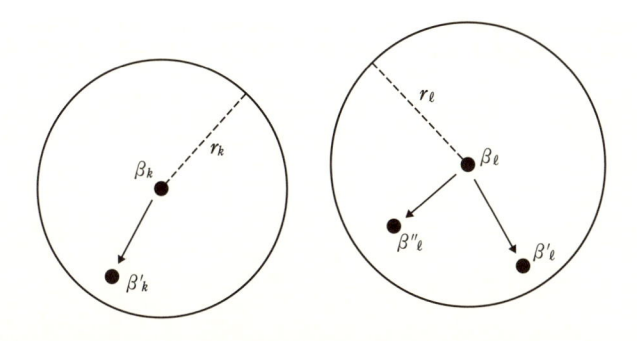

図 3.1 定理 3.10 の D_k

となるように関数 B_k を構成する．このとき B_k は連続関数となる（この場合には**陰関数定理**からも関数 B_k の存在と連続性を示すことができる）．

　単根でない場合でも，円盤内の根がつねに m_k 重根であれば同様の議論ができ，これが次の章の**描画可能性**に関する定理 4.2 の証明に使われる．一般の場合でも，a_n がけっして 0 にならないような係数の変化であれば，係数の変化に応じて根を連続的につなげていくことが可能になる．すなわち，このように連続的につなぎあわせることで，根を係数の関数と見ることができ，さらにそれらが連続関数となるのである．

第4章　QEとCADのアルゴリズム

　第2章では，QEとCADアルゴリズムの概要を解説したが，本章ではそれらについて細かい説明を与える．

　まずCADの手続き全体の概略を復習しておこう．n個の変数$x_1,\ldots,x_n$の実数係数[1])の多項式の集合$\{f_1,\ldots,f_r\}$に対して，CADは，変数の動きうる全空間$\mathbf{R}^n$の**分割**（**細胞分割**）を計算する（ここで$\mathbf{R}$は実数全体の集合を表す）．**各細胞**は，多項式集合の符号を一定にする半代数的集合となる．CADの計算手順は，2.4節でおおまかに説明したように**射影段階**，**底段階**，そして**持ち上げ段階**の3つの段階がある．

　QEで使われるCADの射影段階では，**束縛変数**（つまり**限量記号**$\forall, \exists$が付いている変数）から順に変数を消去していくことになる．そこで，x_1から順に計算していくことにする．最初に与えられる多項式集合を$\mathcal{F}_n$と書くことにする．まず$\mathcal{F}_n$から$n-1$次の**射影因子族**$\mathcal{F}_{n-1}$を構成する．$\mathcal{F}_{n-1}$は$n-1$個の変数$x_2,\ldots,x_n$の実数係数多項式の集合であって，$\mathcal{F}_n$の多項式たちから**PSC**を計算して構成される．すると，$\mathcal{F}_{n-1}$-符号不変な$\mathbf{R}^{n-1}$のCAD上，つまり，$\mathcal{F}_{n-1}$-符号不変な細胞上で$\mathcal{F}_n$は**描画可能**になる．

　以下くり返して，$i < n$に対して，$\mathcal{F}_{i+1}$からi次の射影因子族$\mathcal{F}_i$を構成する．$\mathcal{F}_i$はi個の変数$x_{n-i+1},\ldots,x_n$の実数係数多項式の集合である（これらの射影因子は，1つ上の射影因子族$\mathcal{F}_{i+1}$の多項式たちから**PSC**を

---

1) 実際の計算では有理数係数のものを扱う．注意2.1を参照．

計算して構成される）．

$$\mathcal{F}_n \to \mathcal{F}_{n-1} \to \cdots \to \mathcal{F}_1$$

最後に求まる多項式集合 $\mathcal{F}_1$ は x_n のみを変数とする 1 変数多項式からなる．
次に，$\mathcal{S}_1, \mathcal{S}_2, \ldots, \mathcal{S}_n$ を $\mathcal{S}_1$ から逐次的に構成していく．

$$\mathcal{S}_1 \to \mathcal{S}_2 \to \cdots \to \mathcal{S}_n$$

ここで，$\mathcal{S}_i$ $(i = 1, \ldots, n)$ は $\mathcal{F}_i$ の CAD であり，その細胞は，$\mathcal{S}_{i+1}$ の細胞の**底面**となる．最初の $\mathcal{S}_1$ の計算が**底段階**と呼ばれ，底段階では，1 変数多項式の実根の数え上げと根の分離を行う．$\mathcal{S}_1$ から順次 $\mathcal{S}_2, \ldots, \mathcal{S}_n$ を計算するステップを**持ち上げ段階**と呼び，そこでも，実根の数え上げと根の分離が行われる．

4.1 射影段階：描画可能と射影因子の構成

射影段階で重要なポイントは，**描画可能**という概念とそれを実現する**射影因子**の構成である．ここでは，多項式として，変数を $x_1, \ldots, x_n$ とし，係数を実数とするものを考える（実際の計算では有理数係数の多項式しか扱わないことに注意しておく．注意 2.1 を参照）．多項式集合 $\mathcal{F} = \{f_1, \ldots, f_r\}$ について，$\mathcal{F}$-符号不変な細胞を計算するにあたり，**描画可能**という概念を正確に説明しよう．

4.1.1 描画可能とは

まず，x_1 を主変数とし，$x_2, \ldots, x_n$ を従属変数と見る．$f(x_1, \ldots, x_n)$ を実数係数多項式とするとき，$\mathbf{R}^{n-1}$ の点 $\alpha' = (\alpha_2, \ldots, \alpha_n)$ に対して，各成分 α_i を x_i に代入した $f(x_1, \alpha_2, \ldots, \alpha_n)$ は x_1 を変数とする 1 変数多項式となる．この $f(x_1, \alpha_2, \ldots, \alpha_n)$ を α' 上の $f(x_1, \ldots, x_n)$ と呼ぶことにし，$f(x_1, \alpha')$ と書く．

$f_1, \ldots, f_r$ は $\mathbf{R}^{n-1}$ の各点 α' 上 x_1 を変数とする 1 変数多項式となる．これらの実根は，係数が動くのに応じて変化するため，ある一定の条件の下で

は，係数の関数と見ることができる（3.7節を参照）．係数は α' の多項式であるので，係数の関数である実根は α' の関数とも考えることができる．

以下では，α' 上の $f_1, \ldots, f_r$ の実根すべてを並べて考え，単に $\mathcal{F}$ の α' 上の実根と呼ぶことにする（言い換えれば $F = f_1 \cdots f_r$ とすることで，F の α' 上の実根を考えることになる）．

定義 4.1（描画可能）　$\mathbf{R}^{n-1}$ の部分集合 $\mathcal{C}'$ は空でなく，弧状連結とする．$\mathcal{C}'$ 上で $\mathcal{F}$ の異なる実根の個数は一定であって，それらを $\mathcal{C}'$ 上の関数と考えることができ，さらにそれらの関数はけっして交わることはなく，$\mathcal{C}'$ 上連続であるとする．このとき，$\mathcal{F}$ は $\mathcal{C}'$ 上 **描画可能 (delineable)** という．また，$\mathcal{C}'$ は $\mathcal{F}$-**描画可能**ともいう（図 4.1 参照）．

注意 4.1　定義 4.1 では実根を表す関数が連続であるとしているが，実際にはこの条件は $\mathcal{C}'$ が弧状連結であって，実根の個数が一定でそれらが関数として交わることがない条件から導くことができる．定理 4.2 の証明ではまさにこれが示されている．この証明で使われるのが定理 3.10 である．

$\mathcal{F}$ が $\mathbf{R}^{n-1}$ のある部分集合 $\mathcal{C}'$ 上描画可能とし，$\mathcal{C}'$ 上でつねに t 個の異なる実根があるとする．描画可能の定義より，各実根は $\mathcal{C}'$ 上の関数として表され，それらを大きい順に並べて $B_1, \ldots, B_t$ とする．つまり，各 $\alpha' \in \mathcal{C}'$ に対して，$B_k(\alpha')$ は $f_1(x_1, \alpha') \cdots f_r(x_1, \alpha')$ の k 番目に大きい実根である．

このとき，以下のように $\mathbf{R} \times \mathcal{C}'$ の $2t+1$ 個の部分集合を定義する．

$$\mathcal{C}_1 = \{(\alpha_1, \ldots, \alpha_n) \in \mathbf{R}^n \mid (\alpha_2, \ldots, \alpha_n) \in \mathcal{C}',\ \alpha_1 > B_1(\alpha_2, \ldots, \alpha_n)\},$$
$$\mathcal{C}_2 = \{(\alpha_1, \ldots, \alpha_n) \in \mathbf{R}^n \mid (\alpha_2, \ldots, \alpha_n) \in \mathcal{C}',\ \alpha_1 = B_1(\alpha_2, \ldots, \alpha_n)\},$$
$$\mathcal{C}_3 = \{(\alpha_1, \ldots, \alpha_n) \in \mathbf{R}^n \mid (\alpha_2, \ldots, \alpha_n) \in \mathcal{C}',$$
$$B_1(\alpha_2, \ldots, \alpha_n) > \alpha_1 > B_2(\alpha_2, \ldots, \alpha_n)\},$$
$$\vdots$$
$$\mathcal{C}_{2t} = \{(\alpha_1, \ldots, \alpha_n) \in \mathbf{R}^n \mid (\alpha_2, \ldots, \alpha_n) \in \mathcal{C}',\ \alpha_1 = B_t(\alpha_2, \ldots, \alpha_n)\},$$
$$\mathcal{C}_{2t+1} = \{(\alpha_1, \ldots, \alpha_n) \in \mathbf{R}^n \mid (\alpha_2, \ldots, \alpha_n) \in \mathcal{C}',\ \alpha_1 < B_t(\alpha_2, \ldots, \alpha_n)\}$$

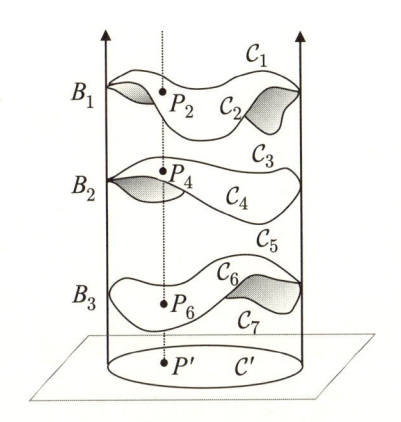

図 4.1 描画可能（$t = 3$ の場合）

ここで，$\{\mathcal{C}_1, \ldots, \mathcal{C}_{2t+1}\}$ を $\mathbf{R} \times \mathcal{C}'$ の $\mathcal{F}$-符号不変な **CAD** といい，各 $\mathcal{C}_i$ ($i = 1, \ldots, 2t+1$) を（**CAD** の）**細胞**と呼ぶ．さらに，各 $\mathcal{C}_i$ に対して $\mathcal{C}'$ を**底面**と呼ぶ．

以下では，$\alpha = (\alpha_1, \ldots, \alpha_n) \in \mathbf{R}^n$ に対して $(\alpha_2, \ldots, \alpha_n) \in \mathbf{R}^{n-1}$ を α' で表すことにする．α' は α の $x_2, \ldots, x_n$ 空間への**射影**と呼ばれる．

定理 4.1 $\{\mathcal{C}_1, \ldots, \mathcal{C}_{2t+1}\}$ は $\mathbf{R} \times \mathcal{C}'$ の細胞分割を与える．すなわち，$\mathbf{R} \times \mathcal{C}' = \bigcup_{i=1}^{2t+1} \mathcal{C}_i$ であって，$i \neq j$ であれば $\mathcal{C}_i \cap \mathcal{C}_j = \emptyset$ である．さらに $\mathcal{C}_1, \ldots, \mathcal{C}_{2t+1}$ は $\mathcal{F}$-符号不変であり，かつ弧状連結である．

注意 4.2 定理 4.1 の条件に $\mathcal{C}'$ が半代数的集合であることを加えれば，$\mathbf{R} \times \mathcal{C}'$ も半代数的集合である．さらに，各 $\mathcal{C}_i$ も半代数的集合であることが 4.3 節の系 4.1 で示される．これより，定理 4.1 の分割は半代数的集合 $\mathbf{R} \times \mathcal{C}'$ の半代数的細胞分割を与えることになる（各 $\mathcal{C}_i$ は半代数的細胞分割における細胞となる）．

証明 (1) まず分割になること，すなわち，$\mathbf{R} \times \mathcal{C}' = \bigcup_{i=1}^{2t+1} \mathcal{C}_i$ であることを示す．

各 $\alpha = (\alpha_1, \alpha_2, \ldots, \alpha_n) \in \mathbf{R} \times \mathcal{C}'$ に対して，$\alpha' = (\alpha_2, \ldots, \alpha_n)$ は $\mathcal{C}'$ の点であり，α_1 と $B_1(\alpha'), \ldots, B_t(\alpha')$ を比べることで，α がある $\mathcal{C}_k$

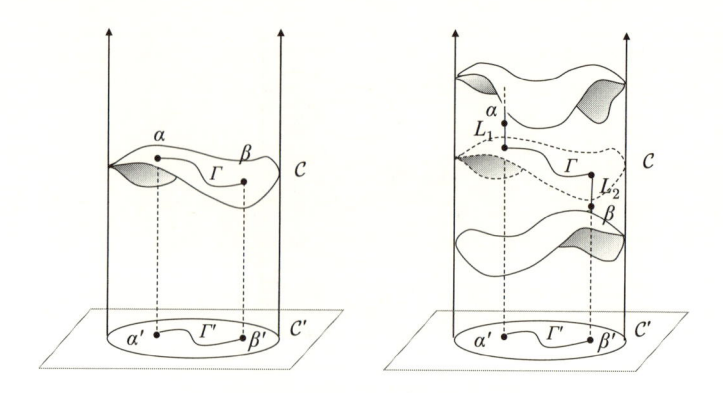

図 4.2 各細胞における弧

に属することがわかる．実際，$\alpha_1 = B_j(\alpha')$ であれば，$\alpha \in \mathcal{C}_{2j}$ であり，$B_{j-1}(\alpha') > \alpha_1 > B_j(\alpha')$ であれば，$\alpha \in \mathcal{C}_{2j-1}$ である（ここで $B_0(\alpha') = \infty$, $B_{t+1}(\alpha') = -\infty$ とおく）．$i \neq j$ であれば $\mathcal{C}_i \cap \mathcal{C}_j = \emptyset$ であることは x_1-座標を比べることで示される．

(2) 次に各 $\mathcal{C}_k$ が弧状連結であることを示す．そこで k が偶数の場合と奇数の場合に分けて証明する．

(i) まず，k が偶数，すなわち $k = 2i$ となる場合を考える．この場合 $\mathcal{C}_{2i}$ の各点 $\alpha = (\alpha_1, \ldots, \alpha_n)$ をとると，$\mathcal{C}_{2i}$ の定義より，$\alpha_1 = B_i(\alpha')$ になることに注意する．$\mathcal{C}_{2i}$ の 2 点 α, β に対して，α と β を結ぶ弧 Γ が以下のように構成できる．

α, β の射影である α', β' は $\mathcal{C}'$ 上の点であり，$\mathcal{C}'$ が弧状連結であるので α' から β' への $\mathcal{C}'$ 内の弧 Γ' が存在する．このとき，B_i は $\mathcal{C}'$ 上の連続関数であるので，

$$\Gamma = \{(B_i(\gamma'), \gamma') \mid \gamma' \in \Gamma'\}$$

は α から β への $\mathcal{C}_{2i}$ 内の弧となる（図 4.2 の左を参照）．

(ii) 次に k が奇数，すなわち $k = 2i-1$ となる場合を考える．まず $i \neq 1, t+1$ の場合，すなわち，$\mathcal{C}_{2i-1}$ が $\mathcal{F}_1$ の隣りあう 2 実根ではさまれた部分集合で

あるときを考える．この場合 C_{2i-1} の各点 α の x_1-成分 α_1 は C' 上での隣りあう 2 根を表す連続関数 B_{i-1}, B_i に対して

$$B_{i-1}(\alpha') > \alpha_1 > B_i(\alpha')$$

となっている．そこで，C' 上の関数 A を $\frac{B_{i-1}+B_i}{2}$ と定義すれば，A は C' 上の連続関数であって B_{i-1} と B_i が交わらない関数であるので，$\{(A(\gamma'), \gamma') \mid \gamma' \in C'\}$ は C_{2i-1} の部分集合となる．

そこで C_{2i-1} の 2 点 α, β に対して，α から β への弧 Γ を以下のように 3 つの部分 (L_1, Γ_0, L_2) に分けて構成する．

- α から $(A(\alpha'), \alpha')$ へは x_1-軸に平行に移る直線 L_1 とする．すなわち，S_1 を α_1 と $A(\alpha')$ を端点とする閉区間とするとき $L_1 = \{(\gamma, \alpha') \mid \gamma \in S_1\}$ である．

- $(A(\alpha'), \alpha')$ から $(A(\beta'), \beta')$ へは，$\Gamma_0 = \{(A(\gamma'), \gamma') \mid \gamma' \in \Gamma'\}$ とする．ここで，C' 上で α' から β' への弧を Γ' とする．関数 A の連続性より Γ_0 も弧となる．

- $(A(\beta'), \beta')$ から β へは x_1-軸に平行に移る直線 L_2 とする．すなわち，S_2 を β_1 と $A(\beta')$ を端点とする閉区間とするとき $L_2 = \{(\gamma, \beta') \mid \gamma \in S_2\}$ である．

以上のすべての部分は弧であるので，α と β は弧で結ばれることが示された（図 4.2 の右を参照）．

上記の証明で使われた C' 上の連続関数 A を $k=1$ の場合には B_1+1 で定義し，$k=2t+1$ の場合には B_t-1 で定義すれば，これらの場合でも弧を構成することができる．以上により各 C_k は弧状連結であることが示された．

(3) 最後に各 C_k が $\mathcal{F}$-符号不変であることを示す．そこで，ある C_k が $\mathcal{F}$-符号不変でないとして矛盾を導こう．C_k の異なる 2 点 α, β で $\mathcal{F}$ の符号が異なるとする．そこで，両者の符号が異なる多項式を f_ℓ とする．ここで $\alpha = (\alpha_1, \alpha_2, \ldots, \alpha_n), \beta = (\beta_1, \beta_2, \ldots, \beta_n)$ とする．

このとき，適当に α, β の順番を交換することで，(i) $f_\ell(\alpha) = 0$ かつ $f_\ell(\beta) \neq 0$, または (ii) $f_\ell(\alpha) > 0$ かつ $f_\ell(\beta) < 0$, の 2 通りを考えればよい．

(i) の場合は α の x_1 成分 α_1 が $f_\ell(x_1, \alpha')$ の実根となるので，それが大きい順に j 番目とすると $\alpha \in \mathcal{C}_{2j}$ となる．よって β も同じ $\mathcal{C}_{2j}$ に属するので $f_\ell(\beta) = 0$ となる．これは仮定に反する．

(ii) の場合には $\mathcal{C}_k$ が弧状連結であることを利用する．α と β を結ぶ弧を Γ とする．このとき，区間 $[0,1]$ から Γ への連続関数 φ が存在して $\varphi(0) = \alpha$, $\varphi(1) = \beta$ とできる．すると，合成関数 $g = f_\ell \circ \varphi$ は $[0,1]$ から $\mathbf{R}$ への連続関数となる．$g(0) > 0$ かつ $g(1) < 0$ であるので，中間値の定理より，ある $c \in [0,1]$ が存在して $g(c) = 0$ となる．これは，$\gamma = \varphi(c)$ は $\mathcal{C}_k$ の点であって $f_\ell(\gamma) = 0$ を意味する．$\mathcal{C}_k$ の 2 点 α, γ に対して $f_\ell(\gamma) = 0$ かつ $f_\ell(\alpha) \neq 0$ となったため，(i) より矛盾が導かれる．

以上により各 $\mathcal{C}_k$ は $\mathcal{F}$-符号不変であることが示された．　　　（証明終わり）

定義 4.1 の形では描画可能の判定の計算に適していない．なぜならば，実根の個数は，そのままでは**代数的な計算**（つまり加減乗除の組合せ）では処理できないからである．一方，代数学の基本定理（定理 3.9）より，複素根であれば，多項式の次数を見ればその個数（重複度を含む）はあきらかとなり，異なる複素根の個数も **GCD**（最大公約因子）の計算で可能になる．

定義 4.1 では実根の性質によって描画可能を定義しているが，もともとは以下のように（計算しやすい）複素根の個数により定義される ([8])．

定義 4.2（本来の描画可能の定義）　　$\mathbf{R}^{n-1}$ のある部分集合 $\mathcal{C}'$ は，空でなく，弧状連結とする．$\mathcal{C}'$ 上で以下が成り立つとき，$\mathcal{F}$ は $\mathcal{C}'$ 上 **描画可能**という．

(1) 各 f_i の複素根の個数は（重複度を含めて）一定であり，

(2) 各 f_i の異なる複素根の個数は一定であり，

(3) 各多項式の組 (f_i, f_j) の共通根の個数は（重複度を含めて）一定である．

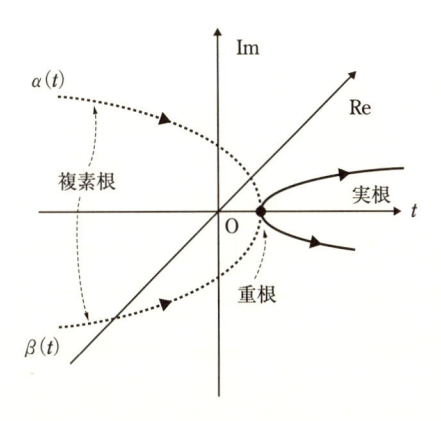

図 4.3 実根と複素根の変遷のイメージ

実は，この本来の定義から以下の定理が成り立つので，「描画可能」という言葉の意味を説明できる定義 4.1 を使えるのである．

定理 4.2 $\mathbf{R}^{n-1}$ のある弧状連結な部分集合 $\mathcal{C}'$ 上で $\mathcal{F}$ は定義 4.2 の意味で描画可能とする．このとき $\mathcal{F}$ は定義 4.1 の意味でも描画可能となる．すなわち，$\mathcal{F}$ の実根の個数は一定であり，それらは $\mathcal{C}'$ 上の連続関数として定義され，交わることはない（したがって，その大きさの順番を保つ）．

ここでは，まず根の振る舞いにもとづいて定理が成り立つ理由を簡単に説明する（定理の証明をこの説明の後で与えるが，少々長く，技術的であるのでまずはイメージを理解してほしい）．

複素根の個数の振る舞いが実根の個数の振る舞いを正確に与える理由は次のようなイメージで捉えることができよう．まず，多項式の根は，局所的に（すなわち，その適当な近傍内において）係数に関する連続関数と見ることができることに注意する（定理 3.10）．そこで，$\mathcal{C}'$ において点を動かすと，多項式の各係数は $\mathcal{C}'$ の点の多項式であるので，それら係数は $\mathcal{C}'$ 上の連続関数となり，結果的に各複素根も $\mathcal{C}'$ 上の連続関数となる．

そこで，実根の個数が変化する場合を考えてみよう．それは，非実根が実根に変化する場合と，その逆の場合である．非実根が実根に変わる瞬間を見る

と，それは互いに共役な 2 つの複素根が近付いて 1 つの実根になる場合であり，この瞬間では実根は重根になる．逆に実根が非実根に変化するには，一度重根になってからでないと変われないこともわかる（また，重根になるような点はある連立代数方程式を満たす点となる）．そこで，複素根の個数（重複を込める）と異なる複素根の個数が一定になるような領域では，実根から複素根，またその逆は起こり得ず，定義 4.1 の意味で描画可能となる．図 4.3 は，パラメータ t が係数に現れる多項式の 2 根 α, β が，t が実数を動くときの振る舞いを表したものである．

定理 4.2 の証明
(I) 最初に，各 $f_i \in \mathcal{F}$ の異なる実根が定義 4.1 を満たすことを示す（証明は (1),(2),(3) のパートに分けて示される）．そこで，記号を簡単にするため以下では $f = f_i$ とする．

(1) $\mathcal{C}'$ の任意の点 $\alpha' = (\alpha_2, \ldots, \alpha_n)$ に対して，α' の $\mathcal{C}'$ 内での適当な近傍において f の実根の個数は一定であり，各実根は近傍上の連続関数になっていることを示す（この性質を f は α' において**局所描画可能**という）．

$f(x_1, \alpha')$ の異なる根を $\mathcal{B}_1, \ldots, \mathcal{B}_m$ とし，そのうちの最初の k 個の $\mathcal{B}_1, \ldots, \mathcal{B}_k$ を実根とする．$\mathcal{B}_{k+1}, \ldots, \mathcal{B}_m$ は異なる非実根である（実根がない場合には $k = 0$ とする）．さらに，$\mathcal{B}_1 > \cdots > \mathcal{B}_k$ と大きい順に並べておく．また，各 $i = 1, \ldots, m$ に対して，e_i を $\mathcal{B}_i$ の重複度とする．
$m = 1$ のときは $\rho = 1$ とし，$m > 1$ のときは，
$$\rho < \frac{1}{2}\min\{|\mathcal{B}_i - \mathcal{B}_j| \mid 1 \leqq i < j \leqq m\}$$
とする．

そして D_i を複素平面内の $\mathcal{B}_i$ を中心とする半径 ρ の円盤とする．ρ のとり方より各 D_i は互いに交わることはない．

このとき，$f(x_1, \alpha')$ の各係数は α' の多項式であるので，α' の連続関数である．そこで，定理 3.10 よりある正の実数 δ が存在して $\beta' = (\beta_2, \ldots, \beta_n) \in \mathcal{C}'$ で $|\alpha' - \beta'| < \delta$ ならば $f(x_1, \beta')$ は D_i 内に重複度を込めてちょうど e_i 個

の根をもつ．定義 4.2(2) より，$f(x_1, \beta')$ も m 個の異なる根をもつので，各 D_i 内には $f(x_1, \beta')$ の異なる根は 1 つだけということがわかる．つまり，それを $\mathcal{B}_i'$ とおけば，$\mathcal{B}_i'$ の重複度も e_i である．

次に，$D_1, \ldots, D_k$ の中の $f(x_1, \beta')$ の根は実根であり，$D_{k+1}, \ldots, D_m$ の中の $f(x_1, \beta')$ の根は非実根であることを示す．

(i) $D_{k+1}, \ldots, D_m$ の中の $f(x_1, \beta')$ の根は非実根であること：$\mathcal{B}_{k+1}, \ldots, \mathcal{B}_m$ は実数でないので，共役な組に分けることができる．たとえば，$\mathcal{B}_{k+1}$ と $\mathcal{B}_{k+2}$ が共役とする．$\mathcal{B}_{k+1}$ と $\mathcal{B}_{k+2}$ は実軸対称であり，$\mathcal{B}_{k+1}$ の実部が $\mathcal{B}_{k+1}$ と $\mathcal{B}_{k+2}$ の中間点であることと D_{k+1}, D_{k+2} は交わらない同じ半径の円盤であることから D_{k+1}, D_{k+2} には実数が含まれないことがわかる．同様の議論により，すべての $D_{k+1}, \ldots, D_m$ は実数を含まず，これらに属する $f(x_1, \beta')$ の根はすべて非実根であることになる．

(ii) $D_1, \ldots, D_k$ の中の $f(x_1, \beta')$ の根は実根であること：背理法で示す．ある D_i, $1 \leqq i \leqq k$, の中の根 $\mathcal{B}_i'$ が非実根と仮定する．このとき，その共役も $f(x_1, \beta')$ の根であるが，D_i が実数を中心とする円盤であることから，この共役も D_i の中に入ることになる．これは D_i 内には $f(x_1, \beta')$ の異なる根はただ 1 つであることに反する．よって，(ii) は証明された．

そこで，$M_{\alpha'} = \{\beta' \in \mathcal{C}' \mid |\beta' - \alpha'| < \delta\}$ とおけば，$M_{\alpha'}$ は α' の $\mathcal{C}'$ における開近傍であって，$M_{\alpha'}$ 上では f の実根の個数は一定（k 個）となる．さらに，$M_{\alpha'}$ から $\mathbf{R}$ への関数 B_i, $1 \leqq i \leqq k$, として，$\beta' \in \mathcal{C}'$ に対して各 D_i 上に存在する $f(x_1, \beta')$ のただ 1 つの根を $B_i(\beta')$ と定義すれば，定理 3.10 より各 B_i は $M_{\alpha'}$ 上で連続関数となる．さらに，大きさの順序も保たれる $(B_1(\beta') > B_2(\beta') > \cdots > B_k(\beta'))$.

(2) 次に $\mathcal{C}'$ 上でも f の異なる実根の個数が一定（すなわち k 個）であることを示す．そのためには，$\mathcal{C}'$ の 2 点 α' と β' をとって，$f(x_1, \alpha')$ の異なる実根の個数と $f(x_1, \beta')$ の異なる実根の個数がつねに等しいことを示せばよい．この証明に $\mathcal{C}'$ が**弧状連結**であることを使う．

α' と β' を結ぶ $\mathcal{C}'$ の弧を 1 つとり，それを Γ' とする．すなわち，区間

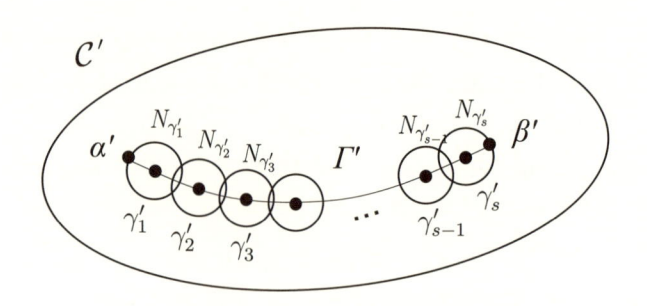

図 **4.4** Γ' の近傍による被覆

$[0,1]$ から Γ' への連続写像 φ が存在して $\varphi(0) = \alpha'$, $\varphi(1) = \beta'$ となる．このとき，Γ' の各点 γ' に対して，f が γ' 上で局所描画可能であることを使って（(1) で証明した）ある γ' の $\mathcal{C}'$ における近傍 $M_{\gamma'}$ が存在して f は $M_{\gamma'}$ 上で定義 4.1 を満たす．このとき，Γ' での γ' の近傍 $N_{\gamma'} = M_{\gamma'} \cap \Gamma'$ は Γ' における開集合であって，$N_{\gamma'}$ 上では f の異なる実根の個数は一定（$f(x_1, \gamma')$ の実根の個数）になっている．

一方，Γ' は**有界閉集合**であるので，ある有限個の点 $\gamma'_1, \ldots, \gamma'_s$ が存在して，

$$\Gamma' = N_{\gamma'_1} \cup N_{\gamma'_2} \cup \cdots \cup N_{\gamma'_s}$$

と書ける（図 4.4．各近傍 $N_{\gamma'_i}$ 上では f の異なる実根の個数は一定である）．$\gamma'_1, \ldots, \gamma'_s$ の中で異なる実根の個数が等しくないものがあると仮定して矛盾を導こう．そこで，適当に順番を変更して，$\gamma'_1, \ldots, \gamma'_t$ では f の異なる実根の個数がみな k 個であるとし，$\gamma'_{t+1}, \ldots, \gamma'_s$ では f の異なる実根の個数が k 個ではないとする．すると，Γ' の 2 つの開集合 $\cup_{i=1}^{t} N_{\gamma'_i}$ と $\cup_{i=t+1}^{s} N_{\gamma'_i}$ を考えると，両者は交わらないが，Γ' は両者の和集合となる．これは Γ' が**連結**[2]であることに反するので，矛盾である．

(3) 以上により，$\mathcal{C}'$ 上 f の異なる実根の個数は一定（k 個）であることがわかったので，これより，$\alpha' \in \mathcal{C}'$ に対し，大きい順に $B_1(\alpha'), B_2(\alpha'), \ldots, B_k(\alpha')$ と値を定義することで $\mathcal{C}'$ 上の関数 $B_1, \ldots, B_k$ が定義される．このとき，各

---

[2] 弧状連結ならば連結であることに注意する．

関数が $\mathcal{C}'$ の各点 α' の近傍 $M_{\alpha'}$ 上で連続であることより，それらは $\mathcal{C}'$ 上でも連続であることが示される．

(II) ここまでの証明で各 f_i に対し定義 4.1 が満たされることを示した．最後に，$\mathcal{F} = \{f_1, \ldots, f_r\}$ を考えたときに，$\mathcal{F}$ の異なる実根の個数が一定であることを示そう．これが示されれば定理の証明は完了する．このとき，$r = 2$ の場合を示せば，それから帰納法により一般の r の場合も示される．すなわち，$\{f_1, f_2\}$ の場合で示されれば，これは多項式の積 $f_1 \times f_2$ の実根について定義 4.1 が成り立ち，$f_1 \times f_2$ の異なる実根の個数が $\mathcal{C}'$ 上一定となる．そこで，$\{f_1, f_2, f_3\}$ の場合は $\{f_1 \times f_2, f_3\}$ の場合に帰着して示すことができる．以下くり返すことで一般の r の場合も証明される．

そこで，以下では $r = 2$ の場合を証明する．簡単のために $\mathcal{F} = \{f, g\}$ とする．f の $\mathcal{C}'$ 上の異なる実根の個数が s 個であるとし，それらの実根を与える関数を $A_1, \ldots, A_s$ とする．また g の $\mathcal{C}'$ 上の異なる実根の個数を t 個であるとし，それらの実根を与える関数を $B_1, \ldots, B_t$ とする．A_i の重複度を μ_i とし，B_i の重複度を ν_i とする．

ある点 $\alpha' \in \mathcal{C}'$ において $f(x_1, \alpha'), g(x_1, \alpha')$ の共通根の中で実根であるものを根の順番を適当に入れ替えて，$A_1(\alpha'), \ldots, A_k(\alpha')$，$B_1(\alpha'), \ldots, B_k(\alpha')$ とする（実根で共通なものがない場合には $k = 0$ とする）．ここで $1 \leq i \leq k$ に対して $A_i(\alpha') = B_i(\alpha')$ と対応付ける．このとき，$f(x_1, \alpha')$ と $g(x_1, \alpha')$ の共通根の重複を含めた個数を数えると，各 $A_i(\alpha')$ の共通根としての重複度が $\min\{\mu_i, \nu_i\}$ であるので，それらを合計して $\sum_{i=1}^{k} \min\{\mu_i, \nu_i\}$ となる（共通因子の重複度に関しては例 3.1 を参照）．

(4) $\mathcal{C}'$ における α' の適当な近傍 $M_{\alpha'}$ が存在して $M_{\alpha'}$ 上で f, g の共通実根は $A_1, \ldots, A_k$ であることを示す．これには (1) と同様の議論を適用する．

そこで，正の実数 ρ を

$$\rho < \frac{1}{2}\min\{|A_{i_1}(\alpha') - A_{i_2}(\alpha')|, |B_{j_1}(\alpha') - B_{j_2}(\alpha')|, |A_{k_1}(\alpha') - B_{k_2}(\alpha')| \,|$$
$$1 \leq i_1 < i_2 \leq s, 1 \leq j_1 < j_2 \leq t, k+1 \leq k_1 \leq s, k+1 \leq k_2 \leq t\}$$

ととれば，各 $A_i(\alpha')$ を中心とする半径 ρ の円盤 $D_i(\alpha')$ 内には $f(x_1,\alpha')$ の根はただ 1 つであり，$g(x_1,\alpha')$ の根が含まれるときは $f(x_1,\alpha')$ との共通根の場合のみである（$1 \leqq i \leqq k$ において $A_i(\alpha') = B_i(\alpha')$ に注意する）．

このとき，根の連続性と f,g について定義 4.1 が成り立つことから，β' を十分 α' に近くとれば，以下が成り立つ．

(i) $D_i(\alpha')$ の中に $f(x_1,\beta')$ の根は $A_i(\beta')$ のみ存在し，その重複度は μ_i である．

(ii) $1 \leqq i \leqq k$ のとき，$D_i(\alpha')$ の中に $g(x_1,\beta')$ の根は $B_i(\beta')$ のみ存在し，その重複度は ν_i である．

(iii) $k+1 \leqq i \leqq s$ のとき，$D_i(\alpha')$ の中に $g(x_1,\beta')$ の根は存在しない．

(iii) は $g(x_1,\beta')$ の根は $B_j(\alpha')$ を中心とする半径 ρ の円盤のいずれかに含まれることとその円盤は $D_i(\alpha')$ とは交わらないことから示される．

このとき，$f(x_1,\beta')$ と $g(x_1,\beta')$ の共通根を調べると (iii) の場合（$k+1 \leqq i \leqq s$）には共通根にはなりえない．したがって (ii) の場合（$1 \leqq i \leqq k$）に共通根が現れる可能性があり，現れた場合の $B_i(\beta')$ の共通根としての重複度は $\min\{\mu_i,\nu_i\}$ である．しかし，その和が一定の値 $\sum_{i=1}^{k}\min\{\mu_i,\nu_i\}$ になることから，すべての $1 \leqq i \leqq k$ において $A_i(\beta') = B_i(\beta')$ となることがわかる．つまり，α' の $\mathcal{C}'$ の適当な近傍 $M_{\alpha'}$ をとれば，$M_{\alpha'}$ の点 β' に対して $f(x_1,\beta')$ と $g(x_1,\beta')$ の共通根は $A_1(\beta'),\ldots,A_k(\beta')$ となることが示された．

(5) $\mathcal{C}'$ 上のすべての点 β' で $f(x_1,\beta')$ と $g(x_1,\beta')$ の共通根は $A_1(\beta'),\ldots,A_k(\beta')$ となることを示す．これが示されれば，f,g をあわせて考える異なる実根の個数は $s+t-k$ に一致し，一定であることが示される．

この証明には (2) と同じ議論が使える．$\mathcal{C}'$ の任意の別の点 β' に対して，α' と β' を結ぶ弧 Γ' を考える．Γ' が有界閉集合であるので，Γ' 上の有限個の点 $\gamma'_1,\ldots,\gamma'_h$ がとれて，

$$\Gamma' = N_{\gamma'_1} \cup \cdots \cup N_{\gamma'_h}$$

となる. ここで各 $N_{\gamma_i'} = M_{\gamma_i'} \cap \Gamma'$ であり $M_{\gamma_i'}$ は (4) で存在を証明した γ_i' の $\mathcal{C}'$ での近傍であり, $N_{\gamma_i'}$ は Γ' における γ_i' の近傍である. (4) での議論より, 各近傍 $N_{\gamma_i'}$ 上では, f, g の共通根は同じ関数のものになっている. そこで, 適当に順番をかえて $1 \leqq i \leqq \ell$ に対して, $A_1(\gamma_i'), \ldots, A_k(\gamma_i')$ が $f(x_1, \gamma_i')$ と $g(x_1, \gamma_i')$ の共通の異なる実根になるとし, $\ell + 1 \leqq i \leqq h$ に対してはそうはならないものとする. このとき, Γ' の開集合 $\cup_{i=1}^{\ell} N_{\gamma_i'}$ と $\cup_{i=\ell+1}^{h} N_{\gamma_i'}$ を考えると Γ' は両者の和集合であり, 両者は交わることはない. これは Γ' の連結性より $\ell = h$ であること, すなわち $\Gamma' = \cup_{i=1}^{h} N_{\gamma_i'}$ であること, が示され, $A_i, \ldots, A_k$ が $\mathcal{C}'$ 上で f と g の共通の異なる実根を与える関数となることが証明された. (証明終わり)

次に, 複素根の個数の評価が計算に適しているということを説明しよう. 定義 4.2 では 3 種類の複素根を数え上げることになるが, これらはすべて, ある多項式の次数に等しいことがわかる. 以下では簡単のために, 各 $\tilde{f}_i$ を $x_2, \ldots, x_n$ に具体的に実数が代入された $\mathbf{R}$ 上の 1 変数多項式として考えることにする. また, 多項式 g に対して x_1 に関する次数を $\deg_{x_1}(g)$ と書くことにする.

次数条件 1 : 各 $\tilde{f}_i$ の重複を込めた複素根の個数は, $\tilde{f}_i$ の x_1 に関する次数 $\deg_{x_1}(\tilde{f}_i)$ となる.

次数条件 2 : 各 $\tilde{f}_i$ の異なる複素根の個数は, $\deg_{x_1}(\tilde{f}_i)$ から $\deg_{x_1}(\gcd(\tilde{f}_i, \frac{d\tilde{f}_i}{dx_1}))$ を引いた数に等しくなる.

次数条件 3 : 各組 $(\tilde{f}_i, \tilde{f}_j)$ の共通複素根の重複を込めた個数は, $\deg_{x_1}(\gcd(\tilde{f}_i, \tilde{f}_j))$ に等しくなる.

次数条件 1 と 3 は代数学の基本定理 (定理 3.9 および系 3.3) により導かれる. 次数条件 2 については, 3.3 節で説明した**無平方成分**を利用して異なる複素根の個数が次数の差で表される.

注意 4.3 ある $\tilde{f}_i$ が恒等的に 0 になった場合には, ここでは符号に注目してその

実根を調べていることから，$\tilde{f}_i$ の根は 0 個であると考える．本来の定義では，その次数は $-\infty$ となるが，ここでは 0 であると見なすことになる．

以上の考察から，根の個数を決めるには，いくつかの多項式の GCD の次数がわかればよいことになる．この GCD の次数の決定には，前章で説明した PSC 計算が利用できる．PSC はその定義より，$x_2, \ldots, x_n$ の多項式として扱うことができるので，これら必要な GCD の次数は対応する多項式の符号により決定されることとなる（定理 3.1 参照）．

注意 4.4 コリンズは，計算機代数の黎明期に多項式の GCD の計算に取り組み，ユークリッドの互除法における途中に現れる式の係数の膨張問題（中間係数膨張）を解決するために，部分終結式を利用した方法を考案した（注意 3.8 を参照）．ここでの研究が CAD を生むきっかけになったのではと筆者は思っている．

4.1.2 PSC による射影因子の構成

まず簡単な設定で PSC を考察しよう．f, g を $x_1, \ldots, x_n$ を変数とする実数係数多項式とする．x_1 を変数とし，$x_2, \ldots, x_n$ をパラメータとして，f, g の PSC を考えてみよう．行列式の構成から，f の主係数 a_m，g の主係数 b_n が $\beta' = (\beta_2, \ldots, \beta_n) \in \mathbf{R}^{n-1}$ を代入したときに共に 0 にならなければ，β' の代入操作と PSC の計算が「可換」になることがわかる．すなわち，操作の順番をかえても結果は同じになる．式で表すと以下が成り立つ．

$$\mathrm{PSC}_\ell(f, g)(\beta') = \mathrm{PSC}_\ell(f(x_1, \beta'), g(x_1, \beta'))$$

左辺は，最初に $\mathrm{PSC}_\ell(f, g)$ を係数が $x_2, \ldots, x_n$ の多項式であるまま計算し，それに β' を代入したもので，右辺は，まず f, g に β' を代入し，その後で $\mathrm{PSC}_\ell(f(x_1, \beta'), g(x_1, \beta'))$ を計算したものである．PSC は行列式であって，行列式は各成分の多項式で表されるので，このような可換性が証明される．

また，x_1 に関する微分も代入操作と「可換」である．すなわち，まず f に β' を代入し，実数係数の 1 変数多項式として微分した $\frac{df(x_1, \beta')}{dx_1}$ と，f を $x_2, \ldots, x_n$ をパラメータと見て x_1 で微分しその後で β' を代入した $\frac{df(x_1, \beta')}{dx_1}$ は一致する．

注意 4.5 f を $x_2, \ldots, x_n$ をパラメータと見て x_1 で微分したものは，x_1 に関する偏微分 $\frac{\partial f}{\partial x_1}$ と等しい．x_1 が主変数であることを強調するため，ここでは偏微分の記号を用いずに微分の記号を用いる．

以上の結果を適用すれば，前節の描画可能であるための次数条件が $f_1, \ldots, f_r$ の係数たちから構成できる．以下 $1 \leq i \leq r$ に対して f_i を x_1 の多項式と見て，$f_i = a_{n_i}^{(i)} x_1^{n_i} + \cdots + a_1^{(i)} x_1 + a_0^{(i)}$ とする．ここで $n_i = \deg_{x_1}(f_i)$ で $a_j^{(i)}$ は $x_2, \ldots, x_n$ の多項式となる．また，$T_k(f_i) = a_k^{(i)} x_1^k + \cdots + a_0^{(i)}$ とする（ここで，$0 \leq k \leq n_i$ であり，T_k は k 次以下の項をとりだす関数となる）．

次数条件 1：値 $\beta = (\beta_2, \ldots, \beta_n) \in \mathbf{R}^{n-1}$ に対して，$f_i(x_1, \beta)$ の次数が ℓ である必要十分条件として以下が得られる（ここで $\ell \leq n_i$ である）．

$$a_{n_i}^{(i)}(\beta) = \cdots = a_{\ell+1}^{(i)}(\beta) = 0 \text{ かつ } a_\ell^{(i)}(\beta) \neq 0$$

次数条件 2：値 $\beta = (\beta_2, \ldots, \beta_n) \in \mathbf{R}^{n-1}$ に対して，$\deg_{x_1}(f_i(\beta)) = k$ のとき，$\gcd(f_i(x_1, \beta), \frac{df_i(x_1, \beta)}{dx_1})$ の次数が ℓ である必要十分条件として以下が得られる（ここで $\ell \leq k$ である）．

$$\mathrm{PSC}_0(T_k(f_i), \tfrac{dT_k(f_i)}{dx_1})(\beta) = \cdots = \mathrm{PSC}_{\ell-1}(T_k(f_i), \tfrac{dT_k(f_i)}{dx_1})(\beta) = 0$$
かつ $\mathrm{PSC}_\ell(T_k(f_i), \tfrac{dT_k(f_i)}{dx_1})(\beta) \neq 0$

次数条件 3：値 $\beta = (\beta_2, \ldots, \beta_n) \in \mathbf{R}^{n-1}$ に対して，$\deg_{x_1}(f_i(\beta)) = k_i$ かつ $\deg_{x_1}(f_j(\beta)) = k_j$ のとき，$\gcd(f_i(x_1, \beta), f_j(x_1, \beta))$ の次数が ℓ である必要十分条件として以下が得られる（ここで $\ell \leq \min\{k_i, k_j\}$ である．ただし $\ell = \min\{k_i, k_j\}$ の場合には，系 3.1 より $\mathrm{PSC}_\ell(T_{k_i}(f_i), T_{k_j}(f_j))(\beta) \neq 0$ の条件は不要である）．

$$\mathrm{PSC}_0(T_{k_i}(f_i), T_{k_j}(f_j))(\beta) = \cdots = \mathrm{PSC}_{\ell-1}(T_{k_i}(f_i), T_{k_j}(f_j))(\beta) = 0 \text{ かつ } \mathrm{PSC}_\ell(T_{k_i}(f_i), T_{k_j}(f_j))(\beta) \neq 0$$

結局，$\mathcal{F}'$ として，各次数条件に対応する多項式をすべてとりだせば，$\mathbf{R}^{n-1}$ における $\mathcal{F}'$-符号不変で弧状連結な部分集合 $\mathcal{C}'$ 上で $\mathcal{F}$ は描画可能になる．

この $\mathcal{F}'$ が第 2 章で説明した**射影因子族**になる．簡単のため，添字の範囲を省いて表すと，$\mathcal{F}'$ は以下のようになる．

$$\mathcal{F}' = \{a_j^{(i)}\} \cup \left\{\mathrm{PSC}_\ell\left(T_k(f_i), \frac{dT_k(f_i)}{dx_1}\right)\right\}$$
$$\cup \{\mathrm{PSC}_\ell(T_{k_i}(f_i), T_{k_j}(f_j))\}$$

注意 4.6 上記の $\mathcal{F}'$ は描画可能という意味では，$\mathcal{F}'$-符号不変という条件はかなり「強い」条件になっている．そのため，実装においては，いろいろな工夫を入れることになる．たとえば，係数に定数が現れると，そこまでで次数が確定するので，より細やかな対応ができる．

【例 4.1】 簡単な例で，$\mathcal{F}$ から $\mathcal{F}'$ を構成してみよう．$\mathcal{F} = \{f_1 = x_1^2 - x_2, f_2 = x_1 x_2 - 2\}$ とする．f_1 を x_1 の多項式と見たときの主係数は 1 であるため，いかなる x_2 の値に対しても 2 次式であることになる．一方，f_2 については，主係数が x_2 になるため，$T_1(f_2) = x_2 x_1 - 2, T_0(f_2) = -2$ が出てくるが，$T_0(f_2)$ は定数のため今回は考慮する必要がない．PSC を定義通りに計算すると $\mathrm{PSC}_0(f_1, \frac{df_1}{dx_1}) = -4x_2, \mathrm{PSC}_1(f_1, \frac{df_1}{dx_1}) = 2, \mathrm{PSC}_0(f_2, \frac{df_2}{dx_1}) = x_2, \mathrm{PSC}_0(f_1, f_2) = -x_2^3 + 4, \mathrm{PSC}_1(f_1, f_2) = x_2$ となる．符号が一定となる定数関数や定数倍の違いのものをとり除いて，

$$\mathcal{F}' = \{x_2, -x_2^3 + 4\}$$

となる．したがって **R** は $\mathcal{F}'$-符号不変な 5 個の弧状連結な部分集合（実は半代数的集合）$\mathcal{C}'_1 = \{x_2 > \sqrt[3]{4}\}, \mathcal{C}'_2 = \{x_2 = \sqrt[3]{4}\}, \mathcal{C}'_3 = \{0 < x_2 < \sqrt[3]{4}\}, \mathcal{C}'_4 = \{x_2 = 0\}, \mathcal{C}'_5 = \{x_2 < 0\}$ に分かれ，各々の上で $\mathcal{F}$ は描画可能となる．実際，$\mathcal{C}'_5$ 上では，f_1 は実根をもたず，f_2 は 1 つもつ．$\mathcal{C}'_4$ 上では，f_1 は実根が 1 つ（重根），f_2 は実根をもたない．$\mathcal{C}'_3$ と $\mathcal{C}'_1$ 上では，f_1 は実根を 2 つもち，f_2 は 1 つもつが共通根はない．$\mathcal{C}'_2$ 上では，f_1 は実根を 2 つもつ．一方，f_2 は実根を 1 つもち，それは f_1 との共通根になる．図 4.5 でこれらの状況が確認できる．

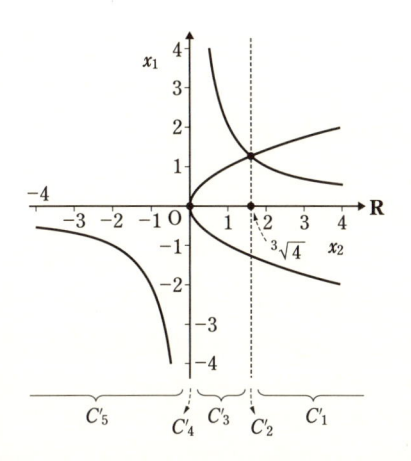

図 4.5 $\mathcal{F} = \{f_1 = x_1^2 - x_2, f_2 = x_1 x_2 - 2\}$ の描画

4.2 多項式の実根の数え上げと分離

CAD のアルゴリズムの底段階では，$\mathbf{R}(=\mathbf{R}^1)$ の分割を行う（次節で具体的な分割を説明する）．このとき，$\mathbf{R}$ の分割の標本点は，計算された射影因子族の実根と 2 つの隣りあう実根の間の任意の点から構成される．つまり，CAD の構成における底段階では，まず 1 変数多項式の実根を求める（表現する）ことが必要になるが，ここでは，前章で説明した実根の数え上げと定義多項式が使われる．

数え上げから復習しよう．$\mathbf{R}$ 上の 1 変数多項式 $f(x)$ が与えられた区間 $[a, b]$，ここで a, b は実数または $\pm\infty$，の中にいくつ実根があるかを決定することを**実根の数え上げ**といいスツルム列により計算できる．実根の数え上げが計算できると，区間 $(-\infty, \infty)$ での実根の数を求めることができ，それが $f(x)$ の実根の総数となる．この区間を次第に細分して，各区間に対して実根の数え上げを行い，実根が 2 つ以上ある場合にはさらに細分をくり返すことで，1 つずつ実根を含む区間を求めることができる．このような区間を**分離区間**と呼び，分離区間を求めることを**実根の分離**という．実際に，根の分離を行う際には，$f(x)$ の根の絶対値の**限界**を係数から評価する（[11] を参照）．

そこで，係数を用いて計算された限界を B とすると，区間 $-B < x < B$ からはじめて区間の幅を半分にしながら実根の個数を数える方法（2分法）により各根を1つだけ含む区間が計算できる．

実根の分離区間が求まると，根の近似値も得ることができる．いま，$f(x)$ のある実根 α の分離区間が $[c, d]$ と求められたとすると，α の近似値として $[c, d]$ の中の適当な値をとれば，誤差は $d - c$ 以下となる．さらに分離区間を2分法で細分して実根 α が含まれない区間を除いていくことでいくらでもこの分離区間を小さく，すなわち根の近似値の精度をよくすることができる．

一方，CAD の構成では，現れる多項式はすべて有理数係数が基本であり，持ち上げ段階ではそれ以前の段階の射影因子（多項式）の根が係数に含まれるものもとり扱う．そこで，それら多項式の実根（代数的数）を正確に扱って，GCD の計算や多項式の値（符号）を評価する計算などが必要となってくる（これらを代数拡大体上の計算と呼ぶ．3.6.2 項を参照）．

底段階では，実根の近似値だけではなく代数的数としての正確な「表現」も準備する．具体的には，実根（代数的数）α の「表現」として，α を根にもつ $\mathbf{Q}$ 上の既約多項式 $f_\alpha(x)$（**定義多項式**と呼ぶ）と α の分離区間 I_α の組を用いる．すなわち，α は次のような書き方で表現される．

$$\alpha : [f_\alpha(x), I_\alpha]$$

結局，上記のように表現された射影因子の実根と，隣りあう2つの実根の間の点（通常適当な有理数をとる）とから，底段階での $\mathbf{R}$ の分割の標本点が構成される．

4.2.1　持ち上げ段階と実根の数え上げ

持ち上げ段階でも多項式の実根の数え上げが行われる．例 4.1 の $\mathcal{F}$ を再度考えよう．$\mathcal{F}$ から $\mathcal{F}'$ を構成して $\mathbf{R}$ は5つの細胞 $\mathcal{C}'_1, \ldots, \mathcal{C}'_5$ に分割されている．これを $\mathcal{S}'$ と書き，$\mathcal{F}$ の CAD を $\mathcal{S}$ とする．

ここで，$\mathcal{S}'$ から $\mathcal{S}$ への持ち上げを簡単に見てみよう．とくに，$\mathcal{S}'$ の5つの領域のうち $\mathcal{C}'_2$ 上の持ち上げ，すなわち，$\mathcal{C}'_2$ 上の垂線 $x_2 = \sqrt[3]{4}$，つまり

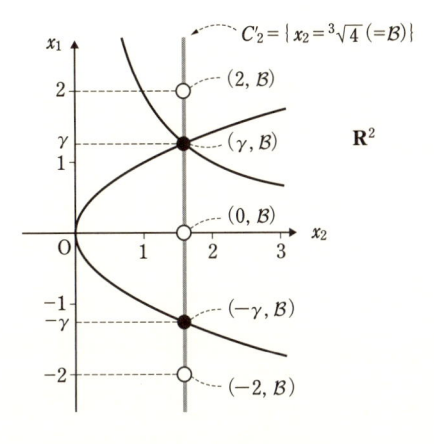

図 4.6 C'_4 上の持ち上げ

$(0, \sqrt[3]{4})$ を通る x_1 軸に平行な直線の分割を考える．以下では $\mathcal{B} = \sqrt[3]{4}$ とおく（図 4.6 を参照）．

C'_2 の標本点 $\mathcal{B} : [x^3 - 4, [1, 2]]$ を $\mathcal{F}$ の多項式 f_1, f_2 に代入すると，x_1 についての 1 変数多項式 $\{x_1^2 - \mathcal{B}, \mathcal{B}x_1 - 2\}$ を得る．これらの多項式の実根を求めることで（底段階の手順と同様で）$\mathcal{B}$ 上の垂線の分割が得られる．この場合，2 つの実根 $\pm\gamma$ ($\gamma = \sqrt{\mathcal{B}}$) が得られ，$\mathcal{B}$ 上の垂線の分割の標本点は，たとえば $\{-2, -\gamma, 0, \gamma, 2\}$ となる．C'_2 上で $\mathcal{F}$ は描画可能なので，$\mathcal{B} \in C'_2$ 上の垂線の分割ができれば空間 $\mathbf{R} \times C'_2$ の $\mathcal{F}$-符号不変な分割が得られる．$\mathbf{R} \times C'_2$ の $\mathcal{F}$-符号不変な分割の標本点は，$\{(-2, \mathcal{B}), (-\gamma, \mathcal{B}), (0, \mathcal{B}), (\gamma, \mathcal{B}), (2, \mathcal{B})\}$ となる．すべての C'_i に対して同様の手順を行うことで $\mathcal{S}'$ から $\mathcal{S}$ への持ち上げ段階が完了する．

このように，持ち上げ段階においては，係数に代数的数を含む多項式の実根の数え上げや分離が必要となる．ここでもスツルムの定理にもとづいて数え上げと分離を行うが，底段階との違いは，「代数拡大体上での計算」が必要なことである．

代数的数を扱う部分は，CAD の計算の効率にも大きく影響する（標本点が有理数の場合には代数拡大はないため底段階と同様に扱うことができるこ

4.2 多項式の実根の数え上げと分離　　173

とに注意する）．代数的数の計算，符号・零判定などについては，持ち上げ段階の説明とあわせて次節でくわしく述べる．

4.3 持ち上げ段階

持ち上げ段階では，底段階からはじまり1段ずつ上げていく操作を行う．ここでは，底段階 $\mathcal{S}_1$ から $\mathcal{S}_2$ へと1段上げてみよう．$\mathcal{S}_i$ から $\mathcal{S}_{i+1}$ の持ち上げも同様に示される．

4.3.1 持ち上げの基本と補助多項式

1次の射影因子族を $\mathcal{F}_1 = \{f_1^{(1)}, \ldots, f_{r_1}^{(1)}\}$ とする．底段階では，$\mathcal{F}_1$ の CAD $\mathcal{S}_1$ が計算されているが，これは，

$$\mathbf{R} = \bigcup_i \mathcal{C}_i^{(1)}$$

となる細胞分割を計算することであり，各細胞 $\mathcal{C}_i^{(1)}$ 上，$f_j^{(1)}$ の符号は一定となる．議論を簡単にするために，CAD 理論では，

$$\Pi(\mathcal{F}_1) = \prod_{i=1}^{r_1} f_i^{(1)}$$

を考えて，多項式を1つだけにする．これを1次の**補助多項式 (auxiliary polynomial)** と呼ぶ（$\Pi(\mathcal{F}_1)$ 自体を **射影因子**と呼ぶこともある）．

注意 4.7 異なる根を数え上げるため，各 $f_i^{(1)}$ は無平方にしておく（計算法は前章で説明したように微分と GCD を使う）．また同様に $\Pi(\mathcal{F}_1)$ も無平方にして考える．実際の効率を考えると，個々の $f_i^{(1)}$ ごとに根を数え上げ，根の分離を細かくとって他の $f_j^{(1)}$ の根とも分離する方法が有効である．

すると，$\mathcal{S}_1$ は $\Pi(\mathcal{F}_1)$ の実根の数え上げと根の分離に他ならないことがわかるであろう．$\Pi(\mathcal{F}_1)$ の異なる実根の個数を k_1 とし，その根を $\mathcal{B}_1 > \cdots > \mathcal{B}_{k_1}$ とする．このとき，$\mathcal{S}_1$ は $\mathbf{R}$ の分割 $\mathbf{R} = \bigcup_{i=1}^{2k_1+1} \mathcal{C}_i^{(1)}$ で，

$$\mathcal{C}_1^{(1)} = \{\alpha_n \in \mathbf{R} \mid \alpha_n > \mathcal{B}_1\},$$
$$\mathcal{C}_2^{(1)} = \{\alpha_n \in \mathbf{R} \mid \alpha_n = \mathcal{B}_1\},$$
$$\vdots$$
$$\mathcal{C}_{2k_1}^{(1)} = \{\alpha_n \in \mathbf{R} \mid \alpha_n = \mathcal{B}_{k_1}\},$$
$$\mathcal{C}_{2k_1+1}^{(1)} = \{\alpha_n \in \mathbf{R} \mid \alpha_{k_1} < \mathcal{B}_{k_1}\}$$

となる.各 $\mathcal{C}_i^{(1)}$ は区間または1点からなる集合であるので,弧状連結であって,それらは $\mathbf{R}^0$ または $\mathbf{R}$ に位相同型である.

各 $\mathcal{C}_i^{(1)}$ から標本点 $P_i^{(1)}$ を1つずつ選んでおく.$\mathcal{C}_{2i}^{(1)}$ の標本点は $\mathcal{B}_i$ に他ならない.$\mathcal{B}_i$ が有理数でない,つまり $P_{2i}^{(1)}$ が有理数でない場合には,$P_{2i}^{(1)}$ は $[g, I]$ の形で表現される.ここで,g は $\mathcal{B}_i$ の**定義多項式**であり,I は**分離区間** $[a, b]$ でこの中に $\mathcal{B}_i$ が入る.

では,$\mathcal{S}_1$ から $\mathcal{F}_2 = \{f_1^{(2)}, \ldots, f_{r_2}^{(2)}\}$ の CAD $\mathcal{S}_2$ の構成を説明しよう.

$\mathcal{S}_1$ の細胞 $\mathcal{C}$ を考える.$\mathcal{C}$ の標本点を P とする(記号を簡潔にするため,添字をなるべく省くことにする).$\mathcal{C}$ 上恒等的に0になる多項式が $\mathcal{F}_2$ にあればそれを除いて,$\mathcal{C}$ 上の **2次の補助多項式**,

$$\Pi(\mathcal{F}_2)(x_{n-1}, x_n) = \prod_{f_i^{(2)} \not\equiv 0 \text{ on } \mathcal{C}} f_i^{(2)}(x_{n-1}, x_n)$$

を構成する($f_i^{(2)} \not\equiv 0$ on $\mathcal{C}$ は $\mathcal{C}$ 上で $f_i^{(2)}$ が恒等的に0にならないという意味である).$\mathcal{C}$ 上 $\mathcal{F}_2$ は描画可能であるので,$\Pi(\mathcal{F}_2)$ も描画可能であり,$\mathcal{C}$ 上異なる実根の個数は一定でそれらが交わることはなく,各実根は $\mathcal{C}$ 上の関数として定義される.そこで,標本点 P を使って,実根の個数を数える.すなわち,x_{n-1} の1変数多項式 $\Pi(\mathcal{F}_2)(x_{n-1}, P)$ の実根の数え上げと,その分離を行い.

注意 4.8 ある $f_i^{(2)}$ が $\mathcal{C}$ 上恒等的に 0 になったとする.このとき,$\mathbf{R} \times \mathcal{C}$ では $f_i^{(2)}$ は 0 であるので $f_i^{(2)}$ の符号は一定である.したがって,$\mathcal{F}_2$ の CAD を考える上では $f_i^{(2)}$ を除外してもかまわない.

結果として，実根の個数が ℓ であったとして，実根を $\gamma_1 > \cdots > \gamma_\ell$ とする．このとき注意することは，γ_i が有理数でない（無理数）場合の表現である．P が無理数の場合には，γ_i の満たす多項式 $\Pi(\mathcal{F}_2)(x_{n-1}, P)$ の係数には無理数が現れる．このような場合には，γ_i の満たす有理数係数の定義多項式を計算する必要があるが，次の持ち上げでは P, γ_i が現れる多項式の計算が予想されるので，P, γ_i の加減乗除が正確に実行される必要がある．そこで 3.6 節で説明したいくつかの方法で γ_i が表現（定義）される．たとえば，「逐次拡大型」と呼ばれるより効率的な表現では，P の満たす定義多項式 g と拡大体 $\mathbf{Q}(P)$ 上の γ_i の満たす定義多項式 h のペアをもってきて，分離区間を加えた $[[g, h], I]$ の形で γ_i が表現される．

ℓ 個の実根たちは $\mathcal{C}$ 上の関数として考えることができるので，それらを $B_1 > \cdots > B_\ell$ とする（ここで $B_i(P) = \gamma_i$ である）．すると，$\mathbf{R} \times \mathcal{C}$ での $\mathcal{F}_2$ の CAD（つまり $\mathbf{R} \times \mathcal{C}$ の中の $\mathcal{F}_2$-符号不変な細胞）は，

$$\mathcal{C}^{(2)}_1 = \{(\alpha_{n-1}, \alpha_n) \in \mathbf{R}^2 \mid \alpha_n \in \mathcal{C}, \alpha_{n-1} > B_1(\alpha_n)\},$$
$$\mathcal{C}^{(2)}_2 = \{(\alpha_{n-1}, \alpha_n) \in \mathbf{R}^2 \mid \alpha_n \in \mathcal{C}, \alpha_{n-1} = B_1(\alpha_n)\},$$
$$\vdots$$
$$\mathcal{C}^{(2)}_{2\ell} = \{(\alpha_{n-1}, \alpha_n) \in \mathbf{R}^2 \mid \alpha_n \in \mathcal{C}, \alpha_{n-1} = B_\ell(\alpha_n)\},$$
$$\mathcal{C}^{(2)}_{2\ell+1} = \{(\alpha_{n-1}, \alpha_n) \in \mathbf{R}^2 \mid \alpha_n \in \mathcal{C}, \alpha_{n-1} < B_\ell(\alpha_n)\}$$

となる．各細胞 $\mathcal{C}^{(2)}_i$ の標本点 $P^{(2)}_i$ は，x_n 成分を P にして，$\Pi(\mathcal{F}_2)(x_{n-1}, P)$ の実根の数え上げと根の分離の結果から x_{n-1} 成分を計算することで得られる（たとえば，$P^{(2)}_{2i} = (\gamma_i, P)$ となる）．

【例 4.2】 例 4.1 で構成してみよう．$\mathcal{F}_2 = \{f^{(2)}_1 = x_1^2 - x_2, f^{(2)}_2 = x_1 x_2 - 2\}$，$\mathcal{F}_1 = \{f^{(1)}_1 = x_2, f^{(1)}_2 = -x_2^3 + 4\}$ であった．1 次の補助多項式は $\Pi(\mathcal{F}_1) = x_2(-x_2^3 + 4)$ で，2 個の実根 $\mathcal{B}_1 = 0, \mathcal{B}_2 = \sqrt[3]{4}$ がある．$\mathcal{B}_2$ は $[x^3 - 4, [1.5, 1.6]]$ と表現できる．$\Pi(\mathcal{F}_1)$ の CAD $\mathcal{S}_1$ は，

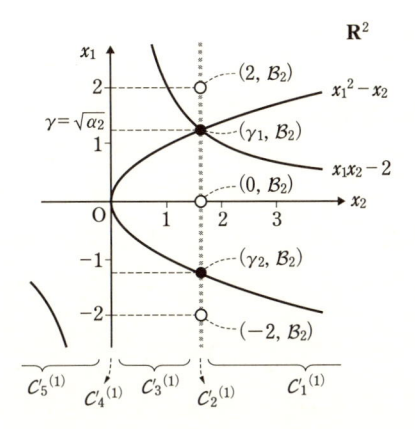

図 4.7 $\mathcal{S}_1$ から $\mathcal{S}_2$ への持ち上げ

$$\mathcal{C}_1^{(1)} = \{\alpha_2 \in \mathbf{R} \mid \alpha_2 > \mathcal{B}_2\},$$
$$\mathcal{C}_2^{(1)} = \{\alpha_2 \in \mathbf{R} \mid \alpha_2 = \mathcal{B}_2\},$$
$$\mathcal{C}_3^{(1)} = \{\alpha_2 \in \mathbf{R} \mid 0 < \alpha_2 < \mathcal{B}_2\},$$
$$\mathcal{C}_4^{(1)} = \{\alpha_2 \in \mathbf{R} \mid \alpha_2 = 0\},$$
$$\mathcal{C}_5^{(1)} = \{\alpha_2 \in \mathbf{R} \mid \alpha_2 < 0\}$$

となり,標本点として $P_1 = 2, P_2 = \mathcal{B}_2, P_3 = 1, P_4 = 0, P_5 = -1$ がとれる.そこで,$\mathcal{C}_2^{(1)}$ を底とする $\mathcal{F}_2$ の CAD を見てみよう.$\Pi(\mathcal{F}_2)(x_1, \mathcal{B}_2) = (x_1^2 - \mathcal{B}_2)(\mathcal{B}_2 x_1 - 2)$ となり,この根は 2 個あり,$\gamma_1 = \sqrt[3]{2}, \gamma_2 = -\sqrt[3]{2}$ となる.γ_1 の表現は,逐次拡大型として $[[x^3 - 4, y^2 - x], [1.2, 1.3]]$ のように表現される (3.6 節を参照).一方,γ_2 の表現は,γ_1 と定義多項式は同一であるが異なる分離区間を用いて表すことができる.すなわち,逐次拡大型として $[[x^3 - 4, y^2 - x], [-1.3, -1.2]]$ のように表現される.

注意 4.9 1 次の射影因子のときと同様に,各 $f_i^{(2)}$ も無平方にしておくことで効率化が期待できる.底となる $\mathcal{S}_1$ の細胞が 1 点 α のときには,$f_i^{(2)}(x_{n-1}, \alpha)$ は拡大体 $\mathbf{Q}(\alpha)$ 上の 1 変数多項式となる.このとき,微分と $\mathbf{Q}(\alpha)$ 上の多項式の GCD の計算により,無平方化が計算できる.同様に $\Pi(\mathcal{F}_2)(x_{n-1}, \alpha)$ も無平方をするこ

とができる（拡大体 $\mathbf{Q}(\alpha)$ については 3.6 節を参照）．

4.3.2　半代数的集合の定義式

QE で CAD を利用するためには，束縛変数を ℓ 個 $(x_1,\ldots,x_\ell)$ とし，自由変数を $n-\ell$ 個 $(x_{\ell+1},\ldots,x_n)$ とするとき，第 $n-\ell$ 段の CAD $\mathcal{S}_{n-\ell}$ の各細胞が**半代数的集合**として定義される必要がある．実際，**タルスキーの定理**（[4] を参照）を用いれば，理論的に半代数的集合であることは証明されるが，QE で使う場合には，具体的な式を用いて定義されている必要がある．

2.5 節で説明したように，与えられた制約を満たす $\mathcal{S}_n$ の細胞に含まれる（射影になっている）ような $\mathcal{S}_{n-\ell}$ の細胞たちの「満たす条件式」が求めるべき限量子をとり除いた式となる．この満たす条件式こそ，各細胞を半代数的集合として定義する**代数的命題文**である．これらを計算するには，その下の段の CAD $\mathcal{S}_1,\ldots,\mathcal{S}_{n-\ell-1}$ の各細胞もすべて半代数的集合として具体的に定義されている必要がある．

以下では ℓ として自由変数の個数に限定することなしに一般の値 $\ell = 1,\ldots,n$ として扱い，$\mathcal{F}_\ell$ の CAD $\mathcal{S}_\ell$ の各細胞を半代数的集合として表現する代数的命題文を**定義式 (defining formula)** と呼ぶことにして，定義式の具体的な計算法について説明する（詳細は [3, 4] を参照）．

注意 4.10　QE の応用として考える最適化問題では，通常自由変数は目的関数の値を指す変数だけなので，実際には底の段 $\mathcal{S}_1$ の各細胞の定義式を計算すればよいことになる．

まず簡単な例を見てみよう．$\Pi(\mathcal{F}_1) = x_n^2 - 2$ とする．簡単のため，$G(x_n)$ でこの多項式を表すことにする．このとき，$\mathcal{S}_1$ は 5 個の細胞より構成される．ここで，$\mathcal{B}_1, \mathcal{B}_2$ は 2 つの実根で，$\mathcal{B}_1 > \mathcal{B}_2$ とする（具体的には，$\mathcal{B}_1 = \sqrt{2}, \mathcal{B}_2 = -\sqrt{2}$ となる）．

$$\mathcal{C}_1^{(1)} = \{\alpha_n \mid \alpha_n > \mathcal{B}_1\},$$
$$\mathcal{C}_2^{(1)} = \{\alpha_n \mid \alpha_n = \mathcal{B}_1\},$$
$$\mathcal{C}_3^{(1)} = \{\alpha_n \mid \mathcal{B}_1 > \alpha_n > \mathcal{B}_2\},$$

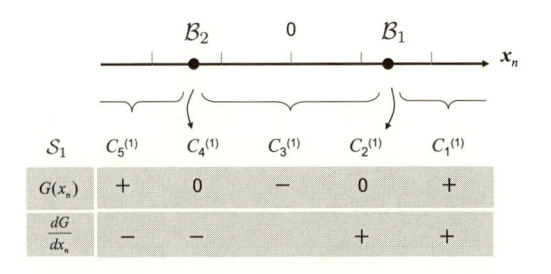

図 4.8 $\Pi(\mathcal{F}_1) = x_n^2 - 2$ の CAD $\mathcal{S}_1$ と定義式

$$\mathcal{C}_4^{(1)} = \{\alpha_n \mid \alpha_n = \mathcal{B}_2\},$$
$$\mathcal{C}_5^{(1)} = \{\alpha_n \mid \alpha_n < \mathcal{B}_2\}$$

各 $\mathcal{C}_i^{(1)}$ $(i = 1, \ldots, 5)$ を半代数的集合として定義するような代数不等式の候補として，G の符号がまず考えられるが，これだけでは一般には不十分である．実際，$\mathcal{C}_3^{(1)}$ は $\{\alpha_n \mid G(\alpha_n) < 0\}$ として半代数的集合として与えられるが，$\mathcal{C}_1^{(1)}$ と $\mathcal{C}_5^{(1)}$ はともに $G(\alpha_n) > 0$ であり，$\mathcal{C}_2^{(1)}$ と $\mathcal{C}_4^{(1)}$ では，$G(\alpha_n) = 0$ となる．つまり，細胞たちは G の符号のみでは「分離」できず，分離するためには G の微分の符号が必要になる．

G の一階の微分 $\frac{dG}{dx_n}$ は $2x_n$ となる．このとき，

$$\mathcal{C}_1^{(1)} = \left\{\alpha_n \,\middle|\, G(\alpha_n) > 0, \frac{dG}{dx_n}(\alpha_n) > 0\right\},$$
$$\mathcal{C}_5^{(1)} = \left\{\alpha_n \,\middle|\, G(\alpha_n) > 0, \frac{dG}{dx_n}(\alpha_n) < 0\right\}$$

となり，正しく分離され，半代数的集合としての定義式が与えられる．

上の例では 2 次式で，一階の微分を付け加えただけであるが，一般には最悪の場合に m 次式では m 階の微分まで必要になる．基本となる原理は 3.5 節で説明した**トムの補題 (Thom's lemma)** である．

射影因子をすべてかけて 1 つの多項式（補助多項式）にしているので，補助多項式の主変数に関するフーリエ列を考えることになる．しかし，この場合には補助多項式の次数が高いのでフーリエ列も長くなり，計算効率を考え

ると望ましくない状況である．一方，個々の射影因子に注目すれば，複数の多項式のトムの補題が適用でき，この場合には，個々の因子のフーリエ列を合わせればよいので，こちらのほうが計算の効率がよくなる（これが 3.5 節で**複数の多項式のトムの補題**もあわせて紹介した理由である）．ここで，複数の多項式のトムの補題を復習すると，その本質は以下である．

> 微分について閉じている多項式集合の符号によって定まる「半代数的集合」は空でないならば「弧状連結」である．

つまり，各細胞は弧状連結であったので，各細胞が多項式集合の符号によりただ 1 つだけ定まるためには，「微分について閉じている多項式集合」を用いればよいことがわかる．トムの補題は 1 変数多項式であるので，$\ell = 1$ の場合はトムの補題がそのまま使えて，すべての細胞が半代数的であることが示される．$\ell > 1$ の場合には，トムの補題を多変数でも使えるように拡張する必要がある．

3.5 節において**フーリエ列**を一般化したものとして，**微分について閉じた集合**を定義した．これを多変数の場合にも拡張しておく．以下 i を n 未満の自然数とする．

定義 4.3 $\mathcal{G}$ を $x_{n-i}, \ldots, x_n$ を変数とする有限個の多項式の集合とする．$\mathcal{G}$ が**微分について閉じている**とは，$\mathcal{G}$ のすべての要素 G に対して，G の主変数 x_{n-i} に関する微分も $\mathcal{G}$ の要素となることをいう．

実際に，$\mathcal{S}_{\ell-1}$ から $\mathcal{S}_\ell$ 段への持ち上げにトムの補題を対応させると以下になる（ここで $\ell > 1$ とする）．

定理 4.3（トムの補題の CAD への拡張） $\mathcal{G}$ を $x_{n-\ell+1}, \ldots, x_n$ を変数とする有限個の多項式の集合，$\mathcal{C}'$ を $\mathbf{R}^{\ell-1}$ での弧状連結な半代数的集合とし，$\mathcal{C}'$ 上 $\mathcal{G}$ は描画可能とする．さらに，$\mathcal{G}$ は微分について閉じているとする．このとき，$\mathbf{R} \times \mathcal{C}'$ の CAD（細胞分割）$\{\mathcal{C}_1, \ldots, \mathcal{C}_s\}$ を考えると，各細胞は半代数的集合として $\mathcal{C}'$ の定義式と $\mathcal{G}$ の符号で定義される．

ここで,「各細胞は半代数的集合として $\mathcal{C}'$ の定義式と $\mathcal{G}$ の符号で定義される」とは, $\mathcal{G} = \{G_1, \ldots, G_s\}$ とし,細胞 $\mathcal{C}$ において, G_i の符号が σ_i であるとき, $\mathcal{C}$ の定義式は $\mathcal{C}'$ の定義式と $\{G_1 \rho_1 0 \land G_2 \rho_2 0 \land \cdots \land G_s \rho_s 0\}$ の論理積(かつ)になることを意味する.ここで, ρ_i は σ_i により以下で定まる.

$$\rho_i = \begin{cases} = & (\sigma_i = 0 \text{ のとき}), \\ > & (\sigma_i = + \text{ のとき}), \\ < & (\sigma_i = - \text{ のとき}) \end{cases}$$

証明 底 $\mathcal{C}$ 上の点 $\alpha' = (\alpha_{n-\ell+2}, \ldots, \alpha_n)$ を1つとり,1変数多項式の集合 $\mathcal{G}' = \{G_1(x_{n-\ell+1}, \alpha'), \ldots, G_s(x_{n-\ell+1}, \alpha')\}$ を考える.このとき,代入操作と微分は「可換」であるので $\mathcal{G}'$ は微分について閉じていることがわかる.そこで,トムの補題(定理3.7)を適用する.このとき, $x_{n-\ell+1}$ が動く実数全体 **R** においては $\mathcal{G}'$ の符号が一定となる部分集合は開区間または1からなる点集合となる.ここで,1点からなる集合の場合には $\mathcal{G}'$ の実根であることに注意する.

そこで各 $\mathcal{C}_i$ の標本点 P_i として α' 上の点,つまり $(\beta_i, \alpha_{n-\ell+2}, \ldots, \alpha_n)$ となる点をとれば, $i \neq j$ であれば P_i における $\mathcal{G}$ の符号と P_j における $\mathcal{G}$ の符号は異なることを示す.これが示されれば各 $\mathcal{C}_i$ は $\mathcal{G}$-符号不変であり, $i \neq j$ であれば $\mathcal{C}_i$ での $\mathcal{G}$ の符号と $\mathcal{C}_j$ での $\mathcal{G}$ の符号が異なることが示される.よって,各 $\mathcal{C}_i$ は $\mathcal{G}$ の符号と $\mathcal{C}$ の定義式により定義されることになる.

以下では, $i \neq j$ であって P_i における $\mathcal{G}$ の符号と P_j における $\mathcal{G}$ の符号が等しいと仮定して矛盾を導く.仮定より, $P_i \neq P_j$ であって P_i, P_j は同じ符号を与えるので, P_i の $x_{n-\ell+1}$ 座標である β_i と P_j の $x_{n-\ell+1}$ 座標である β_j に対して, $\beta_i \neq \beta_j$ であって, **R** の分割では β_i, β_j は同じ区間に属することになる.これは, β_i も β_j も $\mathcal{G}'$ の実根にはならないことも意味する.なぜならば,どちらかが実根になると, **R** の分割において,それを含む集合は1点からなる集合になるので矛盾となるからである.

そこで,CAD の定義より, β_i と β_j の間には $\mathcal{G}'$ の実根が存在することになり,それは別のある細胞(ここでは $\mathcal{C}_t$ とする)の標本点の $x_{n-\ell+1}$ 座標

となる．これは β_i, β_j を含む区間の中の要素で $\mathcal{G}'$ の実根となるもの (β_t) があることを意味し，$\mathbf{R}$ の分割において，それを含む集合は 1 点からなる集合になるので，これも矛盾となる． (証明終わり)

実際の計算では，各射影因子の族 $\mathcal{F}_\ell$ から微分に関して閉じた多項式集合を構成することになる．すなわち，$\mathcal{F}_\ell$ の各元すべてに対してそのすべての高階微分を計算したものを集めることになる．定理 4.3 では，この微分した多項式に対しても描画可能が要求されるので，細胞の定義式を正しく構成するには，射影されるすべての多項式の微分に関して閉じた多項式集合を構成することになる．これを $\mathcal{F}'_\ell$ とし，この $\mathcal{F}'_\ell$-符号不変な細胞分割を与えるための射影を**増補射影 (augmented projection)** という．増補射影による CAD を $\mathcal{S}'_\ell$ と書くことにする．

いつでも各細胞の定義式が計算できるためには増補射影が必要であるが，最初から導入すると非常に繁雑になってしまい，計算効率も悪くなる．そこで，有効な細胞のみに計算を適用すればよいことがわかるであろう．また，区別のためにすべての高階微分が必ずしも必要ではないことより，必要な高階微分のみを加えるなどの種々の効率化への工夫が導入されることになる．

最後に $\mathcal{F}_\ell$ に対する CAD $\mathcal{S}_\ell$ に戻ろう．各細胞 $\mathcal{C}$ は，増補射影の CAD $\mathcal{S}'_\ell$ により細分化される．すなわち，ある $\mathcal{S}'_\ell$ の細胞 $\mathcal{C}'_1, \ldots, \mathcal{C}'_t$ が存在して，

$$\mathcal{C} = \bigcup_{i=1}^{t} \mathcal{C}'_i$$

と書ける．定理 4.3 より，$\mathcal{F}_{\ell-1}$ の CAD の各細胞が半代数的集合であれば，各 $\mathcal{C}'_i$ は半代数的集合であることが示されている．よって，その和集合も半代数的集合となることから $\mathcal{C}$ も上の仮定の下で，半代数的集合となることが示される．そこで，ℓ に関する帰納法を使えば，$\mathcal{C}$ は半代数的集合であることが示される（帰納法の最初の段階である $\mathcal{F}_1$ の CAD の各細胞が半代数的であることはトムの補題（定理 3.7）で示されている）．

系 4.1 各段で構成される CAD における各細胞は半代数的集合である．つ

まり，いくつかの連立不等式で表される半代数的集合の和集合と表すことができる．

最後に，持ち上げの各段で構成された CAD は，半代数的細胞分割（定義 2.3）になっていることを述べておく（ただし定義 2.3 の条件 (3) は除外する）．とくに弧状連結性は描画可能のために必要な条件であり各持ち上げのステップ（$\mathcal{S}_{\ell-1}$ から $\mathcal{S}_\ell$）を議論する基盤となっている．

定理 4.4　持ち上げの各 ℓ 段，$\ell = 1, \ldots, n$，で構成された CAD $\mathcal{S}_\ell$ は以下を満たす．ここで $\mathcal{S}_\ell = \{\mathcal{C}_1, \ldots, \mathcal{C}_{s_\ell}\}$ とする．

(1) $\mathbf{R}^\ell = \bigcup_{i=1}^{s_\ell} \mathcal{C}_i$ は $\mathbf{R}^\ell$ の分割となる．

(2) 各 $\mathcal{C}_i$ は $\mathcal{F}_\ell$-符号不変であり，半代数的集合である．

(3) 各 $\mathcal{C}_i$ は弧状連結であり，ある非負整数 d_i をとれば $\mathbf{R}^{d_i}$ に同相である．

(4) $\mathcal{F}_\ell$ の各元（射影因子）が持ち上げにおいて，各底の上の関数として恒等的に 0 になることがないならば，各 $\mathcal{C}_i$ の閉包はいくつかの細胞たちの和集合で表すことができる．

証明　(1) は構成法より $\mathcal{C}_i$ たちが全空間 $\mathbf{R}^\ell$ を埋め尽くすことより示される．また，$\mathcal{F}_\ell$-符号不変であるように構成しているので，(2) の前半もただちに成り立つ．さらに，系 4.1 より $\mathcal{C}_i$ が半代数的集合であることも示されている．(3) の後半（次元）と (4) は CAD 自体の計算には必要としないので，ここでは証明しない．興味のある読者は文献 [3, 4] を参照してほしい（ここで (4) の条件は，CAD が **well-based** と呼ばれるための条件であり，満たされない場合には変数の線形変換[3])を行うことで問題の本質は変わらずに (4) の条件を満たすようにできることが知られている）．

最後に (3) の前半，すなわち $\mathcal{C}_i$ が弧状連結であることの証明を与えよう．これは，ℓ に関する帰納法により証明する．

---

3) 各変数 x_i を適当な **Q**-線形和 $a_{i,1}x_1 + \cdots + a_{i,n}x_n$ で置き換えること．

$\ell = 1$ のとき：$\mathcal{S}_1$ の各細胞 $\mathcal{C}$ は開区間であるか，1 点からなる集合である．したがって $\mathcal{C}$ は弧状連結である（$\mathcal{C}$ が開区間 (a,b) のとき，(a,b) の 2 点 α, β に対して，α から β の半直線が (a,b) 内の集合であって α から β への連続な弧である）．

以下では $n-1$ 以下の自然数 ℓ に対し $\mathcal{S}_\ell$ の各細胞が弧状連結であるとき，$\mathcal{S}_{\ell+1}$ の各細胞も弧状連結であることを示す．これには，定理 4.1 の証明の (2) での議論がそのまま使える（ここでは n の代わりに $\ell+1$ を考え，主変数を $x_{n-\ell}$ とし，$\mathcal{C}'$ の代わりに $\mathcal{S}_\ell$ の細胞をとればよい）．よって $\mathcal{S}_{\ell+1}$ の各細胞も弧状連結であることが示される．

以上により，すべての ℓ ($\ell = 1, \ldots, \ell$) に対して各細胞が弧状連結であることが帰納法により示された． （証明終わり）

4.4　CAD を用いた QE

まず 2.5 節を復習する．対象とする論理式を冠頭標準形として QE 問題を考える．

$$Q_k x_k Q_{k-1} x_{k-1} \cdots Q_1 x_1 (\varphi(x_1, \ldots, x_n)) \tag{4.1}$$

ここで各 Q_i は限量記号 $\forall$ または $\exists$ を表し，φ は代数的命題文とする．

CAD を利用した QE では，φ に現れる多項式の集合 $\mathcal{F}_n$ に対して，$\mathcal{F}_n$-符号不変 CAD $\mathcal{S}_n$ を $x_n, x_{n-1}, \ldots$ の順で変数を増やしながら $\mathcal{S}_1$ より再帰的に計算する．このとき，自由変数 $x_{k+1}, \ldots, x_n$ のみからなる多項式の集合 $\mathcal{F}_{n-k+1}$ が計算されて，$\mathcal{S}_{n-k+1}$ によって導かれる $\mathbf{R}^{n-k+1}$ の CAD $\mathcal{S}_{n-k+1}$ は $\mathcal{F}_{n-k+1}$-符号不変細胞分割になる．各 $\mathcal{S}_{n-k+1}$ の細胞 $\mathcal{C}'$ に対して，「$\mathcal{C}'$ が有効な細胞であるかどうか」は，「$\mathcal{C}'$ を含む $\mathcal{S}_n$ の各細胞上で φ が成り立つかどうか」によって検査される．この検査には標本点が使われる．たとえば，$Q_1, \ldots, Q_k$ がすべて $\exists$ であれば，$\mathcal{C}'$ を含む $\mathcal{S}_n$ の細胞で φ が成り立つもの，すなわち真となるものが 1 つでもあれば，$\mathcal{C}'$ は**有効な細胞**になる．また，$\forall, \exists$ が混在する場合も，逐次的なチェックを行うことで，$\mathcal{C}'$ が有効な細胞であるかどうかを判定できる．すべての有効な細胞を集め，それらの定義

式の論理和をとれば，元の問題と等価な限量記号のない論理式，つまり**解の式**となる．自由変数がない場合は，真偽を判定する**決定問題**となり，各細胞の定義式を計算する必要はない．

ここで，**有効**な細胞について説明を加えよう．以下の補題 4.1 は冠頭標準形で表された命題に対して，**各細胞単位で真偽が定まる**ことを示している．また，証明では，どのようにして有効な細胞かを調べるかを帰納的に示している（とくに $\forall$ の場合にどう処理するかに注目してほしい）．

補題 4.1 式 (4.1) に対して構成された $\mathcal{S}_{n-k}$ の CAD の細胞 $\mathcal{C}'$ に対して，以下の (1),(2) は同値となる．

(1) $\mathcal{C}'$ のある点 $\alpha' = (\alpha_{k+1}, \ldots, \alpha_n)$ に対して，

$$\mathcal{Q}_k x_k \mathcal{Q}_{k-1} x_{k-1} \cdots \mathcal{Q}_1 x_1 (\varphi(x_1, x_2, \ldots, x_k, \alpha_{k+1}, \ldots, \alpha_n))$$

が真となる．

(2) $\mathcal{C}'$ の任意の点 $\alpha' = (\alpha_{k+1}, \ldots, \alpha_n)$ に対して，

$$\mathcal{Q}_k x_k \mathcal{Q}_{k-1} x_{k-1} \cdots \mathcal{Q}_1 x_1 (\varphi(x_1, x_2, \ldots, x_k, \alpha_{k+1}, \ldots, \alpha_n))$$

が真となる．

（上記の否定を考えれば，真を偽に置き換えても同値であることに注意する）．

証明 (2) ならば (1) は明らかであるので，(1) ならば (2) を示す．これを，k に関する帰納法で証明する．

(I) $k = 0$ のとき：$\mathcal{C}'$ は $\mathcal{S}_n$ の CAD の細胞であるので，$\mathcal{C}'$ のすべての点で $\mathcal{F}_n$ の符号は一定である．これは，$\mathcal{C}'$ のある点で $\mathcal{F}_n$ の符号が φ を真にすれば，$\mathcal{C}'$ のすべての点で $\mathcal{F}_n$ の符号が φ を真にすることを意味する．よって $k = 0$ のとき，(1) ならば (2) が成り立つことが示された．

(II) $k = \ell, \ell = 0, \ldots, n-1$，まで正しいと仮定して，$k = \ell + 1$ の場合を考える．すなわち $\mathcal{C}'$ は $\mathcal{S}_{n-\ell-1}$ の CAD の細胞であり，$\alpha' = (\alpha_{\ell+2}, \ldots, \alpha_n)$ であ

る. $\mathcal{S}_{n-\ell-1}$ を持ち上げた $\mathcal{S}_{n-\ell}$ の CAD で $\mathcal{C}'$ を底面とするものを $\hat{\mathcal{C}}_1, \ldots, \hat{\mathcal{C}}_t$ とする. このとき, $\mathbf{R} \times \mathcal{C}' = \hat{\mathcal{C}}_1 \cup \cdots \cup \hat{\mathcal{C}}_t$ である.

$\mathcal{C}'$ の各元 $P' = (p_{\ell+2}, \ldots, p_n)$ に対して命題 $\mathcal{P}'_{P'}$ を以下のように定める.

$$\mathcal{P}'_{P'} = \mathcal{Q}_{\ell+1} x_{\ell+1} \cdots \mathcal{Q}_1 x_1 (\varphi(x_1, \ldots, x_{\ell+1}, p_{\ell+2}, \ldots, p_n))$$

このような $\mathcal{P}'_{P'}$ を P' の上の命題と呼ぶことにする. 同様に $\mathbf{R} \times \mathcal{C}'$ の各元 $P = (p_{\ell+1}, \ldots, p_n)$ に対して, P の上での命題 $\mathcal{P}_P$ を以下で定める.

$$\mathcal{P}_P = \mathcal{Q}_\ell x_\ell \cdots \mathcal{Q}_1 x_1 (\varphi(x_1, \ldots, x_\ell, p_{\ell+1}, p_{\ell+2}, \ldots, p_n))$$

以下 $\mathcal{Q}_{\ell+1}$ が ∃ である場合と $\mathcal{Q}_{\ell+1}$ が ∀ である場合に分けて証明する.

(i) $\mathcal{Q}_{\ell+1}$ が ∃ である場合：このとき, 任意の $\beta' \in \mathcal{C}'$ に対して,

$$\mathcal{P}'_{\beta'} \Leftrightarrow \mathcal{P}_{P_1} \vee \mathcal{P}_{P_2} \vee \cdots \vee \mathcal{P}_{P_t}$$

である. ここで, 各 P_i は β' の上にある $\hat{\mathcal{C}}_i$ の点とする.

これが成り立つことが示されれば, ある $\alpha' \in \mathcal{C}'$ で $\mathcal{P}'_{\alpha'}$ が真であれば, ある i が存在して, α' の上にある P_i の上で $\mathcal{P}_{P_i}$ が真となる. そこで, $\hat{\mathcal{C}}_i$ の点 P_i で $\mathcal{P}_{P_i}$ が真になったので, 帰納法の仮定より, $\hat{\mathcal{C}}_i$ の任意の点 P_i の上でも真になる. 一方, $\mathcal{C}'$ の任意の元 γ' に対して, γ' の上にあるように $\hat{\mathcal{C}}_i$ の元 P'_i がとれるので, $\mathcal{P}_{P'_i}$ が真となり, $\mathcal{P}'_{\gamma'}$ も真になることが示される.

以下で (i) を示す. まず $\Leftarrow$ を示す. $\mathcal{Q}_{\ell+1}$ は ∃ であるので, ある P_i の上で命題 $\mathcal{P}_{P_i}$ が真になれば, $\mathcal{P}'_{\beta'}$ も真となる. よって $\Leftarrow$ は示された.

次に $\Rightarrow$ を示す (以下では $\beta' = (\beta_{\ell+2}, \ldots, \beta_n)$ と表す). $\mathcal{P}'_{\beta'}$ が真, すなわち,

$$\mathcal{Q}_{\ell+1} x_{\ell+1} \mathcal{Q}_\ell x_\ell \cdots \mathcal{Q}_1 x_1 (\varphi(x_1, \ldots, x_{\ell+1}, \beta_{\ell+2}, \ldots, \beta_n))$$

が真であることは, ある実数 $\beta_{\ell+1}$ が存在して $\hat{\beta} = (\beta_{\ell+1}, \beta_{\ell+2}, \ldots, \beta_n)$ とすれば,

$$\mathcal{P}_{\hat{\beta}} = \mathcal{Q}_\ell x_\ell \cdots \mathcal{Q}_1 x_1 (\varphi(x_1, \ldots, x_\ell, \beta_{\ell+1}, \beta_{\ell+2}, \ldots, \beta_n))$$

が真となることである.このとき,$\hat{\beta}$ は β' の上にある点で $\mathcal{S}_{n-\ell}$ のいずれかの細胞に属する.よって,その細胞を $\hat{\mathcal{C}}_i$ とすれば,帰納法の仮定より $\hat{\mathcal{C}}_i$ の点 $\hat{\beta}$ の上で命題が真になったのであるから別の β' の上の元 P_i に置き換えても P_i の上で命題は真となる.すなわち $\mathcal{P}_{P_i}$ が真となる.

(ii) $\mathcal{Q}_{\ell+1}$ が $\forall$ である場合:このとき,任意の $\beta' \in \mathcal{C}'$ に対して,

$$\mathcal{P}'_{\beta'} \Leftrightarrow \mathcal{P}_{P_1} \wedge \mathcal{P}_{P_2} \wedge \cdots \wedge \mathcal{P}_{P_t}$$

である.ここで,各 P_i は β' の上にある $\hat{\mathcal{C}}_i$ の点とする.

これが示されれば,(i) と同様にして,$\mathcal{C}'$ のある点 α' で $P'_{\alpha'}$ が真になれば,$\mathcal{C}'$ の任意の点 γ' でも $P'_{\gamma'}$ が真になることが示される.

以下で (ii) を示す.まず $\Rightarrow$ を示す.$\mathcal{Q}_{\ell+1}$ は $\forall$ であるので,どのような $x_{\ell+1}$ の値 $\beta_{\ell+1}$ に対しても $\hat{\beta} = (\beta_{\ell+1}, \beta_{\ell+2}, \ldots, \beta_n)$ とすれば,

$$\mathcal{P}_{\hat{\beta}} = \mathcal{Q}_\ell x_\ell \cdots \mathcal{Q}_1 x_1 (\varphi(x_1, \ldots, x_\ell, \beta_{\ell+1}, \beta_{\ell+2}, \ldots, \beta_n))$$

が真になる.よって,P_i は β' の上にあるようにとってあるので,$\mathcal{P}_{P_i}$ はすべての P_i に対して真となる.よって $\Rightarrow$ は示された.

次に $\Leftarrow$ を対偶を使って示す.すなわち,$\mathcal{P}'_{\beta'}$ が偽のとき,ある $\mathcal{P}_{P_i}$ が偽となることを示す.この証明も (i) と同様の議論を使える.

$\mathcal{P}_{\beta'}$ が偽であるので,ある実数 $\beta_{\ell+1}$ が存在して $\hat{\beta} = (\beta_{\ell+1}, \beta_{\ell+2}, \ldots, \beta_n)$ に対して,

$$\mathcal{P}_{\hat{\beta}} = \mathcal{Q}_\ell x_\ell \cdots \mathcal{Q}_1 x_1 (\varphi(x_1, \ldots, x_\ell, \beta_{\ell+1}, \beta_{\ell+2}, \ldots, \beta_n))$$

も偽となる.このとき,$\hat{\beta}$ は β' の上にある点で $\mathcal{S}_{n-\ell}$ のいずれかの細胞に属する.よって,その細胞を $\hat{\mathcal{C}}_i$ とすれば,帰納法の仮定より $\hat{\mathcal{C}}_i$ の点 $\hat{\beta}$ の上で命題 $\mathcal{P}_{\hat{\beta}}$ が偽になったのであるから,$\hat{\beta}$ を P_i に置き換えても P_i の上で命題は偽となる.すなわち $\mathcal{P}_{P_i}$ が偽となる.

以上により,帰納法によって (1) と (2) が同値であることが示された.

(証明終わり)

補題 4.1 より，有効な細胞が次のように定義される．

定義 4.4（有効な細胞） 式 (4.1) に対して構成された $\mathcal{S}_{n-k+1}$ の CAD の細胞 $\mathcal{C}'$ が補題 4.1 の条件を満たすとき $\mathcal{C}'$ を**有効な細胞**と呼ぶ．

補題 4.1 より命題は有効な細胞の点であればすべてその上で成り立つので，細胞の点となる条件を定義式で置き換えることで以下の系を得る．

系 4.2 式 (4.1) に対して構成された $\mathcal{S}_{n-k+1}$ の CAD の細胞 $\mathcal{C}'$ が有効な細胞であるとする．$\mathcal{C}'$ の定義式を ϕ とすれば，以下が成り立つ．

$$\forall x_{k+1} \forall x_{k+2} \cdots \forall x_n (\phi(x_{k+1}, \ldots, x_n) \to \\ \mathcal{Q}_k x_k \mathcal{Q}_{k-1} x_{k-1} \cdots \mathcal{Q}_1 x_1 (\varphi(x_1, \ldots, x_n)))$$

定理 4.5 式 (4.1) に対して構成された，$\mathcal{S}_{n-\ell+1}$ の CAD の細胞に中で有効なものを $\mathcal{C}'_1, \ldots, \mathcal{C}'_s$ とし，それらの定義式を各々 $\phi_1, \ldots, \phi_s$ とする．さらに $\phi = \phi_1 \vee \phi_2 \vee \cdots \vee \phi_s$ とする．このとき，以下が成り立つ．

$$\phi(x_{k+1}, \ldots, x_n) \Leftrightarrow \mathcal{Q}_k x_k \mathcal{Q}_{k-1} x_{k-1} \cdots \mathcal{Q}_1 x_1 (\varphi(x_1, \ldots, x_n))$$

すなわち ϕ は式 (4.1) の解の式である．

証明 補題 4.1 より各細胞ごとに命題の真偽は定まるので，真であるものだけ，すなわち有効な細胞 $(\mathcal{C}'_1, \ldots, \mathcal{C}'_s)$ だけを集めれば，

$$\forall x_{k+1} \cdots \forall x_n ((x_{k+1}, \ldots, x_n) \in \mathcal{C}'_1 \cup \mathcal{C}'_2 \cup \cdots \cup \mathcal{C}'_s) \\ \to \mathcal{Q}_k x_k \mathcal{Q}_{k-1} x_{k-1} \cdots \mathcal{Q}_1 x_1 (\varphi(x_1, \ldots, x_n))$$

が成り立ち（真であり），かつ

$$\forall x_{k+1} \cdots \forall x_n (\mathcal{Q}_k x_k \mathcal{Q}_{k-1} x_{k-1} \cdots \mathcal{Q}_1 x_1 (\varphi(x_1, \ldots, x_n)) \\ \to (x_{k+1}, \ldots, x_n) \in \mathcal{C}'_1 \cup \mathcal{C}'_2 \cup \cdots \cup \mathcal{C}'_s)$$

も成り立つ（真となる）．したがって，

$$(x_{k+1},\ldots,x_n) \in \mathcal{C}'_1 \cup \mathcal{C}'_2 \cup \cdots \cup \mathcal{C}'_s$$
$$\Leftrightarrow \mathcal{Q}_k x_k \mathcal{Q}_{k-1} x_{k-1} \cdots \mathcal{Q}_1 x_1(\varphi(x_1,\ldots,x_n))$$

となる．条件 $(x_{k+1},\ldots,x_n) \in \mathcal{C}'_1 \cup \mathcal{C}'_2 \cup \cdots \cup \mathcal{C}'_s$ を定義式に置き換えれば

$$\phi(x_{k+1},\ldots,x_n) \Leftrightarrow \mathcal{Q}_k x_k \mathcal{Q}_{k-1} x_{k-1} \cdots \mathcal{Q}_1 x_1(\varphi(x_1,\ldots,x_n))$$

が成り立つ． (証明終わり)

以下，具体的な例を用いて CAD による QE の手順を説明しよう．

【例 4.3】 次の QE 問題を考える．

$$\exists x_1(x_1^2 + x_2^2 < 1 \wedge x_2 - x_1 < 0) \tag{4.2}$$

まず，代数的命題文 $\phi = (x_1^2 + x_2^2 < 1 \wedge x_2 - x_1 < 0)$ に現れる多項式集合 $\mathcal{F}_2 = \{x_1^2 + x_2^2 - 1, x_2 - x_1\}$ について CAD を構成する．$\mathcal{F}_2$ の射影因子を求めて $\mathcal{F}_1$ を計算すると $\mathcal{F}_1 = \{x_2 + 1, x_2 - 1, 2x_2^2 - 1\}$ となる．したがって，$\mathcal{F}_1$ の CAD $\mathcal{S}_1$ は，$\mathbf{R}$ の細胞分割 $\mathbf{R} = \bigcup_{i=1}^{9} \mathcal{C}_i^{(1)}$ で与えられ，各 $\mathcal{C}_i^{(1)}$ は $\mathcal{F}_1$-符号不変である．

$$\mathcal{C}_1^{(1)} = \{\alpha_2 \in \mathbf{R} \mid \alpha_2 > 1\},$$
$$\mathcal{C}_2^{(1)} = \{\alpha_2 \in \mathbf{R} \mid \alpha_2 = 1\},$$
$$\mathcal{C}_3^{(1)} = \{\alpha_2 \in \mathbf{R} \mid \sqrt{1/2} < \alpha_2 < 1\},$$
$$\mathcal{C}_4^{(1)} = \{\alpha_2 \in \mathbf{R} \mid \alpha_2 = \sqrt{1/2}\},$$
$$\mathcal{C}_5^{(1)} = \{\alpha_2 \in \mathbf{R} \mid -\sqrt{1/2} < \alpha_2 < \sqrt{1/2}\},$$
$$\mathcal{C}_6^{(1)} = \{\alpha_2 \in \mathbf{R} \mid \alpha_2 = -\sqrt{1/2}\},$$
$$\mathcal{C}_7^{(1)} = \{\alpha_2 \in \mathbf{R} \mid -1 < \alpha_2 < -\sqrt{1/2}\},$$
$$\mathcal{C}_8^{(1)} = \{\alpha_2 \in \mathbf{R} \mid \alpha_2 = -1\},$$
$$\mathcal{C}_9^{(1)} = \{\alpha_2 \in \mathbf{R} \mid \alpha_2 < -1\}$$

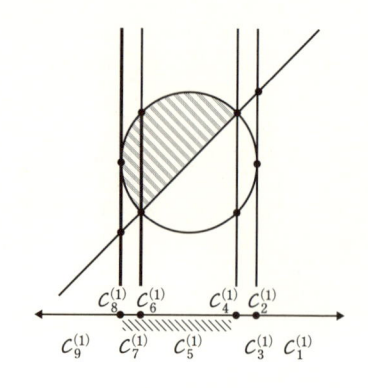

細胞	x_2+1	x_2-1	$2x_2^2-1$	x_2	T/F
$C_9^{(1)}$	−	−	+	−	F
$C_8^{(1)}$	0	−	+	−	F
$C_7^{(1)}$	+	−	+	−	T
$C_6^{(1)}$	+	−	0	−	T
$C_5^{(1)}$	+	−	−	−	T
$C_4^{(1)}$	+	−	−	+	F
$C_3^{(1)}$	+	−	+	+	F
$C_2^{(1)}$	+	0	+	+	F
$C_1^{(1)}$	+	+	+	+	F

図 4.9 $\exists x_1(x_1^2 + x_2^2 < 1 \land x_2 - x_1 < 0)$

S_1 の標本点の集合を T_1 とすると，

$$T_1 = \{-2, -1, -4/5, -\sqrt{1/2}, 0, \sqrt{1/2}, 4/5, 1, 2\}$$

となり，たとえば $C_5^{(1)}$ を底とする $\mathcal{F}_2$ の CAD の標本点の集合は

$$\{(0, -2), (0, -1), (0, -1/2), (0, 0), (0, 1/2), (0, 1), (0, 2)\}$$

となる．これらの標本点を用いて各細胞 $C_i^{(1)}$ を底とする $\mathcal{F}_2$ の CAD の細胞上で ϕ が成立するかどうかを調べることで，(4.2) に対して有効な細胞は，$C_5^{(1)}, C_6^{(1)}, C_7^{(1)}$ だとわかる．

後は，有効な細胞について前節で述べた方法で定義式を構成し論理和をとれば解の式が得られる．図 4.9 に示しているように，$C_i^{(1)}$ ($i = 1, \ldots, 9$) は $\mathcal{F}_1$-符号不変であるが，射影因子族 $\mathcal{F}_1$ の符号だけでは，すべての細胞を分離できないことがわかる（たとえば，$C_3^{(1)}$ と $C_7^{(1)}$）．そこで，射影因子を含む最小の微分について閉じている集合を考える．射影因子は $f_1^{(1)} = x_2 + 1$，$f_2^{(1)} = x_2 - 1$，$f_3^{(1)} = 2x_2^2 - 1$ であったので，それらを含む微分に関して閉じた集合を構成すると，この場合には $f_3^{(1)}$ の一階微分 $4x_2$（定数倍を除いて x_2）を加えるだけでよいことがわかる．よって係数を 1 とした x_2 を用いることで，すべての細胞が分離され，半代数的集合としての定義式が与えられる．有効な細胞の定義式はそれぞれ以下となる．

$$\phi_{\mathcal{C}_5^{(1)}} \equiv (x_2+1>0 \ \land \ x_2-1<0 \ \land \ 2x_2^2-1<0),$$
$$\phi_{\mathcal{C}_6^{(1)}} \equiv (x_2+1>0 \ \land \ x_2-1<0 \ \land \ 2x_2^2-1=0 \ \land \ x_2<0),$$
$$\phi_{\mathcal{C}_7^{(1)}} \equiv (x_2+1>0 \ \land \ x_2-1<0 \ \land \ 2x_2^2-1>0 \ \land \ x_2<0)$$

したがって，QE を適用した結果, (4.2) に等価で限量記号のない式は

$$\phi_{\mathcal{C}_5^{(1)}} \lor \phi_{\mathcal{C}_6^{(1)}} \lor \phi_{\mathcal{C}_7^{(1)}}$$

となる．これは $-1<x_2<\sqrt{1/2}$ と整理されるが，このような**式の整理（簡略）**については 5.1.4 項で説明する．

最後に 2.5 節で少し触れた **partial CAD** について説明しよう．多くの場合，QE を実行するために CAD のすべての細胞を計算する必要はない．有効な細胞をすべて探し出し，それらの定義式を集めることが目的になるので，実際に QE 計算では不要な細胞の計算を行わない partial CAD が用いられている．以下では，ある論理式が与えられたときに，不要な細胞の計算を避けるためにどのような戦略が考えうるのかを説明する．

(1) まずは，限量記号の情報を利用することが考えられる．簡単のため，たとえば以下の 2 変数の一階述語論理式が与えられたとしよう．

$$\exists x_2 \exists x_1 \ (\psi(x_1,x_2)) \tag{4.3}$$

先ほどの例 4.3 のように通常 CAD 計算では，$\mathbf{R}$ の分割 $\mathcal{S}_1 : \mathbf{R} = \bigcup \mathcal{C}_i^{(1)}$ を計算し，$\mathcal{S}_1$ の各細胞上の $\mathcal{S}_2$ の CAD の標本点を求めながら，$\mathbf{R}^2$ の分割 $\mathcal{S}_2$ へと持ち上げる．この際，QE の手順としては，$\mathcal{S}_1$ の細胞を 1 つとり ($\mathcal{C}_i^{(1)}$ としよう) この細胞の上の $\mathbf{R} \times \mathcal{C}_i^{(1)}$ の CAD の標本点を求めて，論理式の真偽を確認してから，次の細胞 $\mathcal{C}_j^{(1)}$ にいくという戦略をとることが考えられる．そうすることで，もし $\psi(P)$ が真であるような，P を標本点とする $\mathbf{R} \times \mathcal{C}_i^{(1)}$ の細胞が 1 つでも見つかれば，ただちに式 (4.3) は真であることが判定され，$\mathbf{R} \times \mathcal{C}_i^{(1)}$ の CAD の構成を中断できる．

また，もし入力の論理式が，

$$\exists x_2 \forall x_1 \ (\psi(x_1,x_2)) \tag{4.4}$$

であったとすると，$\psi(P)$ が偽となるような P を標本点とする細胞が見つかればその時点で $\mathbf{R} \times \mathcal{C}_i^{(1)}$ の CAD の構成をストップすることができる．この戦略はもちろん 3 変数以上の場合に自然に拡張でき，変数の個数が多いほど効果は大きくなる．

(2) 次に考えられるのは，論理式の論理結合の仕方と論理式に現れる変数の状況を利用することである．ここで，Q_1, Q_2 を限量記号として，以下のような一階述語論理式を考える．

$$Q_2 x_2 \; Q_1 x_1 \; (\psi(x_1, x_2)) \tag{4.5}$$

ここで，

$$\psi(x_1, x_2) \equiv \psi_1(x_2) \wedge \psi_2(x_1, x_2)$$

とする．ただし，$\psi_1(x_2), \psi_2(x_1, x_2)$ は限量記号のない論理式である．このとき $\psi_1(x_2)$ には x_1 が含まれていないことに注目する．このとき，まず $\psi_1(x_2)$ の真理値を，細胞 $\mathcal{C}$ の標本点 $P_\mathcal{C}$ で評価して決める．そのときもし偽であれば $Q_1 x_1 \; (\psi(x_1, x_2))$ は $\mathcal{C}$ の上で偽なので，$\mathcal{C}$ の上の CAD の構成は不要となる．

また，同様に (4.5) において，

$$\psi(x_1, x_2) \equiv \psi_1(x_2) \vee \psi_2(x_1, x_2)$$

である場合を考える．ここで，$\psi_1(x_2)$ がある細胞 $\mathcal{C}$ で真であるとすると，$Q_1 x_1 \; \psi(x_1, x_2)$ は細胞 $\mathcal{C}$ では明らかに真である．よって，その細胞の上の CAD 構成計算もしなくてすむ．この方法も自然に 3 変数以上の場合，そして任意の論理式に一般化できるものになっている．

ここで説明した partial CAD の例は非常に単純なアイデアではあるが，CAD による QE においては大きな効果をもたらす．これ以外にも，いろいろな情報を用いて不必要な計算を避ける工夫が研究されてきている．詳細に興味のある読者は文献 [4, 21] を参照されたい．

III
QEの実応用

第5章　QEのより進んだ利用法

　これまでに入試問題や簡単な例を紹介しながらいろいろな制約・最適化問題がQEツールで解けることを説明した．問題を一階述語論理式で表現できるようになれば，QEツールを使うだけであとは解いてくれる．しかし，現実的な時間で答えを返してくれるかどうかの保証はない．QEの計算量は大きいためできるだけ計算時間を抑えられるような対策を講じて臨むことが重要である．実際，そういう知恵を働かせることが解を得られるかどうかのポイントになることも多い．そこで，本章の前半では，QEツールを活用する際に，効率よく計算するためのヒントになる事柄について紹介する．

　後半では，特殊な問題のクラスを効率よく解くための専用のQEアルゴリズムを紹介する．QEの利点が活かされている具体的な応用事例を第6章で紹介する．これらの事例とあわせて，実際の応用のどのような局面でQEが効果を発揮しているのか，どのような効率化の工夫をして実適用レベルの計算を達成しているのかというあたりに注目してみて，読者自らがQEを使う際の参考にしていただきたい．

5.1　QE計算のヒント

　一階述語論理式をQEツールを使って解いてみたとき，メモリが足りず計算できない，なかなか計算が終わらないといった場合に，どのような対策を講じることができるか，典型的な手立てについて簡単に説明する．理想的には，それらの工夫をユーザが意識することなくQEツールが自動的にやってくれるのがあるべき姿であろう．今後，ツールの進化の中でそうなっていくであろうし，

計算機の能力の急速な進歩も考えると，将来はここで述べるような効率的な計算のための方策は見当違いとなっている可能性もあることに注意されたい．

5.1.1 定式化のコツ

QE の計算量は，入力する一階述語論理式中に現れる多項式の個数とそれらの多項式に含まれる変数の個数に依存する．対象の問題を一階述語論理式で記述する際の方針として，

- 多項式の数を少なくする

- 変数の数を少なくする

というのが大前提である．2 重指数的な計算量をもつ QE 計算なので，このことを念頭にちょっとした工夫をすることがとても大切である．

CAD の計算アルゴリズムは，射影段階，底段階，持ち上げ段階の 3 段階で構成されている．底段階，持ち上げ段階の計算を効率化するために何かユーザが手を下すことは難しい．本書ではこれらの段階における計算の効率化には深入りしないが，多くの研究がなされている．興味のある読者は巻末に紹介した文献などを参照されたい．

一方，射影段階は，ユーザが少し意識して問題をとり扱うことで大きく効率化を図ることができる．最初の段階である射影段階で，射影因子の数をできるだけ減らすことで，後に続く底段階，持ち上げ段階の計算も劇的に効率化されるため，射影因子の数を減らすことが CAD 計算の効率化にとってもっとも効果的な戦略である．これから，QE 計算の工夫をいくつか述べていくが，QE ツールを使う際の前処理的にできることやツールの機能として提供されていて容易に使うことができるものに絞って紹介する．これらの対策について具体的な例を見ると射影因子の数が削減され，それゆえに計算の効率化が実現されていることがわかる．

5.1.2 変数順序

CAD の計算中に生成される射影因子の数に大きく影響するのが，CAD 計

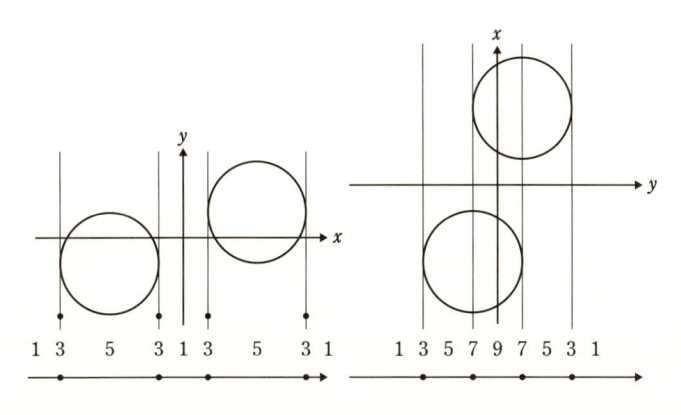

図 5.1　変数順序 $y \to x$ での CAD（左），変数順序 $x \to y$ での CAD（右）

算を行う際の射影の「変数順序」である．射影因子の数が減ることで，最終的に CAD のもつ細胞の数も減る，すなわち CAD の計算効率が改善される．

【例 5.1】　たとえば，2 つの円からなる多項式集合

$$\mathcal{F} = \{f_1 = (x+3)^2 + (y+1)^2 - 4, f_2 = (x-3)^2 + (y-1)^2 - 4\}$$

を考える（[24]）．図 5.1（左）は，射影順序が $y \to x$ の場合の CAD を示している．この場合の CAD は $1+3+5+3+1+3+5+3+1 = 25$ 個の細胞からなっている．一方，図 5.1（右）は，射影順序が $x \to y$ の場合の CAD を示しており，この場合 CAD は $1+3+5+7+9+7+5+3+1 = 41$ 個の細胞からなっている．

　QE ツール SyNRAC では QE 実行コマンド qe( ) に入力する式中の変数リストの変数の順序を指定できる．たとえば，図 5.1（左）に対応するのは SyNRAC では以下である．図 5.1（左）の場合は変数リスト中の変数の順序を入れ替えればよい．

```
> qe(Ex([x,y], And((x+3)^2+(y+1)^2-4 = 0,
    (x-3)^2+(y-1)^2-4 = 0)));
```

一階述語論理式が与えられた場合，同じ限量記号のブロック[1])の中であればどの変数から消してもよいため変数順序を変えることができる．

では，どういう変数順序を選べばよいのだろうか．実際に計算をしてみた実験結果から統計的に解析した結果の報告はあるが ([24])，CAD の計算をする前に問題を見ただけで，一般に，よい順序を見つけるのは簡単ではなく実際には試行錯誤的にやることになる．変数順序の変更は，困ったときにまず試みるべき方策である．

【例 5.2】 以下の一階述語論理式を考える．

$$\exists a_1 \exists a_2 \exists a_3 (f = a_1 + a_2 + a_3 \land \bigwedge_{i=3}^{3}(g_i \leq 0 \land a_i \geq 0)) \tag{5.1}$$

ここで，

$$g_i = 1 + (a_1 a_3 + a_1 + a_3 + 1)^2 + (a_1 a_2 + a_1 + a_2 + 1)^2 - 100 a_i \tag{5.2}$$

である．この場合，a_1, a_2, a_3 は ∃ のブロックなので順序を変えることができ 6 通りが考えられる．ただし，式の構造 (a_2, a_3 の対称性) から実質 3 通りの組合せになっている．表 5.1 では，消去する順番を 1, 2, 3, 4 で表している．それぞれの変数順序に対する各射影段階での射影因子の数は表 5.1 に示すとおりである．

表 **5.1** 変数順序と射影因子の数

変数順序				射影因子の数				
4	3	2	1	$\mathcal{F}_1$	$\mathcal{F}_2$	$\mathcal{F}_3$	$\mathcal{F}_4$	合計
f	a_1	a_2	a_3	1853	73	14	5	1945
f	a_1	a_3	a_2	1853	73	14	5	1945
f	a_2	a_1	a_3	2698	84	15	5	2802
f	a_2	a_3	a_1	2034	75	14	5	2128
f	a_3	a_1	a_2	2698	84	15	5	2802
f	a_3	a_2	a_1	2034	75	14	5	2128

---

1) たとえば，一階述語論理式 $\forall x_1 \cdots \forall x_s \exists x_{s+1} \cdots \exists x_t \psi(x_1, \ldots, x_s, x_{s+1}, \ldots, x_n)$ の場合，**限量記号接頭辞 (quantifier prefix)** すなわち $\forall x_1 \cdots \forall x_s \exists x_{s+1} \cdots \exists x_t$ において，同じ限量記号が連続している最大部分列を限量記号ブロックという．この例ではブロックは 2 つである．

5.1.3 問題の簡単化

計算が思ったように終わらないとき，問題をもう一度じっくり観察して，いまの問題の次数を小さくしたり変数の個数を減らしたりして等価な問題に置き換えることができるかどうか調べることも重要である．ここでは，具体的に4つの例を説明する．

【例 5.3】 不要な制約式の削除：以下の問題を考える．

$$\exists x_1 \exists x_2 \exists x_3 (\gamma_1 \land \gamma_2 \land \gamma_3 \land x_1 \geqq 0 \land x_2 \geqq 0 \land x_3 \geqq 0) \quad (5.3)$$

ここで，

$$\gamma_1 \equiv y = (x_1, x_2, x_3) \begin{pmatrix} 0.08 & -0.20 & 0.05 \\ -0.20 & 0.03 & -0.15 \\ 0.05 & -0.15 & 0.45 \end{pmatrix} \begin{pmatrix} x_1 \\ x_2 \\ x_3 \end{pmatrix},$$

$$\gamma_2 \equiv x_1 + x_2 + x_3 \leqq 10000,$$

$$\gamma_3 \equiv 0.05 x_1 - 0.04 x_2 + 0.15 x_3 \geqq 1000$$

である．ここで，じっくり γ_2, γ_3 を眺めると，x_3 が負の値をとらないことに気づく．すなわち，上記の式の中で，制約 $x_3 \geqq 0$ はなくてもよいことがわかる．ちょっとした違いのようだが，SyNRAC で，制約 $x_3 \geqq 0$ があるときとないときの射影因子の総数を比べてみると，約 400 個の射影因子があったものが，制約 $x_3 \geqq 0$ を除去して計算すると射影因子の数は約 100 個まで削減された．

このように，可能であれば不要な制約を削除すると，入力の多項式の数が減り，射影因子も削減され QE 計算が効率化される．複雑な式の場合は，気付くことがなかなか難しいかもしれないが，できるだけ考えてから QE ツールを活用しよう．

【例 5.4】 変数の置き換えによる次数の低減：以下の問題を観察してみよう．

$$\exists b_1 \exists b_2 \exists b_3 \left(\bigwedge_{i=1}^{3} (1 + C_2^2 + C_3^2 - 100 b_i^2 \leqq 0 \land b_i \geqq 0) \land y = \sum_{i=1}^{3} b_i^2 \right) \quad (5.4)$$

ここで，
$$C_2 = b_1^2 b_3^2 + b_1^2 + b_3^2 + 1, \quad C_3 = b_1^2 b_2^2 + b_1^2 + b_2^2 + 1$$
である．これは各変数の 2 乗項だけ現れることにすぐ気付く．よってこのとき，$a_i \equiv b_i^2$ と置き換えると以下の問題に帰着できる．

$$\exists a_1 \exists a_2 \exists a_3 \left(\bigwedge_{i=1}^{3} (1 + {C'_2}^2 + {C'_3}^2 - 100 a_i \leq 0 \wedge a_i \geq 0) \wedge y = \sum_{i=1}^{3} a_i \right) \tag{5.5}$$

ここで，
$$C'_2 = a_1 a_3 + a_1 + a_3 + 1, \quad C'_3 = a_1 a_2 + a_1 + a_2 + 1$$

元の問題をそのまま入力して QE 計算を始めると，射影段階の計算が 1 時間では終了しなかった．(5.5) に対して QE 計算を行うと射影段階が 30 秒ほどで終了した．

【例 5.5】 論理構造を利用して小問題に分割：ここでは，論理式の構造を利用して元の問題を複数個のサイズの小さい問題に分割することを考える．いま，$\psi(x), \varphi_1(x,y), \varphi_2(x,y)$ を論理式とする．

このとき，存在論理式について以下が成り立つ．

$$\exists y (\varphi_1(x,y) \vee \varphi_2(x,y)) \Leftrightarrow \exists y \varphi_1(x,y) \vee \exists y \varphi_2(x,y) \tag{5.6}$$

これにより，左辺のタイプの問題を直接解くのが厳しい場合には，右辺の 2 つの存在論理式に分けてそれぞれ QE を適用して，両方のそれぞれの結果の論理和 ($\vee$) をとればよい．

また，全称論理式については以下が成り立つ．

$$\forall y (\psi(x) \wedge \varphi_1(x,y) \wedge \varphi_2(x,y)) \Leftrightarrow \forall y (\psi(x) \wedge \varphi_1(x,y)) \wedge \forall y (\psi(x) \wedge \varphi_2(x,y)) \tag{5.7}$$

したがって，左辺のタイプの問題を直接解くのが難しい場合には，右辺の 2 つの全称論理式に分けてそれぞれ QE を適用して，両方のそれぞれの結果の

論理積 (∧) をとればよい．この場合，分割した問題のうち1つでも偽であることがわかった段階でただちに元の問題も偽だとわかる．

ここで述べた2つの場合は，基本的な構造であって，実際の問題の場合にはもう少し入り組んでいる場合が多く，うまく応用する必要がある．実際に以下の具体例で見てみよう．この例のどこに上で述べたテクニックが使えるか考えてほしい．

$$\exists q_1 \exists q_2 \forall w (q_1 > 0 \land q_2 > 0 \land d > 0 \land \\ (d - q_1^2)w^4 + (d((q_1+1)^2 - 2q_2) - (q_1^2 + q_2^2))w^2 + (d-1)q_2^2 \geqq 0 \land \\ (d - q_1^2)w^4 + (d((q_1-1)^2 - 2q_2) - (q_1^2 + q_2^2))w^2 + (d-1)q_2^2 \geqq 0)$$
(5.8)

3つ目の全称記号 $\forall w$ に注目して，$q_1 > 0 \land q_2 > 0 \land d > 0$ の部分を (5.7) の ψ と見なせば (5.7) の分解が利用できる．すなわち，

$$\exists q_1 \exists q_2 (\forall w (\phi_1(q_1, q_2, w, d)) \land \forall w (\phi_2(q_1, q_2, w, d)))$$
(5.9)

と書ける．ここで，

$$\phi_1(q_1, q_2, w, d) \equiv q_1 > 0 \land q_2 > 0 \land d > 0 \land \\ (d - q_1^2)w^4 + (d((q_1+1)^2 - 2q_2) - (q_1^2 + q_2^2))w^2 + (d-1)q_2^2 \geqq 0,$$

$$\phi_2(q_1, q_2, w, d) \equiv q_1 > 0 \land q_2 > 0 \land d > 0 \land \\ (d - q_1^2)w^4 + (d((q_1-1)^2 - 2q_2) - (q_1^2 + q_2^2))w^2 + (d-1)q_2^2 \geqq 0$$

である．そこで，まず小さくなった問題 $\forall w(\phi_1(q_1, q_2, w, d))$ と $\forall w(\phi_2(q_1, q_2, w, d))$ のそれぞれに QE を適用する．次に，それぞれの結果を $\Phi_1(q_1, q_2, d)$，$\Phi_2(q_1, q_2, d)$ として，$\exists q_1 \exists q_2 (\Phi_1(q_1, q_2, d) \land \Phi_2(q_1, q_2, d))$ に再度 QE を適用して $\exists q_1 \exists q_2$ を消去すればもとの問題を解くことになる．

【例 5.6】 **制約条件の簡略化**：これまでにも，可能なら問題中の制約条件をできるだけ簡単化しておいて QE を使うほうがよいことは述べた．論理式の簡略化は，QE 計算の中で計算効率を上げるためにも利用されており，実際論理式の簡略化のためのコマンドが各種 QE ツールには準備されている．論理式の簡略化については 5.1.4 項で説明する．

次に，CAD を使った条件式の簡略化を紹介する．一般に CAD を使うと，より簡潔で等価な論理式表現を生成することができ，強力な簡略化法である．条件式の集合に CAD アルゴリズムを適用すると，多くの場合，より式の数が少ない条件に変換することができる．

SyNRAC の QE コマンド qe() に限量記号のない論理式を入力すると簡略化を行うことができる．ただし，元の問題のすべての条件式を入力するとそれはそもそもの問題をそのまま QE で解く場合と変わらないため，条件式の一部をうまく選んで簡略化して置き換えるように留意されたい．例として，一階述語論理式 (5.5) の中の

$$\bigwedge_{i=1}^{3}(1 + C_2'^2 + C_3'^2 - 100a_i \leqq 0 \land a_i \geqq 0) \tag{5.10}$$

の部分に着目する．この論理式を CAD によって簡略化すると以下の等価な条件式を得る．

$$100a_1 > 1 \land g_1 \leqq 0 \land g_2 \leqq 0 \land g_3 \leqq 0 \land$$
$$a_1^2 a_2^2 + 2a_1 a_2^2 + a_2^2 + 2a_1^2 a_2 + 4a_1 a_2 - 98a_2 + 2a_1^2 + 4a_1 + 3 < 0 \tag{5.11}$$

ここで，g_1, g_2, g_3 は (5.2) で定義されている．

この条件式は (5.10) と等価で式の数が少ない条件になっている．(5.10) の代わりに (5.11) を元の (5.5) の中に入れて QE を解くことで効率化が可能となる．

これまで，それぞれの手法を独立して紹介したが，実際に解くときには，これらを組合せて活用すると効果が大きい．

【例 5.7】 たとえば，QE 問題 (5.4) を例にそれぞれの方法を順次適用した様子を説明しよう．

1. (5.4) にそのまま QE ツールを適用しては 1 時間以上たっても（射影段階が終わらず）計算は終了しない．

2. 変数の置き換えをして (5.4) を (5.5) に変換すると，30 秒程度で射影段階が終了する．このとき射影因子の数は約 2800 個である（例 5.4）．

3. 変数順序を表 5.1 より適切に選択する．これで，10 秒程度で射影段階が終了し，射影因子の数は約 1900 個である（5.1.2 項）．

4. (5.5) の中の $y = a_1 + a_2 + a_3$ は等式制約である．等式制約に対する射影段階の効率化手法がありそれを使うと，射影段階は 0.27 秒程度で完了し，射影因子の数は約 120 個である（この手法については本書の範囲を超える内容のため説明はしないが，興味のある読者は文献 [4] を参照されたい）．

5. (5.5) 中の (5.10) の部分を，簡略化した (5.11) に置き換える．射影段階の計算時間は 0.24 秒程度で，射影因子の数は 80 個である（例 5.6）．

こうして，そのままでは歯が立たなかった問題もさまざまな工夫を凝らすことで，劇的に高速化できるようになる．

5.1.4 論理式の簡略化

ここで，論理式の簡略化について述べておく．QE によって得られる式は，しばしば非常に大きな論理式となる．簡単な問題でも結果はあまり整理されたものとはいえない．とくに，5.2 節で紹介する仮想置換法やスツルム–ハビッチ列にもとづく QE アルゴリズムを適用した場合，アルゴリズムの性格上，結果となる式の「膨張」が顕著である．これは，論理式の変形を形式的にくり返し行うために冗長な表現となってしまった結果である．たいていの場合それらの大きな式を構成している原子式の多くは余分なものである．これにより，結果の式の理解しやすさも大きく損なわれ，さらに結果を用いた新たな計算をする際の効率を妨げる大きな要因となっている．結果の理解しやすさという点では，変数の数が 2, 3 個ならば実行可能領域をパラメータ空間上で可視化することでも対応できるが，式が大きくなってくると可視化にも非

常に時間がかかる．また，計算効率の面でもアルゴリズムの途中で適宜簡略化を行うことが効率化に大きく効いてくる．

実際，論理式の簡略化については，さまざまな簡略化手法がほとんどの数式処理システムや QE ツールにおいて実装されており利用可能である（簡略化の手法については，くわしくは文献 [38] に体系的に説明されている）．しかし，簡略化の手法を効果的に使いこなすことは容易ではない．まずは，簡略化手法を用いるときは，何をもって簡略であるとしているのかを注意することが必要である．そして，いくつもある手法を上手に組合せることで最終的に効果的な簡略化が遂行できることが多く，その組合せ方の選択は一般に発見的な手順となってしまい，系統的によい組合せを求めることは非常に難しい問題である．

CAD による QE の結果は，かなり簡略化された結果の式となっている．たとえば，次節で紹介する仮想置換法による QE などの特化したアルゴリズムでは，不必要な式を多く含む式が現れることが多いが，これらに CAD を適用することで非常に簡単な式に簡略化できる．CAD を用いるので一般に計算時間はかかるが，CAD を用いた式の簡略化により驚くほど簡略化された結果を得ることができる．たとえば仮想置換法による QE アルゴリズムの出力

$$(sz + s - 1 \geqq 0 \wedge s = 0 \wedge z + 1 \geqq 0) \vee$$
$$(sz + s \geqq 0 \wedge s = 0 \wedge z = 0) \vee (s^2 + 4sz \geqq 0 \wedge$$
$$((s^2 - 2s \leqq 0 \wedge sz + s - 1 \leqq 0 \wedge s = 0 \wedge$$
$$(s^2 + 3sz - s - 2z \leqq 0 \vee (s + z - 1 \leqq 0 \wedge$$
$$(sz + s - 1 = 0 \vee z = 0))) \wedge (s + 2z \geqq 0 \vee z = 0)) \vee$$
$$(s^2 - 2s \leqq 0 \wedge s + 2z \geqq 0 \wedge s = 0 \wedge$$
$$((s^2 + 3sz - s - 2z \leqq 0 \wedge (sz + s - 1 \leqq 0 \vee z = 0)) \vee$$
$$(s + z - 1 \geqq 0 \wedge (sz + s - 1 \geqq 0 \vee z = 0)))))) \vee (s = 0 \wedge z \geqq 0)$$

に対して，CAD による簡略化を行うと等価な式として

$$s = 0 \wedge z \geqq 0$$

を得る．

5.1.5 生成的な解

これまでは，QE 計算は厳密にすべての解を計算するという前提で話を進めてきた．ところが，実際に QE を応用しようという場合には，必ずしも数学的に厳密な解のすべてが必要ではないということがある．たとえば，何かしらの事前情報や条件がわかっているような場合に論理式の一部を省略できる．また，QE の結果の使途として，ものづくりにおける設計を考えた場合には，ある仕様を満たすような設計変数の実行可能領域の境界における解は不要で，内部の解が得られれば十分である場合などである．このような状況では，QE 計算の必要な部分だけを正確に計算するようにして対応できる場合がある．

通常 QE 計算では，いろいろな変数の条件に対して場合分けが行われ分岐が拡張していき，途中の式が大きくなっていく．よって，上述のような状況では分岐する枝をカットしていけるため計算効率が上がる．とくに，可能領域の境界に必要性がない場合はそこを避けて CAD を計算するようにできれば，CAD の持ち上げ段階での計算でもっとも支配的な部分である代数拡大体上の計算を避けることができるため効果がとても大きい．これを，**生成的 CAD (generic CAD)** と呼ぶ．以下の例で簡単に説明する．

$$\forall x(ax^2 + bx + c \geqq 0) \quad (5.12)$$

通常の QE で計算すると，結果は以下となる．

$$\sigma_1(a,b,c) \vee \sigma_2(a,b,c)$$

ここで，

$$\sigma_1(a,b,c) \equiv a = 0 \wedge b = 0 \wedge c \geqq 0,$$
$$\sigma_2(a,b,c) \equiv a > 0 \wedge -b^2 + 4ac \geqq 0$$

である．これを生成的 CAD によって計算すると，解として $\sigma_2(a,b,c)$ が得られる．生成的 CAD では，「生成的な解」だけが求まる．ここで，生成的な

解とは，完全次元をもつ細胞[2]だけからなる解のことで，解法の対象になった変数に関した条件は考慮するが，他のパラメータに関する条件は考えない解ということもできる．

5.2 特殊なケース

CAD による QE のアルゴリズムは，多項式を用いた一階述語論理式すべてという非常に広範な問題を記述できる対象に適用でき，さらに，数学的に厳密な解を計算する．その意味では，制約・最適化問題の究極の解法といえるかもしれない．しかし，そのぶん計算量が非常に大きくなっている．そのため QE の汎用性を犠牲にして，しばしば応用上で現れるような特別なクラスの一階述語論理式に対する専用のアルゴリズムが提案されてきた．1.2.3 項で少しふれたように，理工学の実際の問題では，特別なクラスの論理式に帰着できることも多く，それに対する効率のよい専用アルゴリズムを考えることは，計算量の大きな QE の応用上とても有効なアプローチである．

これらのアルゴリズムは，第 6 章のいくつかの応用事例でも活躍する．ここでは，応用上しばしば用いられる 2 つの特別なクラスの QE アルゴリズム，

- 限量記号付きの変数に関して低次 (1 次・2 次) の多項式制約に対する**仮想置換法 (virtual substitution)** による QE アルゴリズム ([30, 41])

- 1 変数多項式の定符号条件に対する**スツルム–ハビッチ (Sturm-Habicht) 列**を用いた QE アルゴリズム ([4])

についてそれぞれ 5.2.1 項，5.2.2 項で簡単に説明する．さらに，QE では多項式のみとり扱いが可能ではあるが，応用の場面では三角関数が現れることも多い．そこで，

- 三角関数など**超越関数**が含まれた制約式の QE アルゴリズム

についても簡単に 5.2.3 項で説明する．

---

[2] すべての次元において，射影因子の実根ではなく，開区間として定義される細胞を，完全次元をもつ細胞 (full-dimensional cell) と呼ぶ．

5.2.1 次数が小さい問題

束縛変数（限量記号が付いた変数）に関して低い次数（1, 2 次）の制約問題に対する QE アルゴリズムとしてヴァイスフェニングは仮想置換法にもとづく QE アルゴリズムを提案した．以下，線形制約の場合に対する仮想置換法にもとづく QE アルゴリズムについて簡単に説明する（詳細や 2 次の場合については，文献 [30] を参照されたい）．

$$\exists x \varphi \qquad (5.13)$$

を考える．φ は限量記号のない式であって，そこに現れる多項式は束縛変数 x について 1 次式であるとする．このような場合には，束縛変数に自由変数からなる式を代入することで，変数を消すことが可能になる．

定義 5.1 φ を限量記号のない式，X を φ に現れる変数の集合とする．S を X の変数を含まない項（式）の集合とする．$\varphi(x)$ において変数 x に S の元 t を形式的に代入し整理することによって得られる式を $\varphi(x//t)$ とする．この代入を，数値を代入しないという意味で**仮想置換法 (virtual substitution)** と呼ぶ．ここで

$$\exists x \varphi \iff \bigvee_{t \in S} \varphi(x//t) \qquad (5.14)$$

が成立するとき，項の集合 S を $\exists x \varphi$ に対する**消去集合 (elimination set)** という．

線形な式 $\exists x \varphi$ の場合には消去集合が存在することが知られている．

補題 5.1 $\exists x \varphi$ を考える．ここで，φ は限量記号がない式とし，x を φ の変数のうち束縛変数とし，$\Psi = \{a_i x - b_i \; \rho_i \; 0 \mid i \in I, \rho_i \in \{=, \neq, \leqq, <\}\}$ を φ を構成する（原子）式とする．このとき，$\exists x \varphi$ に対する消去集合は

$$S = \left\{ \frac{b_i}{a_i}, \frac{b_i}{a_i} \pm 1 \;\middle|\; i \in I \right\} \cup \left\{ \frac{1}{2}\left(\frac{b_i}{a_i} + \frac{b_j}{a_j}\right) \;\middle|\; i,j \in I, i \neq j \right\}$$

である．

補題 5.1 により (5.14) にしたがって $\exists x \varphi$ の限量記号 $\exists$ を消すことができる．$\exists x_1 \cdots \exists x_n \varphi$ のように複数個の変数に限量記号 $\exists$ が付いている場合には，内側の $\exists$ から 1 つずつ再帰的に消していく．このアルゴリズムにおいては，形式的代入によって変数を消去する過程で現れる式が消去集合の大きさに対して指数的に大きくなっていくので，消去集合の大きさが計算効率に大きく影響する．効率的に計算するためにはできるだけ小さい消去集合を用いることが重要でそのような研究もなされている．

【例 5.8】 次の線形制約からなる一階述語論理式を考える．
$$\exists y (2x + 3 < y \land 0 < x \land y + s < 0)$$
$\varphi = (2x + 3 < y \land 0 < x \land y + s < 0)$ とする．このとき，消去集合 S は以下のようになる．ここで，y が消去すべき束縛変数であることに注意する．
$$S = \{2x + 2, 2x + 3, 2x + 4, -s - 1, -s, -s + 1, (2x - s + 3)/2\}$$
この S を用いて (5.14) にしたがって形式的に代入し限量記号のない等価な式，
$$\bigvee_{t \in S} \varphi(y // t)$$
が得られる．このままではけっこう大きな式だが，整理（簡略化）すると，
$$(-x < 0) \land (2x + s < -3)$$
となる．

5.2.2 正定多項式条件

実数係数の 1 変数多項式 $f(x)$ に対して，以下のように定義される正定条件を考える．
$$\forall x > 0 \; f(x) > 0 \tag{5.15}$$
これを $f(x)$ に対する**定符号条件**（**Sign Definite Condition; SDC**）と呼ぶ．SDC (5.15) は，一階述語論理式として正確には，
$$\forall x (x > 0 \to f(x) > 0) \tag{5.16}$$

と書く.(5.16)は,このままでは決定問題であるが,実際の応用の場面では,しばしば $f(x)$ の係数にパラメータが含まれている.その場合,QE によって (5.16) をみたすパラメータの実行可能領域が求められる.SDC のための特別な QE アルゴリズムがスツルム–ハビッチ列を用いた方法である.

この SDC の条件は,x が正の領域に $f(x)$ の実根がないという条件に置き換えられる.したがって,実根の数え上げ問題と捉えることがポイントである.スツルム–ハビッチ列は,前に説明したよく知られているスツルム列と類似した多項式剰余列で,基本的には $f(x)$ から生成される部分終結式により生成される多項式剰余列になっている.スツルム–ハビッチ列については,3.4.2 項を参照されたい.

スツルム–ハビッチ列は,定理 3.5 に示したように,スツルム列と同様に多項式の実根の数え上げをすることができる.SDC は正の実根が 0 個という条件に置き換えられるので,区間 $(0, \infty)$ の実根の数え上げを行うことで解くことができる.以下,$\mathcal{SH}(f) = \{SH_m(f), \ldots, SH_0(f)\}$ であるとし,各 $SH_j(f)$ に対して主係数を $st_j(f)$,定数項を $ct_j(f)$ で表し,$\mathcal{ST}(f) = \{st_m(f), \ldots, st_0(f)\}$,$\mathcal{CT}(f) = \{ct_m(f), \ldots, ct_0(f)\}$ とする.SDC と等価な条件は以下により構成できる(定理 3.5 では,f が正則かつ単根しか扱わなかったが一般の場合でもスツルム–ハビッチ列で実根を数えることができる).

補題 5.2　SDC (5.15) は,$f(0) > 0$ かつ,

$$V_0(\mathcal{SH}(f)) - V_\infty(\mathcal{SH}(f)) = 0$$

と同値である.

以下,具体的な手順を説明する.$2(m+1)$ 個の符号からなる符号列,

$$\sigma_i = \{\sigma_{i,2m+1}, \sigma_{i,2m}, \ldots, \sigma_{i,m+1}, \sigma_{i,m}, \sigma_{i,m-1}, \ldots, \sigma_{i,0}\}$$

を考える.ここで,$\sigma_{i,j} \in \{+, -, 0\}(j = 0, \ldots, 2m+1)$ である.可能な符号列の数は $3^{2(m+1)}$ 個である.このとき,

$$var(\sigma_{i,2m+1}, \sigma_{i,2m}, \ldots, \sigma_{i,m+1}) - var(\sigma_{i,m}, \sigma_{i,m-1}, \ldots, \sigma_{i,0}) = 0 \quad (5.17)$$

となるような符号の列 σ_i を求めそれらの集合を Σ とする．各 $\sigma_i \in \Sigma$ に対して，対応する等号・不等号の列 ρ_i,

$$\rho_i = \{\rho_{i,2m+1}, \rho_{i,2m}, \ldots, \rho_{i,m+1}, \rho_{i,m}, \rho_{i,m-1}, \ldots, \rho_{i,0}\}$$

を構成する．これら ρ_i の集合を Σ' とする．ここで，ρ_i は以下の規則にしたがって定義される．

$$\begin{aligned}\sigma_{i,j} = \text{``}+\text{''} &\Rightarrow \rho_{i,j} = \text{``}>\text{''}, \\ \sigma_{i,j} = \text{``}-\text{''} &\Rightarrow \rho_{i,j} = \text{``}<\text{''}, \\ \sigma_{i,j} = \text{``}0\text{''} &\Rightarrow \rho_{i,j} = \text{``}=\text{''}\end{aligned}$$

定義 3.4 より $V_0(\mathcal{SH}(f)) = var(\mathcal{CT}(f))$, $V_\infty(\mathcal{SH}(f)) = var(\mathcal{ST}(f))$ であるので，

$$\{ct_m(f), \ldots, ct_0(f), st_m(f), \ldots, st_0(f)\}$$

に $\rho_i \in \Sigma'$ の記号を割り付けて論理式，

$$\begin{aligned}\eta_{\rho_i} \equiv\ & ct_m(f)\ \rho_{i,2m+1}\ 0 \wedge \cdots \wedge ct_0(f)\ \rho_{i,m+1}\ 0\ \wedge \\ & st_m(f)\ \rho_{i,m}\ 0 \wedge \cdots \wedge st_0(f)\ \rho_{i,0}\ 0\end{aligned}$$

を構成する．すべての Σ' の記号列 ρ に対して同様に生成した論理式 η_ρ の論理和をとった論理式

$$\bigvee_{\rho \in \Sigma'} \eta_\rho$$

が，SDC に等価な限量記号のない式である．

注意 5.1 符号の組合せの列のチェックの際には，$ct_0(f) = st_0(f) = SH_0(f)$, $\text{sign}(st_m(f)) = \text{sign}(st_{m-1}(f))$, $f(0) = ct_m(f) > 0$ といった事前情報があるので，$2(m+1) - 4 = 2(m-1)$ 個の多項式に対する符号の組合せについての評価となる．また，スツルム–ハビッチ列の代数的な構造から起こりえない符号列を知ることが可能で，それによって評価する符号列の数を少なくする工夫を行うこともできる ([26])．

注意 5.2 考えている x の区間が，$x \in (a,b]$ $(a < b \in \mathbf{R})$ のような場合

$$\forall x(a < x \leqq b \to f(x) > 0)$$

でも，同様に $(a,b]$ における実根が 0 個という条件をスツルム–ハビッチ列を用いて求めることができるが，双線形変換 (bilinear transformation) $z = -\frac{(x-a)}{(x-b)}$ を用いることで $\forall z(z > 0 \to f(z) > 0)$ に変換して解くこともできる.

【例 5.9】 例 3.12 のスツルム–ハビッチ列 (3.10) を例にとって考えてみよう．そこで，以下の SDC を例に説明する．

$$\forall x(x > 0 \to x^4 + px^2 + qx + r > 0) \tag{5.18}$$

この場合，$f(x) = x^4 + px^2 + qx + r$ とおいて，

$$\mathcal{CT}(f) = \{r, q, -16r, -4(p^2 + 12qr), SH_0(f)\},$$
$$\mathcal{ST}(f) = \{1, 4, -8p, -4(2p^3 - 8pr + 9q^2), SH_0(f)\}$$

である．ここで，$f(0) > 0$ より，$ct_4(f) = r > 0$ となり，$st_4(f) = 1 > 0$, $st_3(f) = 4 > 0$ である．また，$ct_0(f) = st_0(f) = SH_0(f)$ なので，符号の組合せを考える対象となる多項式の数は $2(4-1) = 6$ 個である．したがって，符号の組合せの数 3^6 通りについて (5.17) をチェックするが，この場合 r の符号が正だとわかっているので $-16r$ の符号が決まることが事前にわかるため実際にはもっと少ない数の符号の組合せについてチェックすればよい．

5.2.3 超越関数を含む問題

これまで，多項式からなる一階述語論理式を扱ってきた．しかし，理工学の問題では，三角関数 (sin, cos) や指数関数 (exp) などの**超越関数 (transcendental function)** がよく用いられる．一般には，超越関数を含む場合は QE は実行できない．そこで，たとえば線形多項式と三角関数だけを含むクラスというように限られたクラスに対しての研究はいくつか提案されているが ([14, 18])，実用的なレベルでツールとして提供されているものはない．

うまく超越関数を別の変数に置き換えると既存の QE アルゴリズムを使って QE が適用できる場合もある．以下に例を示す．

【例 5.10】 以下の QE 問題を考えよう．

$$\exists y_{11} \exists y_{12} \exists y_{21} \exists y_{22} \exists z_{11} \exists z_{12} \\ (y_1 = x_1 y_{11} + x_2 y_{21} + z_{11} \land y_2 = x_1 y_{12} + x_2 y_{22} + z_{12} \land \\ 0 \leq x_1 \leq 1 \land 0 \leq x_2 \leq 1) \tag{5.19}$$

ここで

$$y_{11} = \sin\theta, y_{12} = \cos\theta, y_{21} = \cos\theta, \\ y_{22} = -\sin\theta, z_{11} = \sin\theta, z_{12} = 0 \tag{5.20}$$

であるとする．この場合，$v = \sin\theta, u = \cos\theta$ と置くと，u, v は $u^2 + v^2 = 1$ を満たす変数と考えることができる．したがって，一階述語論理式 (5.19) は以下の問題に帰着できる．

$$\exists y_{11} \exists y_{12} \exists y_{21} \exists y_{22} \exists z_{11} \exists z_{12} \exists u \exists v \\ (u^2 + v^2 = 1 \land \\ y_{11} = v \land y_{12} = u \land y_{21} = u \land y_{22} = -v \land z_{11} = v \land z_{12} = 0 \land \\ y_1 = x_1 y_{11} + x_2 y_{21} + z_{11} \land y_2 = x_1 y_{12} + x_2 y_{22} + z_{12} \land \\ 0 \leq x_1 \leq 1 \land 0 \leq x_2 \leq 1) \tag{5.21}$$

これに QE を適用すると，y_1, y_2, x_1, x_2 についての論理式 $\tau(y_1, y_2, x_1, x_2)$ が得られる．ここで，たとえば $0 \leq x_1 \leq 1, x_2 = 0$ の場合に y_1, y_2 がどういう領域になるのかを見るには，以下に QE を適用する．

$$\exists x_1 \exists x_2 (0 \leq x_1 \leq 1 \land x_2 = 0 \land \tau(y_1, y_2, x_1, x_2)) \tag{5.22}$$

その結果，

$$y_1^2 + 4y_2^2 - 4 \leq 0$$

を得る．

注意 5.3 この例のように，超越関数の変数への置き換えがうまくいくためには現れる超越関数の間に代数関係があるかどうかが鍵となる．この問題は**超越関数のパ**

ラメータ表示 (**transcendental implicitization**) と呼ばれる．よりくわしく知りたい読者は，たとえば [14, 18] を参照されたい．

第6章　QEの実応用事例

本章では，最適化問題を解くツールとしてのQEの特長を活かす手立てやその効果を示すよい手本となっているようなQEの適用事例を，金融・制御・ものづくりの分野から紹介する．

6.1　ポートフォリオ最適化（非凸最適化・パラメトリック最適化）

まず，ポートフォリオ最適化を例に，QEの非凸最適化・パラメトリック最適化としての応用を紹介する．ポートフォリオ最適化についての詳細は，文献[29]などを参照されたい．

資産を複数の金融商品（株式や債権などの有価証券）に分散投資すること，またその投資した金融商品の組合せのことを**ポートフォリオ (portfolio)** という．ポートフォリオを組むことにより，リスクを分散させることができる．投資家にとって，最適なポートフォリオを見つける問題を**ポートフォリオ最適化問題**と呼ぶ．ポートフォリオ最適化問題は一般に「期待収益率一定以上のもとで，リスクを最小にする投資比率を求める問題」ということができる．

ポートフォリオ最適化問題のもっとも基本的なハリー・マーコヴィッツ (Harry Markowitz) によるモデルは，資本の長期的な成長と低リスクという相反する2つの目的のバランスをとることを狙った最適化問題である．モデルに必要な記号から説明しよう．$x = (x_1, \ldots, x_n)$ を各金融商品に投資された金額，T はもっている総資本額とする．$R = (R_1, \ldots, R_n)$ をある期間における収益（リターン）率の乱数ベクトルとし，その期待値を $r = (r_1, \ldots, r_n)$ とする．また，Q を R の共分散行列とする．また最低限達成したい資本成長

を G とする．

ポートフォリオ最適化問題は，資本額を超える投資は行わないが，ポートフォリオから予想される成長がある目標レベル G 以上で，という条件の下で収益の総計の変化を最小にする問題である．そのため，目的関数として $\sum_{i=1}^{n} x_i R_i$ の分散を考える．この分散は，$x^t Q x$ に一致することが知られている．

簡単のため $n = 3$ の場合を考えると，マーコヴィッツによるモデルは以下の 2 次計画法の問題となる．

$$
\begin{aligned}
&\text{minimize} && x^t Q x \\
&\text{subject to} && x_1 + x_2 + x_3 \leqq T, \\
& && r_1 x_1 + r_2 x_2 + r_3 x_3 \geqq G, \\
& && x_1 \geqq 0,\ x_2 \geqq 0,\ x_3 \geqq 0
\end{aligned}
\tag{6.1}
$$

いま，次のデータが与えられたとする（金額の単位はドル）([37])．

$$
\begin{aligned}
T &= 10000, \\
G &= 1000, \\
\boldsymbol{r} &= (0.05, -0.04, 0.15), \\
Q &= \begin{pmatrix} 0.08 & -0.20 & 0.05 \\ -0.20 & 0.03 & -0.15 \\ 0.05 & -0.15 & 0.45 \end{pmatrix}
\end{aligned}
$$

このとき，ポートフォリオ最適化問題は以下となる．

$$
\begin{aligned}
&\text{minimize} && 0.08 x_1^2 - 0.40 x_1 x_2 + 0.10 x_1 x_3 + 0.03 x_2^2 - 0.30 x_2 x_3 + 0.45 x_3^2 \\
&\text{subject to} && x_1 + x_2 + x_3 \leqq 10000, \\
& && 0.05 x_1 - 0.04 x_2 + 0.15 x_3 \geqq 1000, \\
& && x_1 \geqq 0,\ x_2 \geqq 0,\ x_3 \geqq 0
\end{aligned}
\tag{6.2}
$$

実は，5.1.3 項の例 5.3 はこの最適化問題の目的関数に変数 y を割り当て一階述語論理式として表現したものである．一階述語論理式 (5.3) に QE を適用

すると，
$$\frac{50820000000}{3341} \leqq y \leqq 45000000 \qquad (6.3)$$
を得る．この目的関数の実行可能領域から正確な最小値，
$$\frac{50820000000}{3341} \simeq 1.5211 \times 10^7$$
がわかる．

マーコヴィッツのモデルでは，金融商品の売買に関するコスト（取引コスト）を仮定していない．以下，取引コストを考慮した場合の最適化を考える．通常，取引コストは投資額に応じて決められる．ここでは，取引コストを表す関数を $t(x)$ とし，投資額の和の制約を，3つの投資額にそれぞれの取引コストを加えて資本額を超えないようにするという条件，
$$x_1 + x_2 + x_3 + t(x_1) + t(x_2) + t(x_3) \leqq 10000 \qquad (6.4)$$
に置き換えることにより同様に QE 問題として計算できる．

取引額 x について一律 3% の取引コストがかかる場合は，問題 (6.2) の 2 番目の制約式を式 (6.4) に置き換えて $t(x_i) = 0.03 x_i (i = 1, 2, 3)$ とする．この場合，同様に一階述語論理式に変換して QE を適用すると，
$$\frac{552788700000000}{35444669} \leqq y \leqq \frac{450000000000}{10609} \qquad (6.5)$$
が得られる．この目的関数の実行可能領域から正確な最小値，
$$\frac{552788700000000}{35444669} \simeq 1.55958 \times 10^7$$
がわかる．前の結果と比べて，最小値（最小分散）が増加した結果となっている．これは，取引コストが必要なぶん，購買力は小さくなった状況下で，目標の成長 1000 を達成するということは，より高い収益・大きい分散の対象に投資する必要があるためと理解できる．

これまで，もっている総資本額 T を固定して問題 (6.1) を解いた．ここでは，総資本額 T をパラメータとして残して最適化問題 (6.1) を解いてみよう．すなわち，分散と T の関係を求める．

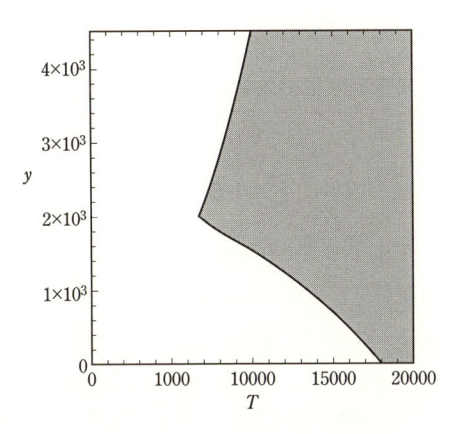

図 6.1 $\xi(T, y)$ の実行可能領域

この場合，解くべき一階述語論理式は以下となる．

$$\exists x_1 \exists x_2 \exists x_3 (\gamma_1 \wedge \gamma_2' \wedge \gamma_3 \wedge x_1 \geqq 0 \wedge x_2 \geqq 0 \wedge x_3 \geqq 0) \tag{6.6}$$

ここで，

$\gamma_1 \equiv y = 0.08x_1^2 - 0.40x_1x_2 + 0.10x_1x_3 + 0.03x_2^2 - 0.30x_2x_3 + 0.45x_3^2,$
$\gamma_2' \equiv x_1 + x_2 + x_3 = T,$
$\gamma_3 \equiv 0.05x_1 - 0.04x_2 + 0.15x_3 \geqq 1000$

QE を適用すると T と y の実行可能領域を表す次の論理式 $\xi(T,y)$ が得られる．

$\xi(T,y) \equiv 1275y + 94T^2 \geqq 0 \wedge 20y - 9T^2 \leqq 0 \wedge 50115y + 3707T^2 - 6850000T - 1064500000000 \geqq 0 \wedge 3T - 20000 \geqq 0 \wedge (T - 1700000 \geqq 0 \vee 2700y + 199T^2 + 200000T - 170000000000 \geqq 0 \vee (1081T - 9340000 \geqq 0 \wedge 49T - 19400000 \leqq 0) \vee 400y - 87T^2 + 1960000T - 17200000000 \geqq 0)$

$\xi(T,y)$ が示す実行可能領域は図 6.1 に示すグレーの非凸な領域である．総資産額 T が大きくなると，最小値（最小分散）が小さくなっていくことがわ

かる．購買力が大きくなっていくとき，目標の成長 1000 を達成するためには，より高い収益・大きい分散の対象に投資する必要が減少するためと考えられる．

6.2 原油精製プロセス制御（マルチパラメトリック最適化）

1.4.4 項で説明した QE によるパラメトリック最適化の適用例として原油の精製プロセス制御の話を紹介する ([35])．

図 6.2 は原油の精製プロセスを簡単に表したものである．精製所の目的は，原材料とプロダクトの組合せをうまく選ぶことで利益を最大にすることである．表 6.1 に，運用上の条件が示されている．図 6.2 と表 6.1 の変数やデータを用いて最適化問題として定式化すると以下のようになる．ここでは，原油 1，原油 2 の量 x_1, x_2 を変化させて，最大の利益を得ることが目的となる．それぞれの利益の割合が異なるので，重みが付いて利益は $8.1x_1 + 10.8x_2$ で表される．ただし，ガソリンと灯油の最大許容生産量の値にそれぞれパラメータ θ_1, θ_2 を加え，ガソリンと灯油の最大許容生産量が変動したときにどうなるかを解析し意思決定に活かそうという狙いである．これによって，θ_1, θ_2 の関数として利益の最大値を求めることになる．その最大値の式を $\text{Profit}(\theta_1, \theta_2)$

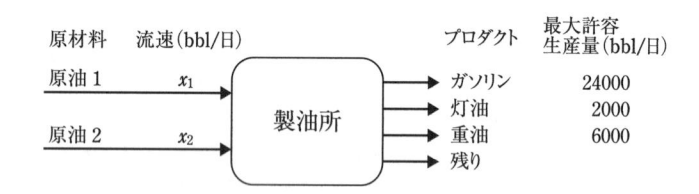

図 **6.2** 原油の精製プロセス

表 **6.1** 精製所のデータ

	生産高	
	原油 1	原油 2
ガソリン	80	44
灯油	5	10
重油	10	36

と書くとする.

$$\begin{aligned}
\text{maximize} \quad & f(x) = 8.1x_1 + 10.8x_2 \\
\text{subject to} \quad & 0.80x_1 + 0.44x_2 \leqq 24000 + \theta_1, \\
& 0.05x_1 + 0.10x_2 \leqq 2000 + \theta_2, \\
& 0.10x_1 + 0.36x_2 \leqq 6000, \\
& x_1 \geqq 0, x_2 \geqq 0, \\
& 0 \leqq \theta_1 \leqq 6000, \\
& 0 \leqq \theta_2 \leqq 500
\end{aligned} \qquad (6.7)$$

この問題を QE 問題として解く. 目的関数 $f(x)$ に y を割り当てて以下の一階述語論理式となる.

$$\exists x_1 \exists x_2 \varphi(y, \theta_1, \theta_2, x_1, x_2) \qquad (6.8)$$

ここで,
$$\begin{aligned}
\varphi(y, \theta_1, \theta_2, x_1, x_2) \equiv & (10y = 81x_1 + 108x_2 \wedge x_1 \geqq 0 \wedge x_2 \geqq 0 \wedge \\
& \theta_1 \geqq 0 \wedge \theta_1 \leqq 6000 \wedge \theta_2 \geqq 0 \wedge \theta_2 \leqq 500 \wedge \\
& 80x_1 + 44x_2 \leqq 2400000 + 100\theta_1 \wedge \\
& 5x_1 + 10x_2 \leqq 200000 + 100\theta_2 \wedge \\
& 10x_1 + 36x_2 \leqq 600000)
\end{aligned}$$

QE を (6.8) に適用すると以下を得る.

$$\begin{aligned}
\psi(y, \theta_1, \theta_2) \equiv & m_1(y, \theta_1, \theta_2) \leqq 0 \wedge m_2(y, \theta_1, \theta_2) \leqq 0 \wedge 0 \leqq \theta_1 \leqq 6000 \wedge \\
& 0 \leqq \theta_2 \leqq 500 \wedge y \geqq 0
\end{aligned}$$

ここで,
$$m_1(y, \theta_1, \theta_2) = 61y - 459\theta_1 - 18630000,$$
$$m_2(y, \theta_1, \theta_2) = 29y - 2538\theta_2 - 135\theta_1 - 8316000$$

$\psi(y, \theta_1, \theta_2)$ で与えられる y, すなわち $f(x)$ の実行可能領域は図 6.3 である. Profit(θ_1, θ_2) は2つの多項式 $m_1(y, \theta_1, \theta_2)$ と $m_2(y, \theta_1, \theta_2)$ となっているこ

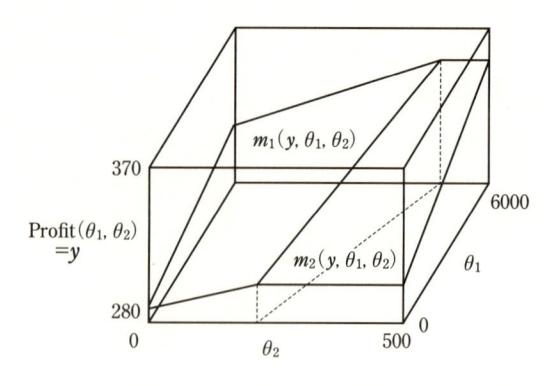

図 6.3 パラメータ θ_1, θ_2 に対する目的関数 f の実行可能領域

とがわかる．この結果から，最大許容生産量を変えることでどのように利益が変化するかということが可視化され，精製計画のための意思決定に有用な情報が得られる．

注意 6.1 その他のパラメトリック最適化の活用の可能性について簡単にふれておく．入力や状態量に制約がある場合の動的システムの制御法として，モデル予測制御は有力な方法である（モデル予測制御については文献 [31] を参照されたい）．オンラインでモデル予測制御を実現するには高速に最適化計算をすることが必要となる．しかし，計算時間が間に合わない場合も多く，一般には最適化の数値的な計算部分を高速化するために近似したり緩和した最適化問題を解くことで代用する．したがって，計算の精度が犠牲になっている．もう 1 つの方向性として，オフラインで最適値を変動するパラメータの関数として求めておくアプローチがある．いわゆる，パラメトリック最適化を活用したアプローチである．この場合，各段階での最適化計算が，あらかじめ計算しておいたパラメトリックな最適値に値を代入することで最適値が求まるため，非常に高速に最適値を得ることが可能となる（図 6.4）．このアプローチは，さままざな電気機器や自動車のコントロールユニットなどの組込みシステムなどへの利用も期待できる．これまで数値的手法でパラメトリックな最適値を計算して制御に用いる研究が行われてきている ([35, 36])．QE によるパラメトリック最適化を用いることで，より複雑な（非凸な）問題に対しても正確にパラメトリックな最適値を求めることができる．

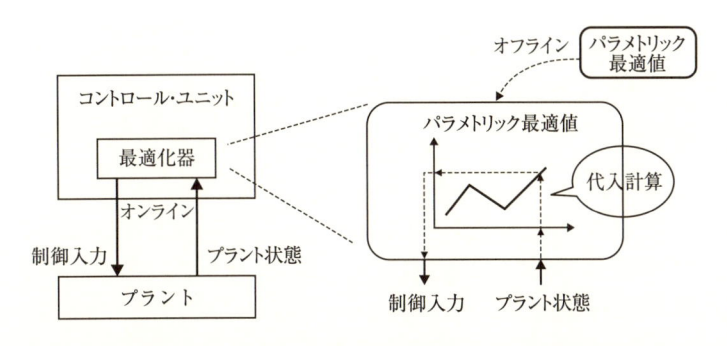

図 **6.4** リアルタイム制御とパラメトリック最適化

6.3 温度最適制御（パラメトリック最適化・動的計画法）

ここでは，タイルを焼く窯の温度制御の問題 ([20]) を例に，動的計画法と QE によるパラメトリック最適化を用いた問題解決の事例を紹介する．

陶器会社が窯の中で屋根のタイルを処理するプロセスを考える．用いる窯は，3つのオーブン（電熱器）が連結した構成になっている（図 6.5）．プロセスの管理者は，最終の温度 x_3 が目標温度 T になるように3つの異なる温度 u_0, u_1, u_2 をうまく設定しなくてはいけない．

機器仕様書によると3つのオーブンは異なる熱伝導現象によって支配されており，以下のようにそれぞれ異なる線形モデルによって表現できる．

$$x_1 = 0.55 x_0 + 0.45 u_0,$$
$$x_2 = 0.60 x_1 + 0.40 u_1,$$
$$x_3 = 0.65 x_2 + 0.35 u_2$$

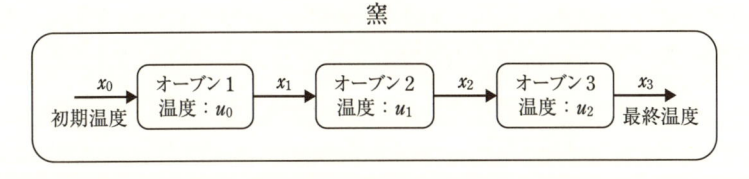

図 **6.5** 窯の模式図

さらに，最終的によい製品にするために，温度の条件として以下の制約を満たさなければならないことを考慮する．

$$200 \leqq x_1 \leqq 400,$$
$$500 \leqq x_2 \leqq 1000$$

ここで，最終温度 x_3 と目標温度 T との偏差とオーブン中でのエネルギー消費の両方を最小化することが目標である．よって，考えるべき最適化問題は以下である．

$$\begin{aligned}
&\underset{u_0,u_1,u_2}{\text{minimize}} && J = 100(x_3 - T)^2 + u_2^2 + u_1^2 + u_0^2 &&& (6.9)\\
&\text{subject to} && x_1 = 0.55x_0 + 0.45u_0,\\
&&& x_2 = 0.60x_1 + 0.40u_1,\\
&&& x_3 = 0.65x_2 + 0.35u_2,\\
&&& 200 \leqq x_1 \leqq 400,\\
&&& 500 \leqq x_2 \leqq 1000,\\
&&& 0 \leqq u_0, u_1, u_2 \leqq 3000
\end{aligned}$$

初期温度 x_0 と最後の目標温度 T は管理者によって設定されるものであるが，それぞれ以下のような適正範囲が決められている．

$$-5 \leqq x_0 \leqq 40,$$
$$1000 \leqq T \leqq 1500$$

最適化問題 (6.9) の答えとして求めたいのは，この最適化が達成されるという状況の下での，各オーブンの温度のプロファイル，すなわち，このような各オーブンの温度の値を u_i^* で表したときの，u_i^* の初期温度 x_i と目標温度 T の関数としての表現である．

$$u_i^* = h_i(x_i, T) \qquad (6.10)$$

この式 h_i があれば，各オーブンの周辺温度 x_i を代入するだけで最適なオーブンの設定温度 u_i を求めることができる．その意味で (6.10) は**制御則 (control law)** とも呼ばれる．

このまま QE 問題として定式化して解くことはできるが，その前にじっくりこの問題を観察してみよう．

この問題の特長は，**多段決定問題**，つまり各段における決定の系列を求めるような問題に変換できることである．さらに，この問題では**最適性原理**が成り立っている．このことから，いわゆる**動的計画法 (dynamic programming)** の適用が可能である（動的計画法について詳細は [19, 20] を参照されたい）．動的計画法では，パラメトリック最適化を解くことが要求されるため，そこに QE を適用することを以降説明していく．じつは，この動的計画法と QE の組合せが，効率的な計算のよい方策になっている．

多段決定問題と最適性原理について簡単に説明する．多段決定問題とは，複数の決定対象をもつ問題に対して一種の順序性をもつ決定段階を定め，この決定段階を逐次解いていくことで最適解を得る問題のことである．ただし，各段階における決定は以降の段階の決定を制限する．すなわち，多段階決定過程における決定段階を $1, \ldots, n$ とし，各段階における問題群 $A_i (i = 1, \ldots, n)$ が与えられたとすると，$i < j$ を満たす任意の決定段階 i, j に対して，問題群 A_j に含まれる問題の決定は，問題群 A_i に含まれる問題の決定に依存するという特徴をもつ．このとき，問題 $P (\in A_j)$ の最適解は，問題の決定に影響を与える問題 $Q(\in A_i)$ においても最適解となることを，最適性原理という．最適性原理とは，決定の全系列にわたる最適化を行うためには，初期の状態と最初の決定がどんなものであっても，残りの決定は最初の決定から生じた状態に関して最適な決定を構成していなければならないということである．言い換えると，最適経路中の部分経路もまた最適経路になっているといえる．

このような最適性原理をもつ多段階決定過程に対して適用できるアルゴリズムが動的計画法である．動的計画法は，最適性原理を利用して最適化問題を各段における決定の系列を求める問題に変換して再帰的に解いていく．もう少し具体的に記す．たとえば，以下のような問題の場合を考える．

$$\begin{aligned}&\text{minimize} && \sum_{k=0}^{N-1} r_k(x_k, u_k) + r_N(x_N) \\ &\text{subject to} && x_{k+1} = f_k(x_k, u_k), \quad k = 0, 1, \ldots, N-1, \\ &&& u_k \in U_k, \quad k = 0, 1, \ldots, N-1 \end{aligned}$$

ここで，r_k, f_k は多項式，U_k は範囲（領域）を表すとする．動的計画法では，このような問題を以下のような再帰方程式に変換して各段階を順に解いていく．

$$v_k(x) = \min_{u \in U_k} \{r_k(x, u) + v_{k+1}(f_k(x, u))\}$$

ただし，$v_N(x) = r_N(x_N)$ である．元の問題をそのまま QE を使って解くことは可能であるが，動的計画のやり方で再帰的に解くように定式化できることは，元の問題を小さい問題に分割して解けるということであり，第 5 章でも指摘したように QE 計算にとっては効率化に好都合である．また，動的計画法においても連続変数に対するパラメトリック最適化の有効な方法はこれまでほとんど提案されておらず，QE を用いることで動的計画法の広いクラスに対して系統的に正確に解く方法を提供できる点は大きなメリットになる．

さて，以下では窯の温度制御の問題 (6.9) を具体的に動的計画法に沿って分解を行い，QE によってそれぞれの問題を解いた結果を紹介する．窯の管理者が最後の目標温度を $T = 1500$ と設定した場合について考えていく．この問題では，各オーブンごとの段階に分けて再帰的に解いていく．

まず，オーブン 3 のところでは以下のパラメトリック最適化問題を解く．ここでのパラメータは x_2 であり，目的関数の最小値を x_2 の関数として求めることが目的である．

$$(S_3) \quad \begin{aligned} &\text{minimize} && u_2^2 + 100(x_3 - 1500)^2 \\ &\text{subject to} && x_3 = 0.65 x_2 + 0.35 u_2, \\ &&& 0 \leqq u_2 \leqq 3000, \; 500 \leqq x_2 \leqq 1000 \end{aligned}$$

この問題は，1.4.4 項で紹介した QE によるパラメトリック最適化を用いて解くことができ，以下のパラメトリック最小値 $v_2(x_2)$ を求めることができる．

$$v_2(x_2) = \begin{cases} \dfrac{169}{4}x_2^2 - 58500x_2 + 29250000 & \left(500 \leqq x_2 \leqq \dfrac{51000}{91}\right) \\ \dfrac{169}{53}x_2^2 - \dfrac{780000}{53}x_2 + \dfrac{900000000}{53} & \left(\dfrac{51000}{91} < x_2 \leqq 1000\right) \end{cases}$$

このとき，制御則が以下となる．

$$u_2^* = h_2(x_2) = \begin{cases} 3000 & \left(500 \leqq x_2 \leqq \dfrac{51000}{91}\right) \\ -\dfrac{91}{53}x_2^2 + \dfrac{210000}{53} & \left(\dfrac{51000}{91} < x_2 \leqq 1000\right) \end{cases} \quad (6.11)$$

次に，オーブン 2 のところでは以下のパラメトリック最適化問題を解く．ここでのパラメータは x_1 であり，目的関数の最小値を x_1 の関数として求める．目的関数に，オーブン 3 でのパラメトリック最小値 $v_2(x_2)$ を用いる．

$$(S_2) \quad \begin{aligned} &\text{minimize} && u_1^2 + v_2(x_2) \\ &\text{subject to} && x_2 = 0.60x_1 + 0.40u_1, \\ &&& 0 \leqq u_1 \leqq 3000,\ 200 \leqq x_1 \leqq 400, \\ &&& 500 \leqq x_2 \leqq 1000 \end{aligned}$$

これを QE によるパラメトリック最適化を用いて解く．実際には，この場合 $v_2(x_2)$ の場合分けがあるため，効率を考えてそれぞれの場合で QE 問題を解く．その結果，両方の場合をあわせて以下のパラメトリック最小値 $v_1(x_1)$ が求まる．

$$v_1(x_1) = \dfrac{507}{667}x_1^2 - \dfrac{3900000}{667}x_1 + \dfrac{7500000000}{667} \quad (200 \leqq x_1 \leqq 400)$$

これより，制御則，

$$u_1^* = h_1(x_1) = -\dfrac{338}{667}x_1 + \dfrac{1300000}{667} \quad (200 \leqq x_1 \leqq 400)$$

が得られる．

最後に，オーブン 1 のところでは以下のパラメトリック最適化問題を解く．ここでのパラメータは x_0 であり，目的関数の最小値を x_0 の関数として求め

る．目的関数に，オーブン 2 でのパラメトリック最小値 $v_1(x_1)$ を用いる．

$$(S_1) \quad \begin{array}{ll} \text{minimize} & u_0^2 + v_1(x_1) \\ \text{subject to} & x_1 = 0.55x_0 + 0.45u_0, \\ & 0 \leqq u_0 \leqq 3000,\ 200 \leqq x_1 \leqq 400 \end{array}$$

これを QE によるパラメトリック最適化を用いて解く．その結果，以下のパラメトリック最小値 $v_0(x_0)$ が求まる．

$$v_0(x_0) = \begin{cases} \dfrac{121}{81}x_0{}^2 - \dfrac{88000}{81}x_0 + \dfrac{556634680000}{54027} \\ \quad \left(-\dfrac{23000}{11} \leqq x_0 \leqq -\dfrac{4818830}{7337}\right), \\ \dfrac{61347}{307867}x_0{}^2 - \dfrac{858000000}{307867}x_0 + \dfrac{3000000000000}{307867} \\ \quad \left(-\dfrac{4818830}{7337} < x_0 \leqq -\dfrac{1740160}{7337}\right), \\ \dfrac{121}{81}x_0{}^2 - \dfrac{176000}{81}x_0 + \dfrac{530398720000}{54027} \\ \quad \left(-\dfrac{1740160}{7337} < x_0 \leqq \dfrac{8000}{11}\right) \end{cases}$$

これより，制御則，

$$u_0^* = h_0(x_0) = \begin{cases} -\dfrac{11}{9}x_0 + \dfrac{4000}{9} \\ \quad \left(-\dfrac{23000}{11} \leqq x_0 \leqq -\dfrac{4818830}{7337}\right), \\ -\dfrac{50193}{307867}x_0 + \dfrac{351000000}{307867} \\ \quad \left(-\dfrac{4818830}{7337} < x_0 \leqq -\dfrac{1740160}{7337}\right), \\ -\dfrac{11}{9}x_0 + \dfrac{8000}{9} \\ \quad \left(-\dfrac{1740160}{7337} < x_0 \leqq \dfrac{8000}{11}\right) \end{cases}$$

が得られる．

QE によるパラメトリック最適化では，この例のようにパラメータの場合分けをした上でパラメトリック最適値を自動で正しく求められる．この点は，数値計算と大きく異なる数式処理の計算手法である QE の強みである．

注意 6.2 動的計画法によるアプローチでパラメトリック最適化を解く部分に関して，最適値の感度解析にもとづく数値的手法を用いて解くことが提案されている ([35])．この手法では，パラメトリックな最適値を線形式の繋ぎ合わせの形で求めていく．このような表現を区分線形 (piecewise affine) と呼ぶ．しかし，複雑な（非凸な）最適化問題になると区分線形の形で近似した最適値表現となり，できるだけ真の最適値からのギャップをなくそうとすると，非常に多くの線形式の繋ぎ合わせとなり複雑な表現になってしまう．詳細に興味のある方は，文献 [35] を参照されたい．

6.4 形状最適設計（Min-Max 最適化・多目的最適化）

SRAM (Static Random Access Memory) といわれる半導体メモリの形状の最適化の問題から Min-Max 最適化と多目的最適化の例を紹介する．Min-Max 問題についても 1.4.5 項で紹介した基本的な方法で対応できる．

SRAM セルと呼ばれる SRAM を構成する基本要素の部分を示したのが図 6.6 である．設計の目標は，サイズをより小さくし，かつ製造の歩留まりを高くするように SRAM セルの形状を設計することである．一般にサイズが小さくなればなるほど歩留まりが悪くなるため，相反する 2 つの目的関数の多目的最適化問題となる．

SRAM セルのレイアウトは，図 6.6 の模式図にあるように各部の長さにつ

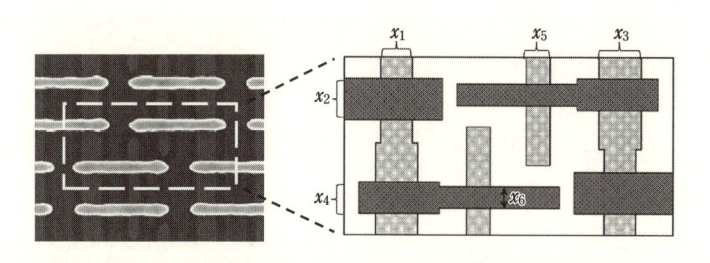

図 6.6 SRAM メモリの写真と模式図

いての変数（この場合 $\boldsymbol{x} = (x_1, \ldots, x_6)$）を設定し，この変数値を最適なものに決めることを行う．これらの変数は，チャネル長，チャネル幅と呼ばれ，長さを表す変数である．

各変数には以下で与えられる変動領域がある．

$$x_i \in [0, 1] \quad (i = 1, \ldots, 6)$$

SRAM セルの品質の評価には 2 つの雑音信号に対する余裕度（ノイズマージン）に関する評価指標が用いられる．ともに，$\boldsymbol{x}$ の関数である．それらを g_1, g_2 とする．歩留まりを z とすると，$z \equiv \min(g_1, g_2)$ で与えられる．

ここで以下の 2 つの問題を考える．

(1) 歩留まり $z \equiv \min(g_1, g_2)$ の最大値を求める．

(2) 歩留まり $z \equiv \min(g_1, g_2)$ を最大化し，同時にチャネル長 x_2 を最小化する最適化を行う．

具体的なデータから得られた問題を見てみよう．問題 (1) は以下である．

$$\begin{aligned}&\text{maximize} \quad z \equiv \min(g_1(\boldsymbol{x}), g_2(\boldsymbol{x})) \\ &\text{subject to} \quad 0 \leqq x_1 \leqq 1, \ldots, 0 \leqq x_6 \leqq 1, x_4 + x_6 \geqq 2x_2\end{aligned} \qquad (6.12)$$

ここで，

$$\begin{aligned}g_1(\boldsymbol{x}) = {}& 4.34758037607255 + 0.215813228985934 x_1 - 0.402110351083682 x_2 \\ & + 2.76367763462092 x_3 + 0.472650590690848 x_4 - 0.291960906981533 x_5 \\ & + 1.48362647919883 x_6,\end{aligned}$$

$$\begin{aligned}g_2(\boldsymbol{x}) = {}& 2.55801233493670 - 0.245208280326772 x_1 + 1.13856413840377 x_2 \\ & - 0.219401355823440 x_3 + 0.0882262731070385 x_4 + 1.75046245313323 x_5 \\ & - 0.615878109869250 x_6\end{aligned}$$

である．この問題は，$\min(g_1, g_2)$ の最大値を求める問題でいわゆる Min-Max 最適化問題になっているため少し工夫が必要となる．これを QE で解く場合

には以下のように一階述語論理式をつくる．

$$\exists x_1 \cdots \exists x_6 \ (z \leqq g_1(\boldsymbol{x}) \ \wedge \ z \leqq g_2(\boldsymbol{x}) \ \wedge$$
$$0 \leqq x_1 \leqq 1 \ \wedge \cdots \wedge \ 0 \leqq x_6 \leqq 1 \ \wedge \ x_4 + x_6 \geqq 2x_2)$$
(6.13)

となる．ここで，注目する点は $z \leqq g_1(\boldsymbol{x}) \ \wedge \ z \leqq g_2(\boldsymbol{x})$ の部分である．こうすることで，元の Min-Max 最適化問題 (6.12) の z の最大値とこの QE 問題 (6.13) の z の最大値が等しくなっている．(6.13) に QE を適用して，

$$265833468864870800000000000000000z$$
$$\leqq 1314171707638219319422277339774 3$$

を得る．したがって，所望の最大値として

$$\frac{1314171707638219319422277339774 3}{265833468864870800000000000000000} \simeq 4.9435901$$

が求められる．

注意 6.3 ここで示した方法は一般の Min-Max 最適化問題でも適用できる．この方法で一階述語論理式に定式化した場合，得られる最適値については元の問題と同じであるが，一般に目的関数の可能領域は異なる可能性がある．

【例 6.1】 次の Min-Max 最適化問題を考えよう．

$$\begin{aligned}
&\text{minimize} \quad y \equiv \max(h_1(x), h_2(x)) \\
&\text{subject to} \quad h_1(x) \equiv -x^2 - 4x + 1, h_2(x) \equiv -x^2 + 4x + 1, \quad (6.14)\\
&\quad\quad\quad\quad\quad -3 \leqq x \leqq 3
\end{aligned}$$

図 6.7 では，$h_1(x)$ と $h_2(x)$ が示されており，これより $1 \leqq y \leqq 5$ であることがわかる．これを上記のやり方で一階述語論理式にすると，

$$\exists x \ (y \geqq -x^2 - 4x + 1 \ \wedge \ y \geqq -x^2 + 4x + 1 \ \wedge \ -3 \leqq x \leqq 3) \quad (6.15)$$

となる．(6.15) に QE を適用すると，

$$y \geqq 1$$

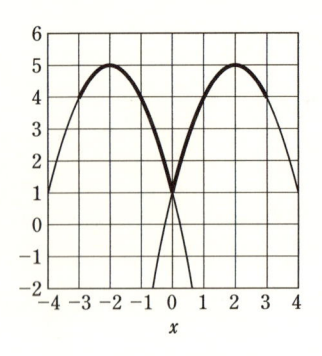

図 **6.7** Min-Max 問題 (6.14)

を得る．実行可能領域としては異なっているが，最小値については $1 \leqq y \leqq 5$ と一致している．

次に (2) の形の問題を考える．この問題は最適化問題として以下となる．

$$\begin{aligned}
&\text{maximize} \quad z \equiv \min(g_1(\boldsymbol{x}), g_2(\boldsymbol{x})) \\
&\text{minimize} \quad x_2 \\
&\text{subject to} \quad 0 \leqq x_1 \leqq 1, \ldots, 0 \leqq x_6 \leqq 1, \\
&\qquad\qquad\quad x_4 + x_6 \geqq 2x_2
\end{aligned} \tag{6.16}$$

一階述語論理式に変換すると，

$$\exists x_1 \exists x_3 \exists x_4 \exists x_5 \exists x_6 \quad (z \leqq g_1(\boldsymbol{x}) \land z \leqq g_2(\boldsymbol{x}) \land \\ 0 \leqq x_1 \leqq 1 \land \cdots \land 0 \leqq x_6 \leqq 1 \land x_4 + x_6 \geqq 2x_2) \tag{6.17}$$

となる．目的関数の 2 つ目が変数 x_2 そのものなので，新しい変数を導入する必要のない点が，通常のやり方と異なる．(6.17) に QE を適用して x_2-z 空間の実行可能領域を示した $\phi(z, x_2)$ が得られる（図 6.8）．

$\phi(z, x_2) \equiv 0 \leqq x_2 \leqq 1 \land$

$2000000000000000z - 2277128276807540x_2 - 8793402122353937 \leqq 0 \land$

$14915394952221800000000000000000z - 15292003443347687792061958 8116x_2$

$- 6572286489769842032866193 09831 \leqq 0 \land$

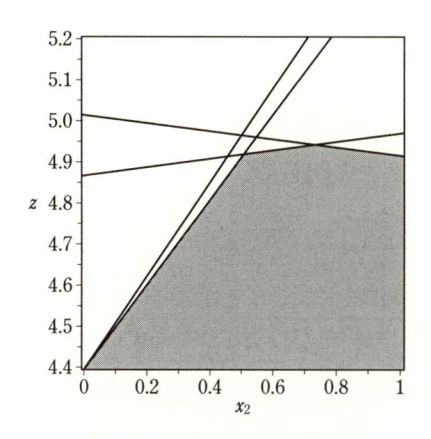

図 **6.8** 実行可能領域 $\phi(z, x_2)$

$$149153949522218000000000000000z - 15262144750829685831781574636x_2$$
$$-72605759381830779933103831657 \leqq 0 \wedge$$
$$2000000000000000z + 186384162669460x_2 - 10025158342092437 \leqq 0$$
(6.18)

実行可能領域の左上方へ向かっていった境界が，歩留まり z が大きくかつサイズ x_2 が小さいパレートになっている．

6.5 制御器設計（パラメータ空間法）

制御系の制御器の設計において，複数の設計仕様を満足する設計（多目的設計）を行う際に，パラメトリックなアプローチが有効である．QE を用いることにより設計仕様が非凸な制約の場合にも，可能なパラメータ領域が正確に求まり，QE が有効な設計手法であることを見ていく．詳細は文献 [16, 17] を参照されたい．

ここで考える制御器設計とは，対象とする制御器がパラメータを含んだ形で記述されていて，所望の要求仕様を満たすようにパラメータの値を決定す

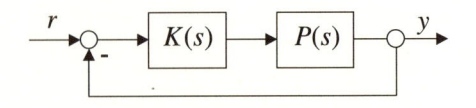

図 **6.9** フィードバック制御系

ることである.このパラメータを設計パラメータと呼ぶ.対象の数式モデルを用いることで,要求仕様を不等式制約として記述することができる.その不等式制約を解くことで,要求仕様を満たす設計パラメータの値が求まる.その際に QE を適用することで,所望の設計パラメータの実行可能領域を,半代数的集合としてすべて正確に(非凸な場合にも)計算できるため,その威力は強力である.

QE にもとづく**パラメータ空間法 (parameter space approach)** による制御系解析・設計の事例を 2 つ紹介する.

(1) 制御系の安定性解析

(2) 安定性と混合感度制約による制御器の多目的設計

制御理論について,よりくわしく知りたい方は [1] などを参照されたい.

パラメータ空間法とは,パラメータ空間内で設計パラメータの実行可能領域を求めて設計に採用する解を決める設計法のことである.パラメータ空間法は,非常に有効な設計手法として知られているが,これまで実行可能領域を広範な種類の要求仕様に対して系統的に求める有効な手立てがなかった.ここでは,QE によるパラメトリック最適化を用いることで,多くの要求仕様について系統的な手順でパラメータ空間法が実現できることを示す.

まず,(1) 制御系の安定性解析の事例である図 6.9 のフィードバック制御系の解析について考える[1].ここで,r はこの制御系の入力で y は出力である.通常 $P(s)$, $K(s)$ は**伝達関数 (transfer function)** と呼ばれ,変数 s(ラプラス変数と呼ぶ)についての有理関数で与えられる.伝達関数とはシステム

---

1) フィードバック制御とは,出力の信号を入力側に送り返して適切な目標値または基準値になるように出力を制御する制御方式の 1 つのこと.

への入力を出力に変換する関数のことをいう．$P(s)$ は制御したい対象，$K(s)$ は制御器で，ここでは具体的に以下であるとする．

$$P(s) = \frac{4}{s^2 - 2s + 2}, \quad K(s) = a\frac{s+b}{s+ab}$$

制御器の2つのパラメータ a, b には次のような物理的な制約があるとする．

$$1 < a < 10, \quad b > 0 \tag{6.19}$$

制御対象 $P(s)$ は，極（分母多項式の s についての零点）が $1 \pm \sqrt{-1}$ なので $P(s)$ 自体，**安定**ではない．一般に，制御対象の伝達関数が安定（またはフルビッツ (Hurwitz) 安定）であるとは，伝達関数の極がすべて複素平面の左半面にあることをいう．そこで，2つのパラメータ a, b を適当な値に調整することで図 6.9 のフィードバック制御系全体を安定にすることを考える．

制御系全体が安定になるための条件は，r から y への閉ループ系の伝達関数，

$$G(s) = \frac{KP}{1+KP} = \frac{4a(s+b)}{s^3 + (ab-2)s^2 + (2+4a-2ab)s + 6ab}$$

の分母多項式（**特性多項式**と呼ぶ）の根がすべて複素平面の左半面にあることなので a, b についての条件として

$$6ab > 0 \land ab - 2 > 0 \land (ab-2)(2+4a-2ab) - 6ab > 0 \tag{6.20}$$

が得られる．これを $\psi(a, b)$ と書くことにする．これはよく知られた判別条件（**フルビッツの判定条件** ([1])）から簡単な代数的計算によってただちに得られる．

さて，制御器の物理的な制約 (6.19) の下で系全体が安定であるための b の条件を，QE を使って半代数的集合として求めてみる．そのために次の一階述語論理式を QE で解く．

$$\exists a(1 < a < 10 \land b > 0 \land \psi(a, b)) \tag{6.21}$$

その結果，(6.21) に等価な限量記号のない式として，

$$50b^2 - 100b + 21 < 0 \tag{6.22}$$

を得る.これより,(6.19) の下で系全体が安定であるためのパラメータ b の実行可能領域が $(1 - \frac{\sqrt{58}}{10}, 1 + \frac{\sqrt{58}}{10})$ であることがわかる(このように,b の下限・上限値が代数的数として与えられるのでいくらでも精度よく値を計算することができる).

次に,(2) 安定性と混合感度制約による制御器の多目的設計を見てみよう.図 6.9 と同じフィードバック制御系の設計について,

$$P(s) = \frac{1}{s+1}, \quad K(s) = x_1 + \frac{x_2}{s}$$

の場合を考える.ここで,$\boldsymbol{x} = (x_1, x_2)$ とする.制御器 $K(s)$ は 2 つのパラメータ x_1, x_2 をもち **PI 制御器**と呼ばれており,基本的でかつ実際の制御器としてもっとも頻繁に用いられるものの 1 つである.

感度関数 $S(s)$ と相補感度関数 $T(s)$,

$$S(s) = \frac{1}{1+PK} = \frac{s^3 + s^2 + s}{s^3 + s^2 + (x_1+1)s + x_2},$$

$$T(s) = \frac{PK}{1+PK} = \frac{x_1 s + x_2}{s^3 + s^2 + (x_1+1)s + x_2}$$

を考える.感度関数 $S(s)$ は,系の応答性を表す関数で,相補感度関数 $T(s)$ はロバスト安定性を表す関数である.感度関数 $S(s)$ と相補感度関数 $T(s)$ について,ある限定された周波数帯域における H_∞-ノルム制約,すなわち,

$$\|S(s)\|_{[0,1]} \equiv \max_{0 \leq \omega \leq 1} \|S(\sqrt{-1}\omega)\| < 0.1 \quad (a)$$

$$\|T(s)\|_{[20,\infty]} \equiv \max_{20 \leq \omega \leq \infty} \|T(\sqrt{-1}\omega)\| < 0.05 \quad (b)$$

を考える.これらの設計仕様は図 6.10 の (a), (b) に対応している.この 2 つを同時に満たすように制御器を設計する問題を**混合感度問題 (mixed sensitivity problem)** と呼ぶ.2 つの要求仕様 (a) と (b) は基本的には相反する要求である.そこで,ロバスト安定性が強く要求される周波数帯域(一般に高周波帯域)と応答性が要求される周波数帯域(一般に低周波帯域)は異なるため,このように重要な周波数帯域の違いを利用して両方の要求に対する

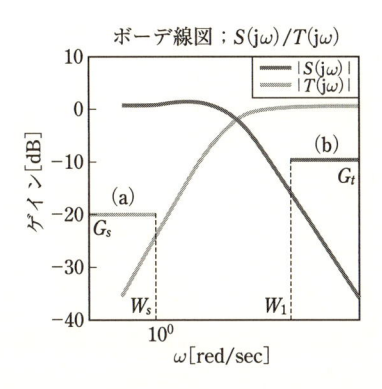

図 6.10 ボーデ線図における感度・相補感度の制約

バランスをとりながらある種，最適なトレードオフを行い，全体としてよい制御特性を実現しようというのがこの要求仕様の意味である．数値計算による方法では，系統的に解決するのは難しい問題である．しかし，QE を用いると系統的な解決法を構成できる．じつは，周波数限定 H_∞-ノルム制約 (a) と (b) はそれぞれ以下の 1 変数多項式の正定条件に帰着されることがわかっている（主変数 z にとくに物理的な意味はない）．

$$\forall z((z>0) \to ((x_2^3 - 2x_2 + x_1^2 - 99)z^3 + (3x_2^2 - 4x_2 + 2x_1^2 + 2x_1 - 99)z^2$$
$$+ (3x_2^2 - 2x_2 + 2x_1^2 + 2x_1 - 99)z + x_2^2 > 0)), \tag{6.23}$$

$$\forall z((z>0) \to (z^3 + (-2x_1 + 1199)z^2 + (-2x_2 - 399x_1^2 - 1598x_1 + 479201)z$$
$$- 399x_2^2 - 800x_2 - 159600x^2 - 319200x_1 + 63840400 > 0)) \tag{6.24}$$

この条件は，5.2.2 項で紹介した定符号条件 (SDC) になっている．QE をこれらの SDC に適用することで制約 (a), (b) を満たす $\boldsymbol{x}$ の実行可能領域を求めることができる．この場合，5.2.2 項で説明したように SDC に特化したスツルム–ハビッチ列を用いた QE アルゴリズムを適用できる．

感度関数制約 (a), 相補感度関数制約 (b) を満たす $\boldsymbol{x}$ の実行可能領域は，それぞれ図 6.11 の (a), (b) のグレーの部分である．また，フルビッツの判定条件から求めたフィードバック制御系が安定であるための PI 制御器 $K(s, \boldsymbol{x})$

6.5 制御器設計（パラメータ空間法）

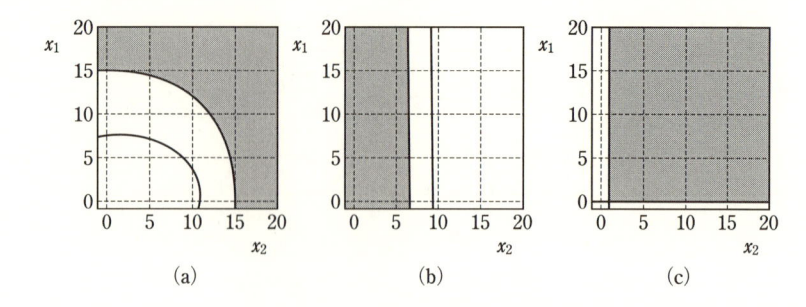

図 6.11 各仕様に対する実行可能領域

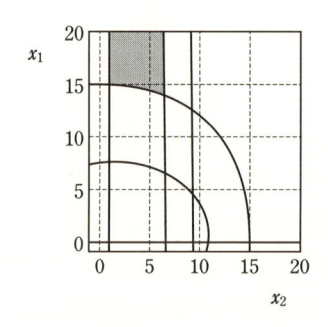

図 6.12 すべての実行可能領域 (a)-(c) を重ね合わせた領域

のパラメータ x の条件を示したのが図 6.11 の実行可能領域 (c) である．パラメータ空間設計法の利点の1つは，複数の設計仕様に対して容易に対処できることにある．ただ単にそれぞれの仕様を満たす制御器のパラメータ x の実行可能領域の共通部分（条件式の論理積）をとればよい．この例では，図 6.11 の (a), (b), (c) を重ね合わせることで得られる x の実行可能領域が図 6.12 の非凸のグレーの部分である．つまり，この非凸領域が，安定性と混合感度の要求仕様をすべて満たすような x の実行可能領域をすべて正確に示している．また，こうしてパラメータ空間内に実行可能領域がすべて求まることが最終的に実際の設計で採用する設計パラメータの値を選択する際に非常に有効である．たとえば，実行可能領域の中心辺りの値を選ぶことで，誤差や製造のばらつきに対してよりロバストな設計を容易に実現できるなど，見

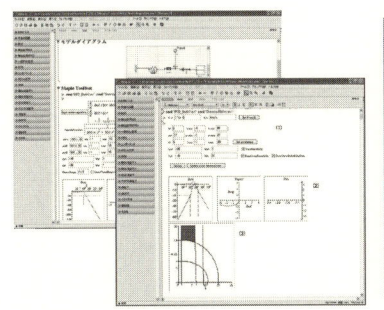

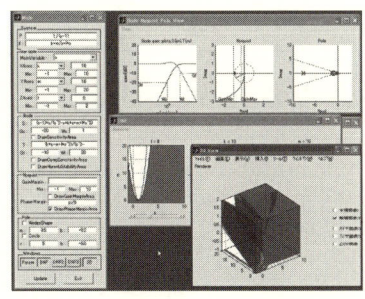

図 6.13 QE にもとづく制御器の設計ツール（Maple 版（左）・MATLAB 版（右））

通しのよい設計が可能となる．

注意 6.4 問題 (2) で考えた要求仕様は，いずれも 1 変数多項式の正定性の条件 (SDC) に帰着されている．ノルム制約以外にも多くのロバスト制御器の設計の設計仕様が SDC 条件に帰着されることがわかっている．それらを含めて，問題 (2) で紹介したパラメータ空間法による制御器の設計手法は，MATLAB や Maple 上のツールボックスとして実装されている（図 6.13 参照）．

設計仕様を SDC へ帰着する方法は，それぞれ仕様により異なっている．詳細に興味がある読者は文献 [16, 17, 27] を参照されたい．

参考文献

[1] 足立修一,『MATLAB による制御工学』, 東京電機大学出版局, 1999.

[2] 穴井宏和, 横山和弘,「計算実代数幾何入門 (1)–(5)」,『数学セミナー』, 2007 年 11 月号–2008 年 4 月号, 日本評論社.

[3] S. Basu, R. Pollack and M.-F. Roy, *Algorithms in Real Algebraic Geometry*, Algorithms and Computation in Mathematics **10**, Springer, 2003.

[4] R. F. Caviness and J. R. Johnson (Eds.), *Quantifier Elimination and Cylindrical Algebraic Decomposition*, Texts and Monographs in Symbolic Computation, Springer, 1996.

[5] J. von zur Gathen and J. Gerhard (原著), 山本慎ら (翻訳)『コンピュータ代数ハンドブック』, 朝倉書店, 2006.

[6] 一松信,『代数学入門 第 3 課』, 近代科学社, 1994.

[7] D. Knuth (原著), 有沢誠ら (翻訳), *The Art of Computer Programming* (2), 日本語版 *Seminumerical Algorithms*, アスキー出版, 2004.

[8] B. Mishra, *Algorithmic Algebra*, Texts and Monographs in Computer Science, Springer, 1993.

[9] 野呂正行, 横山和弘,『グレブナー基底の計算 基礎篇』, 東京大学出版会, 2003.

[10] 佐々木建和,『数式処理 (情報処理叢書 7)』, 情報処理学会, 1981.

[11] 高木貞治,『代数学講義 改定新版』, 共立出版, 1983.

[12] 渡辺治, 木村泰紀, 谷口雅治, 北野晃朗,『数学の言葉と論理 (現代基礎数学)』, 朝倉書店, 2008.

[13] 横山和弘,「計算機代数入門」,『数学セミナー』, 2004 年 9 月号, pp.48–52, 日本評論社.

本書を読まれたあと, より詳細に QE 計算法と背後にある数学を学ぶものとして, [3, 4, 8] をあげておく.

[4] は論文集であって，CAD 法や QE の計算理論に関する解説やそれらの改良手法を提案している論文を網羅的に集めたものである．少々古くなっているので，内容は最新ではなくなってしまったが，CAD や QE を深く理解するには適している．さらに，タルスキーやコリンズの原論文も再掲載されており，興味深い内容といえる．

[3] はタイトルを日本語訳すれば，『計算実代数幾何』となる本で，本書のテーマである CAD 法をベースとする QE を含む形で，より広い範囲の計算理論を解説している．この本により，CAD とは異なった戦略での細胞分割や CAD 法の改良なども学ぶことができる．

[8] は代数にもとづく計算法（代数的計算法）の教科書であり，後半の第 8 章に実根の数え上げや CAD と QE がきわめて簡潔に書かれている．第 7 章には部分終結式がていねいに説明されている．これも古い本となってしまったので，最新の成果は見られないが，基本的事項をしっかりと学ぶのには適している．

[2] は本書の元となった連載で，初めて一般向けに日本語で書かれた QE の解説である．

次に，本書で必要とする個々の数学分野や計算テーマについて参考文献を紹介する．QE のベースとなる CAD 法は多項式に関するさまざまな計算の塊である．そこで中心となるものに，終結式理論とスツルム列に代表される実根の数え上げがある．このテーマに関しては，[11] が非常に参考になる．[6, 7] にも簡潔に説明がある．絶版になってしまったが，[10] にはくわしい部分終結式による GCD 計算の説明がある．

等式の扱いや代数的数の計算機上の表現では，体論や可換環論の知識に加えグレブナー基底や多項式の因数分解，イデアルの準素分解などの知識が必要になる．これら計算法の入門書としては [9] がある．グレブナー基底は近年いくつかのよい教科書も出版されており，それらは [9] の参考文献紹介を参考にしてほしい．また，より広く計算機代数の教科書として [5] がある．計算機代数の簡単な解説として [13] があるのでそれも参考にしてほしい．一方，論理学の基礎では，多数の入門書や教科書があるが，ここでは本書の執筆で参考とした [12] をあげておく．

応用のための問題事例として，第 6 章で紹介したものについては各節で参考文献をあげている．とくに，本書では制御理論に関する応用をとりあげているが，制御理論については日本語の参考文献として [1] をあげておく．

以下の参考文献は本文中に参照した制御などの専門書籍と研究論文である．

[14] M. Achatz, S. McCallum and V. Weispfenning, Deciding polynomial-exponential problems, In Proceedings of the International Symposium on

Symbolic and Algebraic Computation (ISSAC) 2008, pp.215–222, 2008.

[15] 穴井宏和編, 特集「Quantifier Elimination」,『日本数式処理学会学会誌』, vol.10, No.1, 2003.

[16] 穴井宏和, 原辰次,「数式処理によるロバスト制御系設計」,『計測と制御』, **44**(8): 552–557, 2005.

[17] 穴井宏和, 原辰次,「限定記号消去法に基づくロバスト制御系設計ツール」,『シミュレーション学会誌』, **25**(1): 53–61, 2006.

[18] H. Anai and V. Weispfenning, Deciding linear-trigonometric problems, In Proceedings of the International Symposium on Symbolic and Algebraic Computation (ISSAC) 2000, pp.14–22, 2000.

[19] R. Bellman, *Dynamic Programming*, Dover, 2003.

[20] D. Bertsekas, *Dynamic Programming and Optimal Control — III*, Athena Scientific, 2005.

[21] G. E. Collins and H. Hong, Partial Cylindrical Algebraic Decomposition for Quantifier Elimination, *Journal of Symbolic Computation*, **12**(3): 299–328, 1991.

[22] K. Deb, *Multi-Objective Optimization using Evolutionary Algorithms*, Wiley, 2001.

[23] H. Didier and G. Andrea (Eds.), Positive Polynomials in Control, *Lecture Notes in Control and Information Sciences*, vol.312, 2005.

[24] A. Dolzmann, A. Seidl and T. Sturm, Efficient projection orders for CAD, In Proceedings of the International Symposium on Symbolic and Algebraic Computation (ISSAC) 2004, pp.111–118, 2004.

[25] A. Dolzmann and T. Sturm, Simplification of quantifier-free formulae over ordered fields, *Journal of Symbolic Computation*, **24**(2): 209–231, 1997.

[26] L. Gonzalez-Vega, A combinatorial algorithm solving some quantifier elimination problems, In B. Caviness and G. Collins (Eds.), *Quantifier Elimination and Cylindrical Algebraic Decomposition*, Springer-Verlag, pp.365–375, 1998.

[27] N. Hyodo, M. Hong, H. Yanami, S. Hara and H. Anai, Solving and visualizing nonlinear parametric constraints in control based on quantifier

elimination, *Applicable Algebra in Engineering, Communication and Computing*, **18**(6): 497–512, 2007.

[28] H. Iwane, H. Yanami, H. Anai and K. Yokoyama, An effective implementation of a symbolic-numeric cylindrical algebraic decomposition for quantifier elimination, In Proceedings of the 2009 International Workshop on Symbolic-Numeric Computation, vol.1, pp.55–64, 2009.

[29] 今野浩,『理財工学 1――平均・分散モデルとその拡張』, 日科技連出版社, 1995.

[30] R. Loos and V. Weispfenning, Applying linear quantifier elimination, *The Computer Journal*, **36**(5): 450–462, 1993. Special issue on computational quantifier elimination.

[31] Jan M. Maciejowski (原著), 足立修一, 菅野政明 (翻訳),『モデル予測制御――制約のもとでの最適制御』, 東京電機大学出版局, 2005.

[32] 大石進一,『精度保証付き数値計算 (現代非線形科学シリーズ)』, コロナ社, 1999.

[33] P. A. Parrilo and B. Sturmfels, Minimizing polynomial functions, In *Algorithmic and Quantitative Real Algebraic Geometry, DIMACS Series in Discrete Mathematics and Theoretical Computer Science*, vol.60, pp.83–99, AMS, 2003.

[34] P. Pedersen, M.-F. Roy and A. Szpirglas, Counting real zeroes in the multivariate case, In F. Eysette and A. Galigo (Eds.), *Computational Algebraic Geometry*, vol.109 of *Progress in Mathematics*, pp.203–224, Birkhäuser, 1993.

[35] E. Pistikopoulos, M. Georgiadis and V. Dua (Eds.), *Multi-parametric Programming: Theory, Algorithms, and Applications*, vol.1, Wiley-VCH, 2007.

[36] E. Pistikopoulos, M. Georgiadis and V. Dua (Eds.), *Multi-Parametric Model-based Control: Theory and Applications*, vol.2, Wiley-VCH, 2007.

[37] J. Schattman, Portfolio Optimization under Nonconvex Transaction Costs with the Global Optimization Toolbox, Maplesoft Application Center, September, 2009.
http://www.maplesoft.com/applications/view.aspx?SID=1401

[38] T. Sturm and A. Dolzmann, Simplification of quantifier-free formulae over ordered fields, *Journal of Symbolic Computation*, **24**(2): 209–231, 1997.

[39] A. W. Strzebonski, Cylindrical algebraic decomposition using validated numerics, *Journal of Symbolic Computation*, **41**(9): 1021–1038, 2006.

[40] V. Weispfenning, Comprehensive Gröbner bases, *Journal of Symbolic Computation*, **14**: 1–29, 1992.

[41] V. Weispfenning, Quantifier elimination for real algebra—the quadratic case and beyond, *Applicable Algebra in Engineering Communication and Computing*, **8**(2): 85–101, 1997.

[42] H. Yanami and H. Anai, The Maple package SyNRAC and its application to robust control design, *Future Generation Comp. Syst.*, **23**(5): 721–726, 2007.

索引

[ア　行]

圧縮された列　126
余り　97
安定　233
一階述語論理　6, 16
イデアル剰余類環　147
遺伝的アルゴリズム　62
陰関数定理　153
因子　93
因数（因子）分解　93
因数定理　151
裏　15, 16
円盤　152

[カ　行]

解　69
解の式　185, 190
可換環，環　96
拡張されたユークリッドの互除法　102
仮想置換法　25, 206, 207
かつ　10, 11, 18
含意　→　ならば
冠頭標準形　86
簡略化　90
偽　10
記号的最適化　49
逆　15, 16, 21
局所的最適解　50
局所描画可能　162
グレブナー基底　4, 148
計算機代数　4

係数膨張　128
決定問題　30, 53, 86, 185
限界　171
原始元　146
限定記号　16
限量記号　5, 6, 16, 154
　　——消去法　5
　　——接頭辞　198
高階述語論理　16
公約因子　93
弧状連結　74, 163
根の限界　116
根の分離　81, 155

[サ　行]

最大公約因子　80, 94, 160
最適化　37
　　——問題　3
最適性原理　223
細胞　67, 72, 73
　　——分割　67, 72, 154
三角形式　148
式の整理（簡略）　191
辞書式順序　148
実行可能領域　37, 48
実根の数え上げ　66, 81, 115, 155, 171
実根の関数（代数関数）による表現　75
実根の把握　66
実根の分離　116, 171
実代数幾何問題　4
実代数的集合　70
射影　157

245

──因子　80, 155, 174
　　──因子族　80, 154, 170
　　──段階　80, 154
終結式　112, 146
重根　94, 113
重複因子　94
重複度　94
自由変数　7, 18, 85
主係数　97
述語　10, 16
　　──論理　16
商　97
消去　7
　　──集合　207
　　──法　111
除算の一意性　123
シルベスター行列　107, 112
真　10
真理値　10
　　──表（真理表）　11
推論　21
スツルム−ハビッチ列　127, 128, 135, 206
スツルム列　117, 137
整域　96
生成的CAD　205
正則　131
正定多項式条件　26
制約解消問題　29, 52
制約条件　3
線形計画問題　3
選言　→　または
全称記号　6, 16
全称作用素　17
全称命題　17
増補射影　182
束縛変数　6, 18, 85, 154
存在記号　6, 16
存在作用素　18
存在命題　17

[タ 行]

大域的最適解　50
対偶　15
代数関数　49, 76
代数的数　70, 143
代数的等式　4
　　──制約　4
代数的な計算　160
代数的不等式　4
　　──制約　4, 69
代数的命題文　71, 85, 178
互いに素　94
多項式2乗和　27
多項式イデアル　4
多項式環　94, 148
多項式最適化　27
多項式剰余列　101, 137
多項式の因数分解の一意性　93
多段決定問題　223
多目的最適化　60, 227
多目的設計　54
タルスキー集合　85
タルスキーの定理　178
タルスキー文　85
単拡大　145
単根　94, 113
単目的最適化　61
逐次拡大　146
　　──型　176
超越関数　206, 211
　　──のパラメータ表示　212
定義多項式　143, 172, 175, 178
底段階　81, 154, 155
定符号条件　208
底面　79, 155, 157
でない　10, 11, 18, 72
添加した体（拡大体）　145
伝達関数　232

同相（位相同型） 74
同値 13
動的計画法 223
特性多項式 233
凸関数 50
凸最適化問題 50
凸集合，凸性 49
トムの補題 76, 137, 179

[ナ 行]

ならば 10, 12, 18
二階述語論理 16
2次の補助多項式 175
2分法 116
任意 17

[ハ 行]

パラメータ空間 60
――法 232
パラメトリック最適化 39, 49, 56, 214, 221
パレート解（集合） 61
パレート・フロント 60
半正定値計画 27
半代数的細胞分割 73
半代数的集合 5, 70, 71, 178
半代数的連結性 74
判別式 65
否定 → でない
非凸最適化問題 50
微分について閉じている 141, 180
描画可能 77, 153–156, 160
――の理論 67
標本解 36, 53
標本点 66, 67, 76, 77, 87
開かれた命題 10, 16
複合命題 11
負係数多項式剰余列 122
符号 4, 73, 117

――による分離 137
――の変化の数 117
――不変 73
不等式 70
部分終結式 105, 127–129
――主係数 107
――理論 80
フーリエ列 138, 180
ブール結合 72
フルビッツの判定条件 233
分割（細胞分割） 72, 154
分離区間 116, 171, 175
閉包 74
胞体分割 74
補助多項式 174
ポートフォリオ最適化問題 214

[マ 行]

または 10, 11, 18
マルチパラメトリック最適化 56, 218
無平方成分 115, 167
命題 10
――定数 13
――変数 13
――論理 10
――論理式 11
目的関数 3
目的空間 60
持ち上げ段階 81, 154, 155

[ヤ 行]

有界閉区間 124
有界閉集合 164
有効な細胞 87, 184, 185, 188
ユークリッド除算 97
ユークリッド整域 96
ユークリッドの互除法 100
要素命題 11

[ラ・ワ行]

ルーシェの定理 152
連結 164
連言 → かつ
連続関数 66
連立代数的不等式 69
論理演算子 10
論理学 9
論理記号 10
論理結合子 10, 18
論理積 18, 72
論理変数 16
論理和 18, 72, 88
割る（割り切る） 97

[ABC]

algebraic function 49
algebraic number 143
augmented projection 182
auxiliary polynomial 174
base phase 81
bisection method 116
CAD (Cylindrical Algebraic Decomposition) 75, 157
　――の細胞 157
　――を利用した QE 86
cell 73
cellular decomposition 74
common divisor 93
commutative ring 96
contraposition 15
converse 15
convex function 50
convexity 49
convex optimization problem 50
convex set 49
decision problem 30
defining formula 178
defining polynomial 143
delineable 156
dynamic programming 223
elimination method 111
elimination set 207
Euclidean domain 96
existential proposition 17
existential quantifier 16
factor/divisor 93
feasible region 48
Fourier sequence 138
GA (Genetic Algorithm) 62
GCD (Greatest Common Divisor) 80, 94, 160
generic CAD 205
global optimal solution 50
inference 21
inverse 15
isolating interval 116
leading coefficient 97
lexicographic order 148
lifting phase 81
local optimal solution 50
logical conjunction 18
logical disjunction 18
min-max 最適化 227
multi-objective design 54
multi-objective optimization 60
multiple factor/divisor 94
multiplicity 94
negative PRS 122
nonconvex optimization problem 50
objective space 60
parameter space 60
　――approach 232
parametric optimization 49
Pareto front 60
Pareto solution 61
　――set 61

partial CAD 88, 191
PI 制御器 234
polynomial optimization 27
portfolio 214
positive polynomial condition 26
predicate 10, 16
prenex normal form 86
primitive element 146
principal subresultant coefficient 107
projection phase 80
proposition 10
propositional algebraic sentence 71
propositional formula 11
PRS (Polynomial Remainder Sequence) 101
PSC 154
QE (Quantifier Elimination) 5
quantifier 16
——prefix 198
real root counting 115
real root isolation 116
real root separation 116
regular 131
resultant 112
ring 96
root bound 116
sample point 77

SDC (Sign Definite Condition) 26, 208, 235
SDP (Semi-Definite Programming) 27
semi algebraic cellular decomposion 73
semi algebraic set 71
sign 73
sign-invariant 73
single-objective optimization 61
SOS (Sum-Of-Squares) 27
square-free part 115
Sres 134
Strum sequence 117
Sturm-Habicht sequence 128, 135, 206
subresultant 129
suppressed sequence 126
symbolic optimization 49
system of algebraic inequalities 69
Thom's lemma 179
transcendental function 211
transcendental implicitization 213
triangular form 148
universal proposition 17
universal quantifier 16
valid cell (ture cell) 87
var 118, 209
virtual substitution 25, 206, 207
well-based 74, 183

著者略歴

穴井宏和（あない・ひろかず）
1966 年　大分県に生まれる．
1991 年　鹿児島大学大学院理学研究科物理学専攻修士課程修了．
現　在　（株）富士通研究所主任研究員および
　　　　九州大学マス・フォア・インダストリ研究所教授．
　　　　博士（情報理工学）．

横山和弘（よこやま・かずひろ）
1958 年　静岡県に生まれる．
1985 年　東京大学大学院理学系研究科数学専攻博士課程中退．
現　在　立教大学理学部数学科教授．博士（理学）．

QE の計算アルゴリズムとその応用　数式処理による最適化
2011 年 8 月 24 日　初　版

［検印廃止］

著　者　穴井宏和・横山和弘
発行所　財団法人 東京大学出版会
　　　　代表者 渡辺　浩
　　　　113-8654 東京都文京区本郷 7-3-1 東大構内
　　　　電話 03-3811-8814　　Fax 03-3812-6958
　　　　振替 00160-6-59964
印刷所　三美印刷株式会社
製本所　矢嶋製本株式会社

Ⓒ2011 Hirokazu Anai and Kazuhiro Yokoyama
ISBN 978-4-13-061406-1 Printed in Japan

Ⓡ〈日本複写権センター委託出版物〉
本書の全部または一部を無断で複写複製（コピー）することは，
著作権法上での例外を除き，禁じられています．本書からの複写
を希望される場合は，日本複写権センター（03-3401-2382）に
ご連絡ください．

グレブナー基底の計算　基礎篇 計算代数入門	野呂・横山	A5/4200 円
グレブナー基底の計算　実践篇 Risa/Asir で解く	齋藤・竹島・平野	A5/4200 円
MATLAB/Scilab で理解する数値計算	櫻井鉄也	A5/2900 円
情報 東京大学教養学部テキスト	川合慧編	A5/1900 円
情報科学入門 Ruby を使って学ぶ	増原英彦他	A5/2500 円
偏微分方程式の数値シミュレーション (第 2 版)	登坂・大西	A5/3600 円
進化論的計算の方法	伊庭斉志	A5/2800 円
遺伝的プログラミング入門	伊庭斉志	A5/3500 円
スペクトル法による数値計算入門	石岡圭一	A5/3800 円
逆問題の数理と解法 偏微分方程式の逆解析	登坂・大西・山本	A5/3800 円

ここに表示された価格は本体価格です．御購入の
際には消費税が加算されますので御了承下さい．